NORBERT SACHSER
NIKLAS KÄSTNER

TIERWELT AM LIMIT

Die erstaunlichen Anpassungsstrategien der Wild- und Haustiere und ihr Scheitern im Anthropozän

ROWOHLT

1. Auflage Februar 2026

Originalausgabe
Veröffentlicht im Rowohlt Verlag, Kirchenallee 19,
20099 Hamburg, Februar 2026

Satz aus der Merwede bei CPI books GmbH, Leck
Druck und Bindung GGP Media GmbH, Pößneck
ISBN 978-3-498-00255-8

Kontaktadresse nach EU-Produktsicherheitsverordnung:
produktsicherheit@rowohlt.de

FSC www.fsc.org MIX Papier | Fördert gute Waldnutzung FSC® C014496

Für Claudi

NORBERT SACHSER

Für meine Eltern

NIKLAS KÄSTNER

INHALT

Vorwort

Vor rund drei Jahren haben wir das erste Mal darüber gesprochen, dieses Buch zu schreiben. Die Idee: ein allgemein verständliches Sachbuch über das besorgniserregende Schicksal der Tiere im Anthropozän, dem Zeitalter des Menschen. Unser übergeordnetes Ziel war es, Verständnis dafür zu erreichen, warum wir derzeit zwei massive Krisen erleben: Die eine bezieht sich auf die existenziell bedrohte Vielfalt der Wildtiere und die andere auf das große Leiden von Milliarden domestizierter Tiere in menschlicher Obhut. Es geht uns dabei nicht etwa darum, unsere eigene Haltung zu transportieren, sondern einen objektiven Eindruck vom aktuellen Stand der Forschung zu diesen Themen zu vermitteln.

Wie kam es zu dem Entschluss, dieses Projekt gemeinsam anzugehen? Dazu gibt es eine Vorgeschichte. Unsere Wege kreuzten sich erstmals vor 15 Jahren im Zentrum für Verhaltensbiologie an der Universität Münster. Einer von uns – Norbert Sachser – war der Leiter des Zentrums, der andere – Niklas Kästner – über die Jahre zunächst Student und dann wissenschaftlicher Mitarbeiter. Aus dem anfänglichen Mentor-Schüler-Verhältnis ist im Lauf der Zeit eine enge Freundschaft gewachsen. Uns verbindet unter anderem die Begeisterung für das faszinierende Verhalten der Tiere und seine Erforschung sowie unser Enthusiasmus, wissenschaftliche Erkenntnisse zu vermitteln. Dies mündete bei Norbert Sachser

2018 in der Veröffentlichung seines in viele Sprachen übersetzten Bestsellers «Der Mensch im Tier», in dem er erklärt, wie sich unser Wissen vom Denken, Fühlen und Verhalten der Tiere in den letzten Jahrzehnten fundamental gewandelt hat. Niklas Kästner wiederum gründete im Jahr 2020 mit seinem Kollegen Tobias Zimmermann die Online-Plattform «ETHOlogisch – Verhalten verstehen», auf der Beiträge über aktuelle Forschungsergebnisse zum Verhalten, zur Ökologie und zur Evolution der Tiere erscheinen. Im Jahr 2022 folgte unser erstes gemeinsames Buchprojekt: Zusammen mit Tobias Zimmermann gaben wir den Band «Das unterschätzte Tier» heraus, in dem Expertinnen und Experten aus unterschiedlichen Disziplinen viel neues Wissen über die Tiere beleuchten und erklären, was es für unseren gesellschaftlichen Umgang mit ihnen bedeutet.

Im Anschluss daran entwickelte sich im Frühjahr 2023 schließlich der Plan, dieses Buch zu schreiben. Wir wollten darin erklären, was dramatische Veränderungen der Umwelt durch den Menschen für die Tiere bedeuten, welche Möglichkeiten sie haben, sich daran anzupassen, und unter welchen Bedingungen sie dabei scheitern. Und: Wir stellten uns der Herausforderung, sowohl die Wildtiere als auch die domestizierten Tiere in den Blick zu nehmen. Denn beide stehen im Anthropozän vor enormen, wenn auch ganz unterschiedlichen, Problemen.

Ein solches Vorhaben erfordert gewisse Zugeständnisse. So konnten wir nicht auf jeden einzelnen Aspekt dieser großen Themenbereiche eingehen, sondern mussten uns auf die in unseren Augen besonders wichtigen Punkte konzentrieren. Zudem war es nötig, an manchen Stellen sehr komplexe Sachverhalte für ein besseres Verständnis auf das Wesentliche zu reduzieren. Das mag dazu führen, dass manche der Leserinnen und Leser bestimmte Gesichtspunkte oder Tiergruppen in unserem Buch vermissen. In diesem Fall bitten wir um Nachsicht und empfehlen zudem einen Blick in die Literaturliste, in die wir nicht nur unsere Quellen aufgenommen haben, sondern auch Bücher oder Artikel mit weiterführenden Informationen. Das Wichtigste für uns war, die entscheidenden Zusammenhänge hinter der gegenwärtigen Biodiversitäts- und Tierwohlkrise zu vermitteln – und so dazu beizutragen, dass sich möglichst viele Menschen eine fundierte Meinung auf dem aktuellen Stand der Wissenschaft dazu bilden können.

Es gibt einige Personen, denen wir an dieser Stelle danken möchten. So hatten wir beide das Glück, wundervolle Eltern zu haben, die unser Interesse an der Natur und ihrer Erforschung schon früh gefördert und uns stets bedingungslos unterstützt haben. Im Zusammenhang mit unserem Buch gilt unser Dank den Mitgliedern des Sonderforschungsbereichs NC³ (SFB-TRR 212) sowie des Zentrums für Verhaltensbiologie an der Universität Münster, insbesondere Sylvia Kaiser und Helene Richter, mit denen wir über die Domestikation, das Wohlergehen und die Anpassungsstrategien von Tieren geforscht haben. Zu großem Dank verpflichtet sind wir auch den vielen international renommierten Fachleuten, mit denen wir in den letzten Jahren die Themen unseres Buchs diskutiert haben. Und nicht zuletzt konnten wir uns während der Arbeit am Manuskript auf eine ganze Reihe lieber Menschen verlassen, die uns unterstützt haben, sei es durch geduldiges Zuhören, gute Ratschläge, kritische Nachfragen oder indem sie zwischendurch für die nötige Ablenkung gesorgt haben. Ganz besonders gilt das für Norbert Sachsers Frau Claudia Böger und Niklas Kästners Verlobten Perry Johnson – die zudem damit zurechtkommen mussten, dass wir in den vergangenen zwei Jahren auch an Wochenenden, Feiertagen oder im Urlaub viel Zeit am Laptop verbracht haben. Claudia Böger und Tobias Zimmermann danken wir außerdem für ihre wertvollen Rückmeldungen zu diesem und auch zu früheren unserer Texte, von denen wir stets enorm profitiert haben. Das Gleiche gilt für unseren Lektor Frank Strickstrock, der unser Buch gewohnt engagiert betreut hat.

Abschließend möchten wir noch einen ganz besonderen Dank

aussprechen: an die unzähligen Wissenschaftlerinnen und Wissenschaftler, deren Ergebnisse wir vorstellen und ohne die es dieses Buch nicht geben könnte. Insbesondere in einer Zeit, in der wir uns zunehmend mit «Fake News» und «alternativen Fakten» auseinandersetzen müssen, ist ihre Arbeit von unschätzbarem Wert – ein Umstand, auf den wir im letzten Kapitel des Buchs noch ausführlicher eingehen werden.

Münster, im Februar 2026
Niklas Kästner und Norbert Sachser

Anpassen oder scheitern

Das Schicksal der Tiere im Zeitalter des Menschen – eine Einführung

Vor 300 000 Jahren etwa betrat eine Spezies die Bühne der Evolution, die seitdem auf ihrer Reise durch die Geschichte einen erstaunlichen Weg zurückgelegt hat. Ausgehend von Afrika, hat sie nach und nach den gesamten Planeten besiedelt, die unterschiedlichsten Lebensräume erobert – und mittlerweile sogar Spuren im Weltall hinterlassen. Die Rede ist von uns: dem modernen Menschen oder, wissenschaftlich, dem *Homo sapiens*.

Zu Beginn hatte unsere Existenz nur moderate Auswirkungen auf andere Lebewesen. Ganz allmählich begannen wir dann allerdings, stärkeren Einfluss auf die Natur zu nehmen und sie mehr und mehr zu unserem Vorteil zu nutzen und umzugestalten. Eine entscheidende Bedeutung hatte dabei das Aufkommen der Landwirtschaft vor etwa 12 000 Jahren. Doch selbst die Folgen dieser sogenannten «neolithischen Revolution» verblassen vor dem Hintergrund der dramatischen Entwicklung, die vor gut zweihundert Jahren eingesetzt hat: Ermöglicht durch den rasanten technischen und medizinischen Fortschritt, wuchs die Weltbevölkerung explosionsartig von etwa einer Milliarde im Jahr 1800 über 1,6 Milliarden im Jahr 1900 bis auf aktuell mehr als acht Milliarden Individuen. Gleichzeitig haben wir angefangen, in einem nie da gewesenen Ausmaß in die Lebensverhältnisse auf dem Planeten einzugreifen.

Willkommen im Anthropozän

Um die Jahrtausendwende veröffentliche der Atmosphärenchemiker und Nobelpreisträger Paul Crutzen einen kurzen Artikel im renommierten Wissenschaftsmagazin *Nature* mit dem Titel «Geologie der Menschheit» (englisch: «Geology of Mankind»). Er forderte darin die Anerkennung einer neuen geologischen Epoche. Seine Begründung: Der Mensch ist seit dem Beginn der industriellen Revolution im späten 18. Jahrhundert immer mehr zur dominierenden Kraft auf der Erde geworden und hat die Bedingungen auf dem Planeten massiv, global und langfristig verändert. Entsprechend schlug er als Namen für die Epoche den Begriff «Anthropozän» (englisch: «anthropocene») vor – das Zeitalter des Menschen.

Der Artikel sorgte für großes Aufsehen und hatte immensen Einfluss auf die unterschiedlichsten Wissenschaftsdisziplinen, von der Geologie über die Ökologie und Umweltwissenschaften bis hin zu den Geistes- und Sozialwissenschaften. In den knapp 25 Jahren seit Crutzens Aufruf erschienen mehr als 200 000 wissenschaftliche Veröffentlichungen, in denen das Wort «Anthropozän» bzw. «anthropocene» vorkommt. Parallel dazu fand der Begriff Eingang in die öffentliche Debatte, wie gegenwärtig fast fünf Millionen Treffer bei der Suchmaschine Google für die englische und mehr als 300 000 Treffer für die deutsche Variante des Begriffs belegen.

Was kennzeichnet das Anthropozän? Einige der entscheidenden Merkmale sind: die Veränderung der Erdatmosphäre durch den verstärkten Ausstoß von Treibhausgasen, einhergehend mit einer globalen Erwärmung, immer häufigeren Wetterextremen und steigendem Meeresspiegel; die Versauerung der Ozeane; die ausufernde Landnutzung und Urbanisierung; die Verschmutzung von Böden, Gewässern und Luft.

Auch wenn das Anthropozän bislang nicht offiziell als geologische Epoche anerkannt ist: Crutzen hat mit seinem Vorschlag einen Nerv getroffen und der von menschengemachten Veränderungen geprägten Gegenwart einen treffenden Namen gegeben. Und über alle wissenschaftlichen Disziplinen hinweg besteht Konsens: Wir müssen unsere Beziehung zur Umwelt reflektieren und uns die Konsequenzen unseres Handelns bewusst machen. Denn wie die Gesellschaft Deutscher Chemiker in einer Publikation treffend schreibt, geht es letztlich um die Frage, «ob wir positiv in die Zukunft schauen und langfristig auf der Erde leben können».

Doch das Anthropozän stellt nicht nur die Menschheit selbst vor existenzielle Herausforderungen, sondern auch nahezu alle anderen Lebewesen auf unserem Planeten. In diesem Buch richten wir den Fokus auf unsere nächsten Verwandten, die Tiere, und fragen: Wie steht es um ihr Schicksal im Zeitalter des Menschen?

Schwere Zeiten für Wild- und Haustiere

Wenn wir über Herausforderungen sprechen, denen Tiere im Anthropozän ausgesetzt sind, dürften die meisten Menschen zuallererst an Wildtiere denken – wie die Orang-Utans auf Borneo und Sumatra, deren Lebensraum durch die Abholzung der Regenwälder immer geringer wird, oder die Wildbienen in Deutschland, deren Bestand durch monotone Agrarlandschaften, den Verlust von Wildblumenwiesen oder den Einsatz von Pestiziden existenziell gefährdet ist. Fragen, die sich in diesem Zusammenhang stellen, sind unter anderem: Was bedeutet es für Wildtiere, wenn sich das Klima verändert und die Temperaturen steigen? Wenn die Umwelt durch Abfall, Pestizide oder Schwermetalle, aber auch Lärm und Licht verschmutzt wird? Wenn der natürliche Lebensraum immer knapper wird, weil wir ihn landwirtschaftlich nutzen, unsere Städte in atemberaubendem Tempo wachsen und wir verbliebene Naturräume mit unserer Infrastruktur zerschneiden?

Neben den Wildtieren gibt es allerdings auch noch eine andere Gruppe von Tieren zu beachten – diejenigen, die überhaupt erst durch den Einfluss des Menschen entstanden sind: die domestizierten Tiere oder Haustiere. Auch sie stehen im Anthropozän vor großen Herausforderungen. So leben heute insbesondere in der industriellen Landwirtschaft Milliarden von Individuen unter äußerst restriktiven Haltungsbedingungen. Zudem werden sie mithilfe moderner Verfahren auf fragwürdige Merkmale hin gezüchtet, die derart ausgeprägt bei Wildtieren kaum auftreten würden. Es stellt sich die Frage: Wie kommen die Tiere damit zurecht?

Sowohl in Bezug auf die Zukunft der Wildtiere als auch auf das Wohlergehen der Haustiere bestehen ärgste Befürchtungen, die zunehmend intensiv in der Gesellschaft diskutiert werden. Ein beschwichtigendes Argument, das dabei zuweilen zu hören ist, lautet: Die Sorgen seien überzogen, denn Tiere sind schließlich anpassungsfähig. Wir verändern zwar die Welt – aber Wildtiere können sich an die neuen Verhältnisse anpassen. Ebenso halten wir viele domestizierte Tiere zwar unter extremen Bedingungen – sie haben aber andere Bedürfnisse als Wildtiere und können sich darauf einstellen.

Genau in diesem Spannungsfeld bewegen sich die Themen dieses Buches. Wir haben es uns zur Aufgabe gemacht, den aktuellen Stand des Wissens allgemein verständlich darzustellen: Was können wir wirklich zuverlässig über die Anpassungsfähigkeit der Wild- und Haustiere festhalten? Und was lässt sich daraus in Bezug auf ihr Schicksal im Anthropozän ableiten?

Bei der Beantwortung dieser Fragen ist es wichtig, klar zwischen den Wild- und Haustieren zu unterscheiden. Denn beide Gruppen sehen sich wie erwähnt ganz unterschiedlichen Herausforderungen gegenüber. Entsprechend sind die Kriterien, anhand derer wir beurteilen, ob ihnen die Anpassung gelingt oder ob sie scheitern, sehr verschieden.

Für die frei lebenden Wildtiere geht es vor allem darum, wie sie mit den menschengemachten Veränderungen der Natur zurechtkommen – das heißt, ob sie unter diesen Bedingungen in der Lage sind, Populationen zu bilden, die sich selbst erhalten. Für sie bedeutet eine gelungene Anpassung letztlich, dass die jeweilige Art überlebt; ihr Scheitern bedeutet, dass sie in ihrem Bestand abnimmt und ausstirbt.

Für die domestizierten Tiere in menschlicher Obhut lauten die Fragen anders: Können sie sich an die Haltungsbedingungen anpassen, die wir ihnen im Anthropozän bieten? Was bedeuten unsere Zuchtziele, auf die hin wir sie verändern, für ihr Wohlergehen? Für domestizierte Tiere heißt gelungene Anpassung letztlich, ein gutes Leben zu führen. Gelingt das nicht, sind extremer Stress und großes Leid die Folge.

Wie wir sehen werden, zeigt der aktuelle Stand der Forschung klar: Sowohl Wildtiere als auch Haustiere verfügen über eine Reihe faszinierender Anpassungsstrategien, und es finden sich eindrucksvolle Belege dafür, wie sie mit den unterschiedlichsten Herausforderungen zurechtkommen.

So gibt es erstaunliche Beispiele dafür, wie es Populationen von Wildtieren gelingt, sich innerhalb weniger Generationen genetisch an die bedrohlichsten Szenarien anzupassen: durch Schadstoffe massiv verseuchte Küstenbereiche, steigende Wassertemperaturen oder von Menschen eingeschleppte Feinde zum Beispiel. Und selbst im Laufe ihres Lebens können Wildtiere noch körperliche Merkmale und ihr Verhalten verändern und sich so auf die jeweilige Umwelt einstellen. Manche Tiere etwa stimmen die Lautstärke ihrer Kommunikation auf den Lärm in unseren Städten ab, passen ihren jahreszeitlichen Rhythmus an sich verändernde klimatische Bedingungen an oder lernen, sich von Menschen fernzuhalten, wenn diese für sie eine Bedrohung darstellen.

Und was ist mit den Haustieren? Nun, alle Haustiere stammen

von Wildtieren ab. In einem über viele Generationen, Jahrhunderte und Jahrtausende dauernden Prozess – der Domestikation – kam es zur allmählichen Umwandlung der Wildtiere hin zu ihrer domestizierten Form. Dabei passten sich die ursprünglich wilden Tiere genetisch an den Menschen und die von ihm vorgegebenen Bedingungen an: Sie wurden zahmer, kamen auch unter beengten Bedingungen mit ihren Artgenossen zurecht und antworteten mit geringeren Stressreaktionen auf Veränderungen in ihrer Umwelt als ihre wilden Vorfahren.

Die Forschungsergebnisse der letzten Jahre zeigen allerdings ebenso deutlich: Damit Wildtiere es tatsächlich schaffen, sich an Umweltveränderungen anzupassen, müssen ganz bestimmte Voraussetzungen erfüllt sein. Und obwohl Haustiere grundsätzlich gut an ein Leben in menschlicher Obhut angepasst sind, bedeutet das keineswegs, dass sie mit jeglichen Bedingungen problemlos zurechtkommen. Selbst die erstaunliche Anpassungsfähigkeit der Tiere hat also klare Grenzen – und es wird immer deutlicher, dass diese im Anthropozän massiv überschritten werden.

Der rote Faden dieses Buchs

Der Inhalt dieses Buchs ist im Wesentlichen in zwei große Teile gegliedert: Im ersten Teil nehmen wir das Schicksal der Wildtiere in den Blick (Kapitel 1–8) und im zweiten das der Haustiere (Kapitel 9–14).

Zu Beginn des ersten Teils lernen wir zunächst die beiden wesentlichen Mechanismen kennen, mit deren Hilfe Wildtiere auf Umweltveränderungen reagieren können: Evolution und phänotypische Plastizität. Wir schauen der Evolution bei der Arbeit zu und erläutern, wie sich Populationen – angetrieben von der natürlichen Selektion – innerhalb weniger Generationen genetisch zu ihrem Vorteil verändern können (Kapitel 1). Anschließend werden wir sehen, wie Tiere mittels phänotypischer Plastizität ihre körperlichen Merkmale und ihr Verhalten im Laufe des Lebens auf die vorherrschenden Bedingungen einstellen (Kapitel 2).

In den darauffolgenden vier Kapiteln thematisieren wir wesentliche Herausforderungen, denen sich Wildtiere im Anthropozän gegenübersehen, und lernen Beispiele dafür kennen, wie sie diese mithilfe der Evolution bzw. der phänotypischen Plastizität meistern. Dabei befassen wir uns mit Anpassungen an eine veränderte und verschmutzte Umwelt am Beispiel des Lebensraums Stadt (Kapitel 3), Anpassungen an eingeschleppte Arten (Kapitel 4), Anpassungen an Jagd und Fischerei (Kapitel 5) sowie Anpassungen an den menschengemachten Klimawandel (Kapitel 6). Immer wieder werden wir sehen: Das Zeitalter des Menschen hält neben zahllosen Herausforderungen auch gewisse Chancen bereit, die manche Tiere durchaus zu nutzen wissen.

Nach diesem Überblick über die erstaunlichen Anpassungsleistungen an den menschengemachten Wandel im Anthropozän werden wir uns ausführlich damit beschäftigen, warum Wildtiere längst nicht mit jeder Veränderung zurechtkommen (Kapitel 7). Wir werden unter anderem über tödliche Fallen sprechen, die durch irreführende Hinweise in einer von Menschen veränderten Umwelt erstehen können; über die besonderen Gefahren, denen kleine Populationen ausgesetzt sind; über die gravierenden Konsequenzen der zunehmenden Fragmentierung der Landschaft; über die ökologischen Beziehungen, die das Schicksal unterschiedlicher Organismen miteinander verknüpfen.

Abschließend kommen wir zur entscheidenden Frage: Wie steht es insgesamt um die Wildtiere im Anthropozän (Kapitel 8)? Die Antwort, die wir geben, lautet: schlecht.

Im zweiten Teil des Buches wenden wir uns den Haustieren zu. Zunächst betrachten wir die Geschichte der Domestikation und erläutern, wie Wildtiere zu Haustieren wurden und wie sich die Tiere in der Landwirtschaft ebenso wie Hunde und Katzen über Jahrtausende an den Menschen und seine Umgebung angepasst haben (Kapitel 9). Darüber hinaus lernen wir das «Domestikations-Syndrom» kennen und erfahren, wie domestizierte Tiere sich ganz allgemein von ihren wilden Verwandten unterscheiden (Kapitel 10).

Anschließend sehen wir uns anhand zweier besonders gut untersuchter Modell-Arten der Domestikationsforschung Beispiele für Anpassungen an das Leben in Menschenhand sowie den engen Kontakt mit menschlichen Sozialpartnern an. Dabei vergleichen wir zunächst Hausmeerschweinchen mit ihren Vorfahren, den Wildmeerschweinchen. Hier kann man sehen, wie eine Zunahme der sozialen Toleranz und eine Verringerung der Stressreaktivität den Hausmeerschweinchen ermöglicht, besser mit den Bedingungen in menschlicher Obhut zurechtzukommen (Kapitel 11). Danach widmen wir uns dem Vergleich von Wölfen und Hunden und erläutern, wie Letztere durch den Domestikationsprozess zum besten Freund des Menschen wurden (Kapitel 12).

Als Nächstes schauen wir ausführlich auf die domestizierten Tiere in der Landwirtschaft (Kapitel 13). Wir zeigen anhand aktueller Forschungsarbeiten zu Schweinen, Rindern und Hühnern, dass diese im Zuge ihrer Domestikationsgeschichte keineswegs zu «degenerierten Mängelwesen» geworden sind. Sie verfügen nach wie vor über hoch entwickelte kognitive und emotionale Fähigkeiten und ein differenziertes Sozialverhalten – Eigenschaften, die ihnen helfen, sich individuell an ihre Artgenossen und ihre Umgebung anzupassen.

Zusammengefasst erfahren wir in den ersten fünf Kapiteln des zweiten Teils, wie durch den Domestikationsprozess ursprünglich wilde Tiere so verändert wurden, dass sie in einer vom Menschen vorgegebenen Umwelt prinzipiell gut zurechtkommen, und dass sie über Strategien verfügen, um sich flexibel auf unterschiedliche Gegebenheiten einzustellen. Im Anschluss daran werden wir jedoch sehen, dass es auch für domestizierte Tiere Grenzen der Anpassungsmöglichkeiten gibt – und weltweit Milliarden von ihnen unseretwegen leiden (Kapitel 14).

Abschließend ziehen wir ein Resümee und befassen uns unter anderem mit der Frage, was es angesichts einer «Tierwelt am Limit» für uns zu tun gilt.

TEIL I Wildtiere

KAPITEL 1

Evolution in Aktion

Wie sich Tiere über Generationen hinweg durch das Wirken der natürlichen Selektion an ihre Umwelt anpassen

Albatrosse sind majestätische Seevögel, deren Flügelspannweite mehr als dreieinhalb Meter betragen kann. Sie sind vor allem in den polaren und subpolaren Regionen der südlichen Ozeane heimisch und verbringen fast ihr gesamtes Leben in der Luft. In seinem berühmten Gedicht «L'Albatros» hat Charles Baudelaire ihnen Mitte des 19. Jahrhunderts ein Denkmal gesetzt. Bewundernd spricht er von dem «König des Azur» («ces rois de l'azur») und dem «Fürsten der Wolken» («prince des nuées»). Aber er beschreibt auch das jämmerliche Bild, das die Tiere bieten, wenn sie von Menschen eingefangen wurden und sich auf dem Deck eines Schiffes wiederfinden: Dann lassen sie die «großen weißen Flügel kläglich an den Planken wie Ruder niederhängen, ungeschickt und lahm». Und dem Dichter bleibt nur noch festzustellen: «Er, sonst so schön, wie ist er häßlich in der Schmach!»*

Baudelaires Gedicht illustriert auf poetische Weise eine grundlegende biologische Tatsache: Wildtiere sind außerordentlich gut

* Nach der Übersetzung von Wilhelm Richard Berger.

an ihren Lebensraum angepasst. Sie haben aber große Probleme, wenn sie sich in Situationen wiederfinden, für die sie nicht gemacht sind. So ist ein Albatros fantastisch für ein Leben in den Lüften und auf dem Wasser geeignet – aber nicht für einen Aufenthalt auf den Planken eines Schiffes.

Solche Anpassungen an die Umwelt lassen sich im Prinzip bei allen Tierarten feststellen. Nehmen wir eine Forelle, einen Adler und einen Maulwurf: Die Forelle besitzt Schuppen, Kiemen und Flossen und kommt deshalb hervorragend im Wasser zurecht. Der Adler hat Federn, Flügel und mit Luft gefüllte Röhrenknochen und kann so den Luftraum erobern. Den Maulwurf wiederum kennzeichnen schaufelartige Vorderbeine und ein Fell ohne Strich, was ihn für ein Leben unter der Erde qualifiziert.

Auch die Sinnesleistungen der Tiere zeigen, wie gut sie an ihre jeweilige Umwelt angepasst sind. So können sich Fledermäuse nachts trotz Dunkelheit bestens orientieren, weil sie über ein System zur Echoortung mittels Ultraschalls verfügen. Robben finden selbst in trüben Gewässern genügend Nahrung, indem sie mithilfe ihrer Barthaare winzigste Wirbel von vorbeischwimmenden Fischen wahrnehmen. Und männliche Nachtschmetterlinge reagieren auf eine unvorstellbar geringe Konzentration von Duftstoffen, die Weibchen in mehreren Kilometern Entfernung in die Luft abgeben.

Dass Wildtiere gut zu ihrer Umwelt passen, ist keine Erkenntnis der modernen Biologie. Seit Jahrtausenden dürften Menschen beobachtet, bestaunt und bewundert haben, wie perfekt unterschiedliche Arten im Einklang mit der sie umgebenden Natur sind. Was sich im Laufe der Zeit allerdings verändert hat, ist die Antwort auf die Frage, *warum* dies der Fall ist. Jahrhundertelang hieß es: weil Gott die Tiere in einem Schöpfungsakt so geschaffen hat. Seit gut 150 Jahren gibt es jedoch eine andere, auf biologischen Fakten basierende Antwort. Sie lautet: weil Tiere im Zuge der Evolution durch die natürliche Selektion an ihre jeweilige Umwelt angepasst worden sind.

Charles Darwin und die natürliche Selektion

Im Jahr 1859 veröffentlichte Charles Darwin sein wegweisendes Buch «On the Origin of Species» («Über die Entstehung der Arten»), in dem er die Grundzüge seiner Evolutionstheorie darlegte. Für ihn basierte die biologische Evolution auf zwei Faktoren: Erstens gibt es innerhalb jeder Art Unterschiede zwischen den Individuen, die erblich bedingt sind und von Generation zu Generation weitergegeben werden. Zweitens unterscheiden sich die Individuen einer Art in ihrem Fortpflanzungserfolg. Wie Darwin erkannte, führt die Kopplung dieser beiden Faktoren zu langfristigen Veränderungen in einer Population: Wenn beispielsweise Tiere mit einem bestimmten erblich bedingten Merkmal mehr Nachkommen hinterlassen als ihre Artgenossen ohne dieses Merkmal, dann werden nach und nach immer mehr Tiere in der Population dieses Merkmal tragen.

Doch wie lässt sich daraus erklären, dass die unterschiedlichen Organismen so erstaunlich gut an ihren jeweiligen Lebensraum angepasst sind? Dafür ist ein weiterer Punkt entscheidend, auf den Darwin aufmerksam machte: Es ist keineswegs reiner Zufall, welches Individuum einer Art wie viele Nachkommen hervorbringt. Vielmehr findet eine fortwährende natürliche Auslese statt, die darüber entscheidet.

Bei seinen Überlegungen ging Darwin von zwei Tatsachen aus, die zu seiner Zeit gut bekannt waren. Erstens: Alle Arten besitzen das Potenzial, weit mehr Nachkommen hervorzubringen, als zum Aufbau und Erhalt der nächsten Generation nötig sind. Zweitens: Die Anzahl der erwachsenen Individuen bleibt dennoch bei den meisten Arten über viele Generationen betrachtet nahezu konstant. Dies ließ sich nur dadurch erklären, dass längst nicht jedes zur Welt gekommene Individuum bis zur Geschlechtsreife überlebte und sich einmal selbst fortpflanzte.

Tatsächlich kann man bei den verschiedensten Organismen

beobachten, dass ein großer Teil aller Nachkommen bereits frühzeitig sein Leben lässt. Sei es die innerartliche Konkurrenz um Nahrung, Lebensraum und Fortpflanzungsgelegenheiten oder die Auseinandersetzung mit widrigen Witterungsbedingungen, Krankheiten und Fressfeinden: Das Leben in freier Natur ist für die überwiegende Zahl der Lebewesen nicht paradiesisch, sondern ein permanenter Kampf ums Überleben.

Der Kernpunkt von Darwins Evolutionstheorie ist nun, dass in diesem Kampf längst nicht alle Angehörigen einer Spezies gleich gute Karten haben. Er postulierte, dass eher solche Individuen überleben und sich fortpflanzen sollten, die aufgrund ihrer Erbanlagen besser an ihre jeweilige Umwelt angepasst sind als ihre Artgenossen – zum Beispiel, weil sie eine bessere Tarnung aufweisen und darum seltener von Fressfeinden erkannt werden, weil ihre Sinnesorgane etwas leistungsfähiger sind und ihnen damit eine bessere Orientierung erlauben oder weil sie effektivere Mechanismen besitzen, um sich gegen Konkurrenten durchzusetzen. Die Erbanlagen, die diesen Vorteilen zugrunde liegen, würden in der Folge deutlich häufiger in die nächste Generation weitergegeben als die Erbanlagen von weniger gut angepassten Artgenossen, die sich entsprechend seltener fortpflanzten. Dieser von Darwin als natürliche Auslese bzw. Selektion bezeichnete Vorgang führt letztlich dazu, dass Organismen über Generationen hinweg immer besser an ihre jeweilige Umwelt angepasst werden.

Darwins Evolutionstheorie ist mittlerweile außerordentlich gut belegt und bildet nach wie vor das Fundament der Biologie. Und interessanterweise passt einer der ersten wissenschaftlichen Nachweise für Evolution in Aktion ganz hervorragend zum Thema unseres Buchs. Denn es handelt sich dabei um einen Fall, bei dem sich Tiere an eine menschengemachte Umweltveränderung angepasst haben. Ihre Geschichte, die wir uns im Folgenden ausführlich anschauen werden, gilt heute als ein Musterbeispiel dafür, wie sich die Evolution bei der Arbeit beobachten lässt.

Schmetterlinge im Smog

Im Jahr 1848 machte der englische Naturforscher Robert Smith Edleston eine Beobachtung, die zum Ausgangspunkt einer der großen Erfolgsgeschichten der Evolutionsbiologie werden sollte. Im Herzen von Manchester bemerkte er einen Birkenspanner, der völlig anders aussah als alle Exemplare dieser Art, die er bis dahin gesehen hatte. Birkenspanner sind nachtaktive Schmetterlinge mit einer Flügelspannweite von bis zu sechs Zentimetern. Normalerweise haben diese Tiere eine weiße Grundfärbung mit einigen schwarzen Sprenkeln, was ihnen auf den Stämmen und Ästen von Birken eine wunderbare Tarnung verleiht. Das Exemplar, das Edlestons Aufmerksamkeit erregte, war hingegen fast völlig schwarz.

Bemerkenswerterweise tauchten in den nächsten Jahren immer mehr dunkle Birkenspanner in dieser Gegend auf, und 1864 schrieb Edleston in einer Fachzeitschrift für Insektenkunde, in seinem Garten in Manchester gebe es mittlerweile mehr dunkle als helle Falter. Noch einmal 30 Jahre später waren im Großraum Manchester sogar ganze 98 Prozent aller Birkenspanner dunkel gefärbt. In weniger als einem halben Jahrhundert hatte sich die Schmetterlings-Population in ihrem Aussehen völlig verändert. Was war da geschehen?

Von vielen Tierarten weiß man, dass immer mal wieder dunkle Farbvarianten auftreten. Das bekannteste Beispiel ist wohl der schwarze Panther, bei dem es sich nicht um eine eigene Tierart, sondern um vollkommen dunkel gefärbte Leoparden oder Jaguare handelt. Eine solche Dunkelfärbung kommt durch die Einlagerung des Pigments Melanin zustande, weshalb in der Biologie bei diesem Phänomen auch von Melanismus gesprochen wird.

Beim Birkenspanner geht der Melanismus, wie wir heute wissen, auf eine Veränderung in einem winzigen Teil seines Erbguts zurück. Das Auftauchen der ersten dunkel gefärbten Birkenspanner in Manchester kann also durch eine spontane genetische Mutation erklärt werden und ist an sich nichts Ungewöhnliches. Da die Mutation bei der Fortpflanzung vererbt wird, sind auch die Nachkommen eines solchen Schmetterlings dunkel. Doch dass die Häufigkeit dunkler Falter dann innerhalb eines halben Jahrhunderts von weniger als einem Prozent auf mehr als 98 Prozent zunahm, bedarf durchaus einer Erklärung. Forschende fanden sie in der parallel stattfindenden Industrialisierung – weshalb in Bezug auf die Verwandlung der Birkenspanner auch von «Industriemelanismus» gesprochen wird.

Und zwar hatte in England in der zweiten Hälfte des 18. Jahrhunderts die industrielle Revolution eingesetzt. Der mechanische Webstuhl und die Dampfmaschine wurden erfunden, und 1829 wurde die erste Eisenbahnstrecke zwischen Manchester und Liverpool gebaut. Manchester war ein Zentrum der industriellen Revolution, und die Einwohnerzahl stieg um ein Vielfaches. Mit dieser Entwicklung ging eine dramatische Verschmutzung der Umwelt einher. Ungefiltert qualmte der bei der Kohleverbrennung entstehende Rauch aus den Schornsteinen der Fabriken. Über allem lag eine Decke aus Ruß. Gleichzeitig stieg der Gehalt des Schwefeldioxids in der Luft drastisch an, was zu einem Absterben der Flechten auf den Baumstämmen führte. Als Folge verloren die Birken ihre typisch helle Rinde und waren fortan dunkel gefärbt.

Bereits seit Ende des 19. Jahrhunderts gingen Biologen davon aus, dass es eine direkte Beziehung zwischen den Umweltveränderungen, die durch die industrielle Revolution ausgelöst wurden, und der Zunahme der dunklen Birkenspanner geben könnte. Aber erst in den 50er-Jahren des vergangenen Jahrhunderts machte sich der Schmetterlingsforscher Bernard Kettlewell von der englischen Universität Oxford daran, diese Zusammenhänge wissenschaftlich zu untersuchen. Er hatte folgende Vermutung: Auf flechtenüberzogenen, hellen Birkenstämmen ist ein Birkenspanner mit heller Grundfärbung kaum vom Hintergrund zu unterscheiden. Diese Tarnung schützt ihn vor insektenfressenden Vögeln wie

Kohlmeisen oder Rotkehlchen. Anders sieht es für einen Schmetterling aus, der aufgrund einer Mutation dunkel gefärbt ist: Unter natürlichen Umweltbedingungen wird er vermutlich nicht lange überleben. Denn aufgrund seines Aussehens hebt er sich deutlich von den hellen Birkenstämmen ab und wird leicht zur Beute seiner Feinde.

Wenn die Birkenstämme aber aufgrund der Luftverschmutzung von Flechten befreit und dunkel gefärbt sind, bietet das helle Aussehen den Birkenspannern auf einmal keinen Schutz mehr. Im Gegenteil: Vor einem solchen Hintergrund sind die Tiere besonders auffällig und für Fressfeinde leicht zu entdecken. Gleichzeitig wird das dunkle Aussehen für die Schmetterlinge plötzlich zu einem Überlebensvorteil, da sie auf den Birkenstämmen nun weit besser geschützt sind als ihre hellen Artgenossen. Wer aber länger überlebt, wird auch mehr Nachkommen haben – was Kettlewells Überlegungen zufolge erklären dürfte, warum die dunkle Form im Zuge der Industrialisierung immer häufiger in der Population auftauchte und die helle Form immer seltener.

Das klingt alles logisch und plausibel. Aber: Nur weil etwas plausibel klingt, muss es noch lange nicht stimmen. Ohne die wissenschaftliche Überprüfung einer Hypothese bleiben alle Überlegungen spekulativ. Wie genau lässt sich aber testen, ob die dunklen Birkenspanner auf rauchgeschwärztem Untergrund tatsächlich einen Selektionsvorteil gegenüber den hellen Tieren haben?

Kettlewell hatte die Idee, zwei Populationen des Birkenspanners zu untersuchen, die in verschiedenen Gegenden lebten: Eine war in einem Wald nahe Birmingham beheimatet, die andere in einem Waldgebiet in Dorset. Birmingham war ein Industriezentrum und hatte mit starken Umweltproblemen zu kämpfen. Die Baumstämme waren wie im Manchester des 19. Jahrhunderts frei von Flechten und rußgeschwärzt. Dorset hingegen, eine Grafschaft im Südwesten von England, war traditionell ländlich geprägt mit entsprechend sauberer Luft. Die Birkenstämme sahen aus, wie Birkenstämme aussehen sollten.

Kettlewell überlegte: Wenn die helle Form des Birkenspanners tatsächlich einen Vorteil auf hellen Baumstämmen und -ästen hat und die dunkle Form auf dunklen, dann sollten in Dorset vor allem helle Individuen leben und in Birmingham vor allem dunkle. Um das zu überprüfen, stellte er an beiden Orten Schmetterlingsfallen auf. Und tatsächlich: Im ländlichen Dorset fing er fast ausschließlich helle Birkenspanner, während in Birmingham fast 90 Prozent der gefangenen Tiere dunkel waren.

In einem nächsten Schritt untersuchte Kettlewell in einem Experiment direkt, wie gut die beiden Formen in den unterschiedlichen Gebieten überlebten. Hierzu ließ er sowohl in Birmingham als auch in Dorset jeweils mehrere Hundert helle und dunkle Birkenspanner frei, die er zuvor markiert hatte. Einige Zeit später stellte er Schmetterlingsfallen auf, um zu überprüfen, wie viele der Tiere er wieder einfangen konnte. Es zeigte sich: Im industrialisierten Birmingham waren es deutlich mehr dunkle als helle Individuen – und im ländlichen Dorset war es genau umgekehrt. Offenbar hatten die dunklen Falter tatsächlich bessere Überlebenschancen im von der Industrialisierung geprägten Lebensraum und die hellen Formen im ländlichen.

Darüber hinaus widmete sich Kettlewell im Zuge seiner Forschung einer Frage, die zentral für seine gesamte Überlegung war: Sind tagaktive, insektenfressende Vögel überhaupt ernst zu nehmende Fressfeinde für auf den Stämmen der Bäume ruhende Birkenspanner? Dies wurde nämlich von vielen Vogelkundlern bezweifelt, die davon ausgingen, dass die nachts aktiven Schmetterlinge vor allem von Fledermäusen erbeutet werden. Kettlewells Untersuchungen machten aber schnell klar: Vögel sind sehr wohl in der Lage, bewegungslos ruhende Birkenspanner tagsüber zu entdecken und zu fressen. Zunächst stellte er das in einer großen Vogelvoliere fest, in der sich Birkenspanner gemeinsam mit Kohlmeisen befanden. Bestätigen konnte er diese Beobachtungen dann auch im Freiland, sowohl in der Gegend mit hoher Umweltbelastung als auch in dem ländlichen Waldgebiet mit sauberer Luft. In beiden Gebieten setzte Kettlewell helle und dunkle Exemplare des Birkenspanners auf die Stämme von Bäumen und beobachtete anschließend durch sein Fernglas, wie zahlreiche Falter den Vögeln zum Opfer fielen.

Zu guter Letzt wollte Kettlewell ermitteln, wie sich die hellen und dunklen Exemplare des Birkenspanners insgesamt über Großbritannien und Teile Irlands verteilten. Dazu brachte er ein weiteres Forschungsprojekt auf den Weg, das man heute als «Citizen Science» bezeichnen würde – ein wissenschaftliches Projekt, in das gezielt interessierte Laien mit eingebunden sind. Einhundertsiebzig Freiwillige machten mehr als 20000 Beobachtungen zum Aussehen des Birkenspanners in den unterschiedlichsten Regionen der Britischen Inseln. Diese Bestandsaufnahme zeigte sehr deutlich: Die Ergebnisse, die Kettlewell in Birmingham und Dorset gewonnen hatte, trafen in gleicher Weise auch auf andere Teile des Landes zu: Die dunkle Form des Birkenspanners war vor allem in den Industriezentren anzutreffen. Populationen, die ausschließlich aus der hellen Form bestanden, gab es nur in Gebieten ohne nennenswerte Industrialisierung.

Zusammengefasst war es Kettlewell mit seinen Untersuchungen gelungen, die Häufigkeit von hellen oder dunklen Birkenspannern maßgeblich auf die Auslese durch insektenfressende Vögel zurückzuführen. Wo sich während der Industrialisierung die Umweltbedingungen dramatisch veränderten, genossen dunkle Individuen, die zuvor deutlich geringere Überlebenschancen hatten, plötzlich einen Selektionsvorteil, weil sie besser an die neue Umwelt angepasst waren – mit dem Ergebnis, dass sich die genetische Veranlagung für die dunkle Färbung in den dort ansässigen Populationen ausbreitete. Dabei weisen neuere genetische Untersuchungen übrigens darauf hin, dass alle dunklen Formen des Birkenspanners im Vereinigten Königreich auf eine einzige Mutation zurückgehen, die wahrscheinlich Anfang des 19. Jahrhunderts in der Umgebung von Manchester erstmals auftrat.

Der Prozess, den Kettlewell als Ursache für die Zunahme der

dunklen Birkenspanner in England ausmachte, ist genau das, was Charles Darwin unter der natürlichen Selektion verstand. Allerdings hatte Darwin kein Beispiel, das den Evolutionsprozess in freier Natur in Aktion zeigte. Genau hundert Jahre nachdem Darwin seine Evolutionstheorie veröffentlicht hatte, fasste Kettlewell seine Untersuchungen in einem Artikel für den «Scientific American» zusammen und schloss damit diese Lücke. Die Überschrift lautete: «Darwins fehlender Beweis» («Darwin's Missing Evidence»). Er endete mit den Sätzen: «Hätte Darwin den Industriemelanismus beobachtet, dann hätte er gesehen, dass sich Evolution nicht in Tausenden von Jahren, sondern in Tausenden von Tagen abspielt – im Laufe seines Lebens. Er hätte die Vollendung und Bestätigung seines Lebenswerks miterlebt.»

In England gibt es etwa 760 verschiedene Arten von größeren Nachtfaltern. Im Zuge der Industrialisierung traten nicht nur beim Birkenspanner dunkle Formen auf. Vielmehr wurden bei über 70 Arten dunkle und sogar völlig schwarze Exemplare registriert. Dasselbe Bild zeigte sich auch in den Industriezentren in Deutschland, Frankreich, Polen, Kanada und den USA: In stark verschmutzten Gegenden nahmen die dunklen Formen drastisch zu. Der Industriemelanismus ließ sich also bei einer Vielzahl von Spezies in unterschiedlichen Weltregionen beobachten.

In den letzten Jahrzehnten des 20. Jahrhunderts wurden dann Umweltschutzmaßnahmen auf den Weg gebracht, um die Luftqualität dauerhaft zu verbessern. Allmählich wurde der Himmel auch in den Industriezentren wieder blau, die Rußschichten verschwanden, der Schwefeldioxidgehalt der Luft sank, Flechten siedelten sich auf den Baumstämmen an, und die Birken erhielten ihr helles Aussehen zurück. Für Biologinnen und Biologen war dies ein Glücksfall: Ihnen bot sich dadurch die Chance, Kettlewells Erkenntnisse direkt auf die Probe zu stellen. Denn wenn er recht hatte, dann sollten die dunklen Formen des Birkenspanners nun seltener werden und die hellen Formen wieder die Oberhand gewinnen. Und wirklich wurde genau das in den folgenden Jahrzehnten in den Kohlebergbaugebieten Europas und Nordamerikas beobachtet.

So gab es 1950 im Nordwesten Englands an der Grenze zu Wales fast ausschließlich dunkle Birkenspanner. Mitte der 1980er-Jahre war ihr Anteil jedoch bereits auf etwa 50 Prozent gesunken – und um die Jahrtausendwende wurden fast gar keine dunklen Falter mehr beobachtet. Eine ganz ähnliche Verschiebung der Häufigkeiten von schwarzen hin zu hellen Formen wurde im selben Zeitraum in Deutschland im Ruhrgebiet registriert. Und auch in den Industriegebieten von Michigan und Pennsylvania in den USA sank der Anteil der dunklen Formen von etwa 90 Prozent im Jahr 1959 bis auf unter 10 Prozent im Jahr 2001. All diese Untersuchungen sprachen für Kettlewells Theorie. Sie hatte den Stresstest bestanden.

Dennoch gab es Kritik: So monierten beispielsweise manche Forschende, dass er bei seinen Beobachtungen nur auf die *Stämme* der Bäume geachtet hätte. Die typischen Ruheplätze der Birkenspanner könnten sich aber auch auf oder zwischen den Zweigen der Birken befinden, wo die Vögel einen wesentlich schlechteren Zugriff auf ihre Beute hätten. Beanstandet wurde auch dies: Wenn viele Birkenspanner gleichzeitig freigelassen werden, wie in Kettlewells Experiment, dann könnte das dadurch drastisch erhöhte Nahrungsangebot das Beuteverhalten der Vögel verändern und somit das Ergebnis des Versuchs beeinflussen. Und was war eigentlich mit den nächtlich jagenden Fledermäusen? Könnte es nicht doch sein, dass sie für den Farbwechsel der Nachfalter verantwortlich sind und nicht die Vögel?

Solche Fragen führten um die Jahrtausendwende zu unterschiedlichen Reaktionen. In den USA gibt es viele Kreationisten, die die Evolution trotz der überwältigenden wissenschaftlichen Evidenz leugnen. Sie nahmen die durchaus berechtigten Fragen zu Kettlewells Studien zum willkommenen Anlass, um seine Untersuchungen in ihrer Gesamtheit als Täuschung und Betrug zu brandmarken und seine Schlussfolgerungen in Bausch und Bogen zu verwerfen. Evolutionsbiologinnen und -biologen taten hingegen das, was wir als gute wissenschaftliche Praxis bezeichnen: Sie führten neue Untersuchungen durch, die die aufgeworfenen Fragen berücksichtigten, um zu klären, welche Zweifel berechtigt sind und welche nicht.

Es war vor allem Michael Majerus von der englischen Universität Cambridge, der mit langjährigen Studien und Beobachtungen für Klarheit sorgte. Leider verstarb er 2009 mit nur 54 Jahren, noch bevor er den Großteil seiner Ergebnisse veröffentlichen konnte. Dankenswerterweise taten sich Forschende aus England und den USA zusammen, um seine wertvollen Daten 2012 zu publizieren.

Zunächst wies Majerus nach, dass Birkenspanner tagsüber sehr wohl auf den Stämmen der Bäume ruhten und sich nur selten auf oder zwischen den Zweigen befanden. Kettlewell hatte hier also durchaus richtig gelegen. Was die Bejagung durch Fledermäuse betraf, konnte Majerus zwar drei Arten von Zwergfledermäusen identifizieren, die Birkenspanner erbeuteten. Sie unterschieden bei ihren nächtlichen Jagden jedoch nicht zwischen dunklen und hellen Formen und konnten deshalb nicht für die unterschiedliche Überlebensrate der Falter verantwortlich sein.

Das Herzstück von Majerus' Forschung war dann eine umfassende Studie in einem nicht verschmutzten Waldgebiet nahe Cambridge. Hier ließ er im Laufe von sechs Jahren nach und nach insgesamt fast 5000 helle und dunkle Birkenspanner frei und erfasste, wie viele von ihnen tagsüber erbeutet wurden. Dabei achtete er sorgsam darauf, dass er nicht zu viele Individuen auf einmal aussetzte und so das Nahrungsangebot künstlich erhöhte. Majerus stellte fest: Dunkle Falter hatten im Durchschnitt eine etwa 9 Prozent geringere Chance, das Ruhen auf einem Baum zu überleben, als helle. In vielen Fällen konnte er direkt beobachten, wie die freigelassenen Birkenspanner von Vögeln gefressen wurden, darunter Kohl- und Blaumeisen, Rotkehlchen, Zaunkönige, Amseln, Elstern, Heckenbraunellen, Stare und Kleinspechte.

Zusammengenommen bestätigten diese Ergebnisse in eindrucksvoller Weise Kettlewells Schlussfolgerung: Die selektive Bejagung durch insektenfressende Vögel stellt den wichtigsten Faktor dar, der die Zu- bzw. Abnahme der dunklen Variante des Birkenspanners in einer sich verändernden Welt erklärt.

Natürlich sind längst nicht alle Fragen in Bezug auf die Birkenspanner geklärt. So wird beispielsweise diskutiert, dass sich dunkle und helle Individuen zusätzlich auch in ihrer körperlichen Verfassung unterscheiden könnten oder dass sich möglicherweise Wanderungen der Tiere auf ihre jeweilige Häufigkeit auswirken. Doch ungeachtet dessen ist und bleibt der Industriemelanismus des Birkenspanners eines der bestuntersuchten Beispiele, die wir für Evolution in Aktion kennen.

Ein für das Thema dieses Buchs entscheidender Aspekt ist dabei: Die Veränderung der Schmetterlingspopulationen vollzog sich nicht im Laufe von Jahrmillionen, sondern innerhalb weniger Jahrzehnte. Das unterstreicht, dass wir die Evolution nicht als einen Prozess verstehen sollten, der nur über unermesslich lange Zeiträume zu Veränderungen führt. Vielmehr erlaubt er es Tieren und anderen Organismen auch, sich innerhalb relativ kurzer Zeiträume an Umweltveränderungen anzupassen. Man spricht in diesem Fall von «Mikroevolution» – im Vergleich zur «Makroevolution», die sich zum Beispiel auf die Entstehung unterschiedlicher Arten bezieht. Wie rasant die Mikroevolution mitunter zu messbaren Konsequenzen führen kann, werden wir auch im folgenden Abschnitt sehen.

Mit Haftsohlen gegen den Hurrikan

Im Spätsommer 2017 braute sich in der Karibik der Hurrikan Irma zusammen. Am 8. September fegte er mit 265 Kilometern pro Stunde über die beiden kleinen Inselgruppen Turks und Caicos südöstlich der Bahamas hinweg. Genau zwei Wochen später wurde die Inselgruppe abermals mit voller Wucht getroffen – diesmal von Hurrikan Maria. Die Naturkatastrophen hinterließen eine Spur der Verwüstung.

Tropische Wirbelstürme richten nicht nur großes Leid unter den Menschen in den betroffenen Gebieten an. Sie haben auch ernste Konsequenzen für die anderen dort heimischen Lebewesen. So werden unzählige Tiere – von Affen über Vögel und Reptilien bis hin zu Insekten – von umstürzenden Bäumen und umherfliegenden Trümmern erschlagen, ertrinken in den Fluten oder sterben an den Spätfolgen der Unwetter. Allerdings überleben auch einige Individuen diese Katastrophen. Dabei stellt sich aus biologischer Sicht die Frage: Hatten diese Tiere einfach nur Glück? Oder war hier die natürliche Selektion am Werk? Schlug das Schicksal zufällig zu, oder hatten die überlebenden Individuen Merkmale, die ihnen halfen, besser mit den Wirbelstürmen klarzukommen als ihre Artgenossen? Seit Kurzem wissen wir, dass im Fall der Hurrikane Irma und Maria bei einer Population baumbewohnender Echsen tatsächlich Letzteres der Fall war.

Im Jahr 2017 sollten im Rahmen eines Naturschutzprojektes eingeschleppte Ratten von zwei kleinen zu Turks und Caicos gehörenden Inseln, Pine Cay und Water Cay, entfernt werden, da sie eine immer stärkere Bedrohung für die einheimische Fauna darstellten. Der Biologe Colin Donihue von der amerikanischen Universität Harvard hörte hiervon und schloss sich den Naturschützern an. Sein ursprünglicher Plan: Er wollte untersuchen, welche Folgen das Verschwinden der Ratten für eine einheimische Art der Saumfingerechsen hat.

Saumfingerechsen der Gattung *Anolis* sind kleine bis mittelgroße Echsen, die viel Zeit auf Bäumen verbringen. Sie sind mit mehreren Hundert verschiedenen Arten in der Karibik, den südlichen USA sowie Zentral- und Südamerika weit verbreitet. Ähnlich wie die besser bekannten Geckos, besitzen sie Haftsohlen an den Zehen der Vorder- und Hinterbeine, die für festen Halt sorgen und es ihnen ermöglichen, sich an glatten Oberflächen festzuhalten.

Donihue fing auf den beiden Inseln Pine Cay und Water Cay eine repräsentative Anzahl von Exemplaren des Südlichen Bahamaanolis (wissenschaftlich *Anolis scriptus*) ein und bestimmte sowohl die Länge der Körper und Gliedmaßen der Tiere als auch die Größe ihrer Haftsohlen. Nur sechs Tage nachdem er mit seiner Erhebung fertig geworden und wieder nach Hause zurückgekehrt war, brach mit Irma der erste Hurrikan über die Inseln herein. Kurz darauf versetzte Maria ihnen den zweiten Schlag.

Colin Donihue erkannte sofort, welche unerwartete wissenschaftliche Chance sich durch die Naturkatastrophen bot. Sie ermöglichten es ihm, die unmittelbaren Auswirkungen der Stürme auf die Population der Reptilien zu untersuchen. Etwa drei Wochen nachdem der zweite Hurrikan abgezogen war, kehrte er mit seinem Team zurück nach Pine Cay und Water Cay. Dort fingen die Forschenden möglichst viele der Saumfingerechsen ein, die die Hurrikane überlebt hatten, und vermaßen sie. Als sie die Messwerte verglichen, die sie vor und nach den Hurrikanen ermittelt hatten, trauten sie ihren Augen kaum: Der durchschnittliche Wert für die Größe der Haftpolster der Reptilien war nach den Hurrikanen deutlich höher als zuvor – an den Vorderbeinen um gut neun Prozent und an den Hinterbeinen um gut sechs Prozent. Das heißt: Tiere mit größeren Haftpolstern hatten die Wirbelstürme offenbar häufiger überlebt als solche mit kleineren Haftpolstern.

Achtzehn Monate später, im Frühjahr 2019, fuhren die Forschenden abermals nach Pine Cay und Water Cay. Sie wollten wissen, ob die Echsen ihre größeren Haftpolster an die nächste Generation vererbt hatten. Das war tatsächlich der Fall: Die nach den Wirbelstürmen geschlüpften Echsen hatten im Durchschnitt exakt so große Haftpolster wie ihre Eltern. Innerhalb allerkürzester Zeit hatten die Wirbelstürme also dazu geführt, dass sich die Population des Südlichen Bahamaanolis morphologisch verändert hatte und nun im Mittel deutlich größere Haftpolster aufwies als zuvor. Wie war das zu erklären?

Die Forschenden hatten eine klare Vermutung: Von Saumfingerechsen wusste man, dass die Größe der Haftpolster unter ihren Zehen entscheidend dafür ist, wie gut sie sich an Oberflächen festhalten können. Das legte den Schluss nahe, dass Tiere mit größeren Haftpolstern während der Wirbelstürme eher überlebt hatten als Artgenossen mit kleineren Haftpolstern – weil sie nicht so leicht von den Stämmen und Ästen der Bäume losgerissen und weggeweht werden konnten.

Bislang hatte allerdings noch niemand beobachtet, wie sich Saumfingerechsen während eines leibhaftigen Hurrikans verhalten. Insofern wäre es möglich, dass sie bei aufkommendem Wind den Boden aufsuchen und überhaupt nicht Gefahr laufen, weggeweht zu werden. Donihue und seine Kolleginnen und Kollegen fanden eine Methode, um diesen Einwand zu überprüfen: Sie simulierten einen Sturm und beobachteten, wie die Reptilien reagierten. Dazu setzten sie Echsen an das obere Ende eines vertikalen Holzstabes und erzeugten dann mit einem Laubbläser Winde bis zur Hurrikan-Stärke, die sie direkt auf die Tiere richteten. Währenddessen filmten sie die Reptilien mit einer Hochgeschwindigkeitskamera. Die Aufnahmen des Teams, die im YouTube-Video «Natural selection in a hurricane» zu sehen sind, zeigen, dass die Echsen während des künstlich erzeugten Sturms keineswegs nach unten kletterten, um den Boden zu erreichen. Vielmehr orientierten sie ihren Körper auf die windabgewandte Seite des Stabes und versuchten, sich mit den Zehen der Vorder- und Hinterbeine festzuhalten – genau so, wie es die Forschenden vermutet hatten.

Wenn sich größere Zehenpolster als Schutz vor starken Winden auszahlen, überlegten die Forschenden weiter, dann sollten sich in Bezug auf dieses Merkmal Unterschiede zwischen verschiedenen Saumfingerechsen-Populationen finden lassen, abhängig davon, wie stark sie in der Vergangenheit von Wirbelstürmen betroffen waren. Um zu überprüfen, inwieweit das zutraf, wandten sich Colin Donihue und sein Team einer anderen Saumfingerechsen-Art zu: dem Bahamaanolis (wissenschaftlich *Anolis sagrei*). Denn während die bisher untersuchte Spezies nur auf wenigen Inseln in einem eng umrissenen Gebiet vorkommt, ist diese Art in der Karibik von den Bahamas über Kuba und Jamaika bis zu den Cayman Islands weit verbreitet.

Die Forschenden wählten zwölf unterschiedliche Inseln aus, die das gesamte Verbreitungsgebiet dieser Art umspannten, und vermaßen bei den dort lebenden Tieren die Größe ihrer Haftpolster. Zusätzlich ermittelten sie, wie oft die Inseln jeweils seit 1949 von Hurrikanen heimgesucht worden waren. Dies war möglich, da das Auftreten aller Wirbelstürme in der Karibik seit vielen Jahrzehnten akribisch dokumentiert wird. Dabei zeigten sich durchaus Unterschiede zwischen den Gebieten: Über die meisten Inseln waren in den etwa 70 Jahren zwei Wirbelstürme hinweggefegt, über manche aber auch vier und über einige überhaupt keine. Als die Forschenden die Häufigkeit der Hurrikane mit den Körpermerkmalen der dort lebenden Saumfingerechsen in Beziehung setzten, fanden sie tatsächlich einen Zusammenhang: Je häufiger eine Insel in den letzten Jahrzehnten von Wirbelstürmen heimgesucht worden war, desto größere Haftpolster hatten die Tiere an den Zehen ihrer Vorder- und Hinterbeine.

Abschließend weiteten Donihue und seine Kolleginnen und Kollegen die Analyse sogar auf 188 weitere Saumfingerechsen-Spezies aus. Dabei konzentrierten sie sich nicht nur auf die Karibik, sondern nahmen das gesamte Verbreitungsgebiet der Echsengattung von Florida über Mittelamerika bis Brasilien in den Blick. Manch einer wird sich nun vielleicht fragen, wie die Forschenden denn an all diese Tiere in den unterschiedlichsten Gebieten gekommen sind. Sie alle einzufangen, hätte schließlich einen enormen Aufwand bedeutet. Doch glücklicherweise konnten sie auf umfangreiche Sammlungen von Saumfingerechsen in verschiedenen Naturkundemuseen zurückgreifen. Als das Team diese Tiere vermaß, ergab sich erneut eine glasklare Beziehung: Je häufiger Wirbelstürme im Lebensraum der jeweiligen Art auftraten, desto größer war die Fläche der Haftpolster an den Zehen ihrer Vorder- und Hinterbeine.

Bei vielen großen wissenschaftlichen Entdeckungen hat der Zufall mitgeholfen, so auch im Fall von Colin Donihue und den Saumfingerechsen. Der enge zeitliche Zusammenhang zwischen der ersten Forschungsreise des Wissenschaftlers und dem Auftreten der Wirbelstürme machte es möglich, dass er eine ganz andere Frage untersuchen konnte als ursprünglich geplant. Im Zuge seiner umfassenden Studien fand er gemeinsam mit seinen Kolleginnen und Kollegen schließlich eindrucksvolle Belege dafür, dass es keineswegs rein zufällig ist, welche Saumfingerechsen einen Hurrikan überleben und welche nicht. Vielmehr sind offenbar solche Tiere im Vorteil, die sich dank ihrer erblich bedingten großen Haftsohlen besser an den Bäumen festhalten können. Das hat zur Folge, dass sich bereits durch einen einzigen Hurrikan die durchschnittliche Größe eines körperlichen Merkmals in einer Population nachhaltig verändern kann.

Fazit

Angetrieben von der natürlichen Selektion, findet seit Jahrmillionen eine biologische Evolution auf unserer Erde statt. Sie hat zur Entstehung der beachtlichen Vielfalt des Lebens geführt und Organismen hervorgebracht, die hervorragend an ihren jeweiligen Lebensraum angepasst sind. Doch die Evolution ist keineswegs ein Prozess, der nur über unvorstellbar lange Zeiträume zu Veränderungen führt. Vielmehr ist sie auch heute noch in vollem Gange – immer und überall – und lässt sich mitunter sogar direkt bei der Arbeit beobachten.

So haben wir gesehen, wie in England im Zuge der industriellen Revolution dunkle Birkenspanner immer häufiger wurden. Der Grund dafür war, dass Tiere mit der genetischen Veranlagung für dieses Merkmal in einer durch die Industrialisierung dramatisch veränderten Umwelt plötzlich einen beträchtlichen Überlebensvorteil hatten, weil sie auf dunklen Baumstämmen effektiver vor Fressfeinden getarnt waren. Entsprechend hatte sich das Erscheinungsbild der Population über Generationen hinweg drastisch verändert. Oder anders ausgedrückt: Die Falter hatten sich durch das Wirken der natürlichen Selektion an die neuen Gegebenheiten angepasst.

Die Geschichte der Saumfingerechsen wiederum hat gezeigt: Selbst in einem karibischen Wirbelsturm entscheidet nicht allein der Zufall darüber, welche Individuen die Katastrophe überleben und welche ihr zum Opfer fallen. Vielmehr haben Echsen mit großen Haftpolstern an ihren Zehen bessere Chancen zu überleben als ihre Artgenossen mit nur kleinen. Entsprechend kann ein solches Naturereignis dazu führen, dass sich die Zusammensetzung einer Saumfingerechsen-Population in Bezug auf dieses Merkmal innerhalb kürzester Zeit verändert wie im Fall des Südlichen Bahamaanolis auf Pine Cay und Water Cay. Und auch hier kann man von einer Anpassung an die Umwelt sprechen. Denn die dort lebenden Tiere sind dank ihrer größeren Haftpolster nun deutlich besser auf künftige Stürme vorbereitet.

Beide Beispiele belegen eindrucksvoll, dass die natürliche Selektion Tierpopulationen dabei helfen kann, auch in kurzen Zeitabschnitten auf Umweltveränderungen zu reagieren. Sie spielt für Tiere daher eine besondere Rolle, wenn es darum geht, vor den dramatischen Umwälzungen im Anthropozän zu bestehen – und wird uns deshalb auch im weiteren Verlauf des Buchs immer wieder als Anpassungsmechanismus begegnen.

KAPITEL 2

Wandelbare Individuen

Wie sich Tiere im Laufe des Lebens durch phänotypische Plastizität an ihre Umwelt anpassen

Im vorigen Kapitel haben wir mit der Evolution einen wesentlichen Mechanismus kennengelernt, der es Tieren erlaubt, sich an veränderte Umweltbedingungen anzupassen. So haben wir gesehen, wie sich durch das Wirken der natürlichen Selektion die genetische Zusammensetzung von Schmetterlings- und Echsenpopulationen verändert hat, wodurch Erstere besser vor Fressfeinden getarnt waren und Letztere seltener durch Wirbelstürme zu Tode kamen.

Neben der Evolution gibt es noch eine weitere Möglichkeit der Anpassung, und zwar durch die sogenannte *phänotypische Plastizität*. Mit ihrer Hilfe können Tiere ihre körperlichen Merkmale und ihr Verhalten im Laufe des Lebens auf die jeweils vorherrschenden Bedingungen einstellen. Was es damit auf sich hat, werden wir uns in diesem Kapitel ansehen.

Raupen, die Blüten und Zweige imitieren

In Nordamerika lebt der Nachtfalter *Nemoria arizonaria*, ein naher Verwandter des Birkenspanners, der uns im vorigen Kapitel begegnet ist. Die Raupen dieses Schmetterlings leben auf Eichen und verblüffen durch ein erstaunliches Phänomen: Sie unterscheiden sich abhängig von der Jahreszeit dramatisch in ihrem Aussehen. So sehen Individuen, die im Frühjahr schlüpfen, schon nach kurzer Zeit in Form und Farbe den zu dieser Zeit zahlreich vorhandenen Blütenständen der Eichen zum Verwechseln ähnlich. Individuen, die im Sommer schlüpfen, wenn die Blüten längst abgefallen sind, entwickeln sich hingegen zu täuschend echten Abbildern junger Eichenzweige. Die Tiere sind also je nach Jahreszeit ausgezeichnet in ihrer jeweiligen Umwelt getarnt.

Bemerkenswerterweise gehen diese Unterschiede in den körperlichen Merkmalen nicht etwa auf verschiedene genetische Veranlagungen zurück. Jede Falterraupe besitzt das Potenzial, sich zur Blüten- oder zur Zweigform zu entwickeln – und es hängt ausschließlich von ihrer Umwelt ab, welchen Weg sie tatsächlich einschlägt. Dabei wissen wir dank einer Untersuchung des Wissenschaftlers Erick Greene sogar ganz konkret, wie es dazu kommt, ob sich eine Raupe letztlich blüten- oder zweigähnlich entwickelt.

Greene führte bereits Ende des letzten Jahrhunderts ein relativ simples, aber aufschlussreichen Experiment mit den Tieren durch. Er überprüfte darin drei Umweltfaktoren, die sich zwischen den Jahreszeiten unterscheiden und so die Entwicklung der Raupen beeinflussen könnten: die Temperatur, die Tageslänge und die Nahrung. Konkret hielt er dafür frisch geschlüpfte Raupen wild lebender Falter unter unterschiedlichen Bedingungen. Manche wuchsen bei einer Temperatur von 15 °C auf, andere bei einer Temperatur von 25 °C; manche erlebten 12 Stunden Helligkeit am Tag, andere 14 Stunden; manchen wurden Eichenblüten als Nahrung zur Verfügung gestellt, anderen hingegen Eichenblätter. Das

Ergebnis dieses Versuchs war beeindruckend deutlich: Weder die Temperatur noch die Tageslänge hatten auch nur den geringsten Einfluss auf das Erscheinungsbild der Raupen, sondern ausschließlich die Ernährung. Sämtliche Tiere, an die der Forscher Eichenblüten verfütterte, glichen diesen bald schon äußerlich, während sämtliche Tiere, an die er Eichenblätter verfütterte, stattdessen jungen Eichentrieben ähnelten. Das lässt darauf schließen, dass allein die Inhaltsstoffe der Pflanzenteile, von denen die Raupen sich ernähren, darüber entscheiden, ob sie den Entwicklungsweg zur Blütenform oder zur Zweigform einschlagen. Die Redewendung «Du bist, was du isst» trifft auf den Nachwuchs von *Nemoria arizonaria* also in ganz besonderer Weise zu.

Die Geschichte der blüten- und zweigförmigen Raupen illustriert ein wichtiges Prinzip der Biologie: Ein Organismus mit einem bestimmten Satz an Genen kann verschiedene Erscheinungsbilder haben – abhängig davon, ob und wie stark bestimmte Gene exprimiert werden. Man unterscheidet in diesem Zusammenhang zwischen dem *Genotyp* eines Individuums, der Gesamtheit seiner Gene, und seinem *Phänotyp*, der Gesamtheit seiner tatsächlich ausgeprägten Merkmale. Und genau auf dieses Prinzip bezieht sich der Begriff der phänotypischen Plastizität: Er bedeutet nichts anderes, als dass aus einem Genotyp abhängig von den Umweltbedingungen unterschiedliche Phänotypen hervorgehen können. Nicht immer geht es dabei um eine variable körperliche Entwicklung wie bei den Raupen. Auch das Verhalten von Tieren kann durch frühe Erfahrungen nachhaltig geformt werden, wie wir im Folgenden sehen werden.

Buntbarsche und ihre Fressfeinde

Der Tanganjikasee in Ostafrika ist die Heimat einer Vielzahl unterschiedlicher Buntbarscharten, die sich dort in den vergangenen zehn Millionen Jahren entwickelt haben. Zu dieser Gruppe gehört auch die Art *Neolamprologus pulcher*, die im Deutschen mitunter als Gabelschwanzbuntbarsch bezeichnet wird.

Gabelschwanzbuntbarschen droht eine enorme Gefahr durch Fressfeinde. Taucht einer davon plötzlich auf, kann ihre erste Reaktion über Leben und Tod entscheiden. Insofern sollten sie stets auf der Hut sein – und zwar ganz besonders dann, wenn in ihrer Umgebung besonders viele der für sie gefährlichen Fische leben. Das brachte ein Forschungsteam um die Biologin Barbara Taborsky auf die Idee, in einem Experiment der Frage nachzugehen, inwieweit sich die Anwesenheit von Fressfeinden zu Beginn des Lebens auf das Verhalten von Gabelschwanzbuntbarschen im späteren Leben auswirkt.

Im Rahmen des Versuchs ließen die Forschenden die Fische bis zu einem Alter von zehn Wochen unter unterschiedlichen Bedingungen aufwachsen: Einem Teil von ihnen präsentierten sie in einem Behältnis, das an ihr Heimataquarium angrenzte, regelmäßig einen für sie gefährlichen Fisch, den deutlich größeren Buntbarsch *Lepidiolamprologus elongatus*. Beim anderen Teil der Tiere blieb das angrenzende Behältnis hingegen leer. Zusätzlich gaben die Forschenden immer wieder Wasser aus dem Behältnis ins jeweilige Heimataquarium der Gabelschwanzbuntbarsche. Dieses enthielt bei der ersten Gruppe also Duftstoffe des Fressfeindes, bei der zweiten jedoch nicht.

Als die Gabelschwanzbuntbarsche ein Alter von vier Monaten erreicht hatten, untersuchten die Forschenden zum ersten Mal ihr Verhalten. Dafür präsentierten sie ihnen an einer Seite des Aquariums eine animierte Sequenz von Bildern, auf denen ein Exemplar der Art *Lepidiolamprologus elongatus* zu sehen war. Zunächst war der Fisch dabei stark verdeckt und wurde dann nach und nach immer besser sichtbar. Es zeigte sich: Gabelschwanzbuntbarsche, die während des Heranwachsens regelmäßig Sicht- bzw. Geruchskontakt mit dem Fressfeind hatten, reagierten deutlich früher auf die vermeintliche Bedrohung als jene ohne entsprechende Erfahrungen. Das Verhalten der Tiere hatte sich also abhängig von ihrer

Umwelt unterschiedlich entwickelt. Und diese Unterschiede waren offenbar von Dauer, wie sich zeigte, als die Forschenden den Fischen neun Monate später den Angriff eines Fressfeinds vortäuschten, indem sie eine Murmel ins Wasser fallen ließen: Gabelschwanzbuntbarsche, die in einer scheinbar gefährlichen Umgebung aufgewachsen waren, suchten wesentlich häufiger Zuflucht in einem Schutzbereich als ihre Artgenossen und brauchten nach der Murmel-Attacke länger, bis sie wieder ihre gewohnte Aktivität aufnahmen.

Wir haben nun mit den Gabelschwanzbuntbarschen ein weiteres Beispiel dafür kennengelernt, wie sich Tiere mithilfe phänotypischer Plastizität an die in ihrer jeweiligen Umwelt vorherrschenden Bedingungen anpassen können. Doch was ist eigentlich mit Individuen, die ganz am Beginn ihres Lebens stehen und entsprechend bislang noch keine Erfahrungen in ihrem Lebensraum sammeln konnten? Müssen sie mit ihren phänotypischen Anpassungen warten, bis sie sich selbst einen Eindruck von den Verhältnissen verschaffen können?

Die eindeutige Antwort auf diese Frage lautet: Nein. Wir wissen heute, dass viele Tiere Informationen über die Umwelt, die sie erwartet, bereits mit in die Wiege gelegt bekommen. Und wie ein weiteres Experiment von Barbara Taborsky und ihrem Team zeigt, gilt das auch für die Gabelschwanzbuntbarsche.

Im Rahmen der Untersuchung täuschten die Forschenden erwachsenen Paaren von Gabelschwanzbuntbarschen mit ähnlichen Mitteln wie im zuvor beschriebenen Versuch eine gefährliche oder eine sichere Umwelt vor, und zwar zu einer Zeit, als im Körper der Weibchen gerade Eier heranreiften. Nach der Eiablage trennte das Team den Nachwuchs von den Eltern und zog ihn ohne Kontakt zu Fressfeinden auf. Als die heranwachsenden Fische ein Alter von drei Monaten erreicht hatten, testeten die Forschenden ihre Reaktion auf einen vermeintlichen Angriff wie im vorher beschriebenen Versuch mithilfe einer plötzlich ins Wasser fallenden Murmel. Das Ergebnis: Bei den Nachkommen von Fischen aus einer scheinbar gefährlichen Umwelt kam es wesentlich schneller zu einer Fluchtreaktion als bei den Nachkommen von Fischen aus einer sicheren Umgebung.

Das Verhalten der Gabelschwanzbuntbarsche unterschied sich also, obwohl die Tiere selbst unter völlig einheitlichen Bedingungen aufgewachsen waren. Das lässt darauf schließen, dass die Fischeltern Informationen über ihre Erfahrungen an ihren Nachwuchs weitergegeben hatten. Konkret haben die Forschenden dabei die Mütter im Verdacht. Denn sie stellten fest, dass Weibchen aus der vermeintlich gefährlichen Umwelt deutlich größere Eier mit einem höheren Nettogehalt an Proteinen legten als Weibchen aus einer sicheren Umwelt. Das lässt vermuten, dass weibliche Gabelschwanzbuntbarsche abhängig von den Erfahrungen, die sie machen, die Zusammensetzung ihrer Eier verändern – und auf diesem Weg das Verhalten ihrer Nachkommen beeinflussen.

Führen wir uns an dieser Stelle einmal vor Augen, wodurch sich das letzte Beispiel für eine Anpassung durch phänotypische Plastizität auszeichnet. Entscheidend ist, dass die Gabelschwanzbuntbarsche in diesem Fall Informationen aus der Umwelt nicht *direkt* wahrnahmen, sondern *indirekt* über ihre Mütter. Aus deren Perspektive handelt es sich um eine Möglichkeit, mit der sie ihren Nachwuchs möglichst gut auf die Umwelt vorbereiten können, in der er aufwachsen wird. Daher wird im Zusammenhang mit dieser Form von phänotypischer Plastizität auch von *maternalen Effekten* («maternal effects») gesprochen. Mit einem besonders spektakulären Beispiel für solche mütterlichen Effekte im natürlichen Lebensraum, bei dem sogar der vermittelnde Mechanismus aufgeklärt wurde, werden wir uns im folgenden Abschnitt befassen.

Einflussreiche Hörnchenmütter

Das Gemeine Rothörnchen ist ein nordamerikanischer Verwandter des bei uns heimischen Eichhörnchens. Sowohl die Weibchen als auch die Männchen dieser Art sind Einzelgänger und verteidigen jeweils ein eigenes Territorium. In der Mitte eines solchen Territoriums befindet sich ein Futterlager, in dem das dort lebende Tier Fichtenzapfen verstaut, von denen es sich in den kalten Wintermonaten ernährt.

Wie bei vielen kleinen Nagetieren unterliegt die Populationsdichte der Rothörnchen von Jahr zu Jahr beträchtlichen Schwankungen. Das bedeutet, dass es für junge Rothörnchen nach der Trennung von ihrer Mutter unterschiedlich schwer sein kann, ein eigenes Territorium in Besitz zu nehmen: Wenn nur wenige Artgenossen in ihrer Umgebung leben, gibt es viele freie Gebiete und wenig Konkurrenz durch andere Heranwachsende. Wenn jedoch viele Artgenossen in ihrer Umgebung leben, ist es genau umgekehrt. In Jahren mit hoher Populationsdichte ist es daher für junge Rothörnchen entscheidend, möglichst rasch zu wachsen, um sich besser gegen ihre Konkurrenten durchsetzen zu können. Denn wenn sie daran scheitern, ein eigenes Territorium zu erringen, haben sie kaum Chancen, den oftmals harten Winter zu überstehen. Anders ist die Lage in Jahren mit geringer Populationsdichte: Hier wirkt sich die Wachstumsrate der Tiere nicht auf ihre Chancen aus, ein Gebiet für sich zu beanspruchen. Insofern können sich die Rothörnchen mit dem Großwerden Zeit lassen. Und auch eine solche langsamere Entwicklung hat wahrscheinlich ihre Vorteile: So gibt es Hinweise darauf, dass Individuen, die als Jungtiere langsamer wachsen, eine höhere Lebenserwartung haben.

Für ein junges Rothörnchen wäre es daher von Vorteil, wenn es wüsste, ob viele oder wenige Artgenossen in seiner Umgebung leben. So könnte es seine Entwicklung möglichst früh im Leben an die entsprechende Konkurrenzsituation anpassen. Doch im Nest der Mutter kann es selbst nur schwer verlässliche Informationen über die Nachbarschaftsverhältnisse gewinnen. Insofern ist es äußerst günstig für die Nager, dass sie darauf gar nicht angewiesen sind – weil ihre Mütter sie über die zu erwartenden Bedingungen informieren.

Herausgefunden hat das ein Forschungsteam um Ben Dantzer und Andrew McAdam durch eine umfangreiche Studie im Westen Kanadas. Im Rahmen der Untersuchung führten die Forschenden zunächst ein Experiment durch, bei dem sie Rothörnchen-Müttern eine hohe Populationsdichte vorgaukelten. Dazu spielten sie trächtigen Weibchen in einer Region, in der nur wenige Rothörnchen lebten, regelmäßig Rufe von Artgenossen vor – sodass die Tiere den Eindruck gewinnen mussten, sie hätten deutlich mehr Nachbarn, als das eigentlich der Fall war. Anderen trächtigen Weibchen in diesem Gebiet wiederum spielten sie Vogellaute vor, die nichts an der empfundenen Nachbarschaftssituation geändert haben dürften. Die Frage hinter diesem Versuch: Würde sich die von den trächtigen Rothörnchen-Müttern wahrgenommene scheinbare Populationsdichte auf die Entwicklung ihrer Nachkommen auswirken? Um das zu überprüfen, bestimmte das Team sowohl direkt nach der Geburt des Rothörnchen-Nachwuchses als auch dreieinhalb Wochen später dessen Gewicht. Dabei zeigte sich: Jungtiere von Müttern, denen die Forschenden eine höhere Zahl an Nachbarn vorgegaukelt hatten, wuchsen in der Tat deutlich schneller als Jungtiere von Müttern, denen das Team bloß Vogelgeräusche vorgespielt hatte. Sie reagierten also offenbar auf Hinweise ihrer Mütter und passten ihre Entwicklung entsprechend daran an.

In einem nächsten Schritt wollten die Forschenden herausfinden, *wie* die Mütter ihrem Nachwuchs die Informationen über die zu erwartende Umwelt übermitteln. Diesbezüglich hatten Dantzer und Co. einen bestimmten Verdacht: Durch die Analyse von Kotproben hatten sie nämlich festgestellt, dass die Rothörnchen-Weibchen als Reaktion auf die vermeintlich hohe Zahl an Nachbarn verstärkt das Stresshormon Cortisol ausgeschüttet hatten. Könnte es sein, dass dieser Botenstoff verantwortlich für das schnelle Wachstum der Jungtiere war?

Die Forschenden überprüften dies mithilfe eines weiteren Versuchs. Dabei stellten sie einigen trächtigen Rothörnchen-Weibchen täglich eine kleine Portion Erdnussbutter zur Verfügung, die sie mit Cortisol versetzt hatten – wodurch der Spiegel des Botenstoffs bei den Tieren nachweislich anstieg. Zum Vergleich fütterten sie andere Rothörnchen stets mit derselben Menge an Erdnussbutter ohne zugesetztes Hormon. Das Ergebnis: Die Jungtiere der Weibchen mit künstlich erhöhtem Cortisolspiegel wuchsen deutlich schneller als die Jungtiere der Weibchen aus der Vergleichsgruppe.

Den Forschenden war es also tatsächlich gelungen, den Mechanismus zu entschlüsseln, der die von der Populationsdichte abhängige Entwicklung des Nager-Nachwuchses erklärt: Wenn weibliche Rothörnchen in einem Gebiet mit einer hohen Zahl von Artgenossen leben, schütten sie vermehrt das Hormon Cortisol aus. Dieses führt bei ihren Nachkommen zu einem beschleunigten Wachstum, das wiederum ihre Chancen verbessert, sich gegen die Konkurrenz durchzusetzen und ein eigenes Territorium zu ergattern.

Wunderwaffe Lernen

Wir haben nun einige Beispiele dafür gesehen, wie die phänotypische Plastizität es Tieren auf vielfältige Weise erlaubt, sich im Laufe ihres Lebens an ihre Umwelt anzupassen. In diesem Abschnitt wollen wir uns abschließend noch mit einer besonderen Form der phänotypischen Plastizität befassen, die als echte Wunderwaffe gelten kann, wenn es darum geht, auf Veränderungen zu reagieren: das Lernen. Indem Tiere lernen, können sie ihr Verhalten überaus flexibel an spezifische Herausforderungen in ihrem jeweiligen Lebensraum anpassen – und zwar selbst dann, wenn diese in der evolutionären Vergangenheit ihrer Art bisher nie aufgetreten sind.

Stellen wir uns beispielsweise Tiere vor, die in einer bislang weitgehend unberührten Gegend leben, in der nun allmählich der Tourismus einsetzt. Das Auftauchen von Menschen in bunter

Kleidung, die womöglich in motorisierten Gefährten unterwegs sind, dürfte diese Tiere zunächst verschrecken und zur Flucht veranlassen. Doch wenn sie wiederholt erleben, dass von diesen neuartigen Gestalten keine Gefahr ausgeht, werden sie sich nach und nach an ihre Anwesenheit gewöhnen. Dadurch können sie Energie sparen, die sie bei einer Flucht und der damit möglicherweise verbundenen Unterbrechung der Nahrungsaufnahme verlieren würden. Man spricht in der Biologie bei einem solchen Prozess auch von Habituation.

Ebenso können Tiere durch Versuch und Irrtum – oder, wie man auch sagt, operante Konditionierung – lernen. Dadurch können sie zum Beispiel herausfinden, wo sich in ihrer Umgebung die Nahrungssuche besonders lohnt, und sich sogar ganz neuartige Nahrungsquellen erschließen. Zudem sind sie in der Lage, ihr Vorgehen bei der Nahrungsbeschaffung nach und nach zu optimieren, basierend darauf, welches Verhalten in der Vergangenheit zum Erfolg oder zum Misserfolg geführt hat.

Dabei ist in den letzten Jahrzehnten klar geworden, dass die kognitiven Fähigkeiten vieler Tiere lange Zeit deutlich unterschätzt wurden. Ein faszinierendes Beispiel dafür lässt sich seit einigen Jahrzehnten am Uluwatu-Tempel im Süden Balis beobachten. Dort leben mehrere Hundert Javaneraffen, von denen einige durch ein außergewöhnliches Verhalten auffallen: Sie handeln mit Diebesgut. Die Geschäfte der Tiere laufen dabei immer nach dem gleichen Prinzip ab. Sie stehlen einem der zahlreichen Besucher des Tempels einen persönlichen Gegenstand und rücken diesen erst wieder heraus, wenn das Tempelpersonal ihnen im Gegenzug etwas zu fressen gibt. Erfahrene Individuen gehen einer Studie aus dem Jahr 2021 zufolge sogar besonders gewieft vor: Sie entwenden bevorzugt wertvolle Stücke wie Elektrogeräte oder Brillen, für deren Herausgabe sie sich dann auch entsprechend üppig entlohnen lassen.

Die Javaneraffen am Uluwatu-Tempel haben also gelernt, dass Menschen bereit sind, sie für die Rückgabe von gestohlenen Gegenständen zu bezahlen – und dass sich bei bestimmten Objekten mehr heraushandeln lässt als bei anderen. Auffällig ist, dass das Verhalten in dieser Population sehr häufig auftritt, während es sich bei anderen Populationen von Javaneraffen mit vergleichbarem Kontakt zu Touristen gar nicht beobachten lässt. Wie ist das zu erklären?

Mit ziemlicher Sicherheit sind nicht alle mit Diebesgut handelnden Tiere am Uluwatu-Tempel selbst auf diese Möglichkeit der Nahrungsbeschaffung gekommen. Vermutlich waren es ursprünglich nur eines oder einige wenige Individuen. Ihr Verhalten hat sich dann nach und nach in der Population ausgebreitet, indem immer mehr Tiere es sich von erfahrenen Artgenossen abgeschaut haben – oder sich zumindest von deren Vorgehen inspirieren ließen.

Wenn ein Tier auf diese oder ähnliche Weise durch Beobachtung von anderen lernt, bezeichnet man das als «soziales Lernen». Dabei ist leicht zu erkennen, warum es sich bei dieser Lernform um ein besonders wirksames Werkzeug der Anpassung handelt: Individuen sind in diesem Fall nicht darauf angewiesen, mühsam aus ihren eigenen Erfahrungen zu lernen; stattdessen können sie eine Abkürzung nehmen und von den Erfahrungen anderer profitieren. Dies macht es möglich, dass sich eine vorteilhafte Verhaltensweise, die ein einzelnes Individuum entdeckt hat, innerhalb kürzester Zeit in einer ganzen Population ausbreiten kann – so, wie es wahrscheinlich auch bei den Javaneraffen der Fall gewesen ist. Mittlerweile ist bei verschiedenen Tierarten belegt, dass sich dadurch sogar Verhaltenstraditionen herausbilden können, die über Generationen hinweg aufrechterhalten werden; Kultur ist also anders als lange angenommen keineswegs ein rein menschliches Phänomen.

Interessanterweise haben Forschende in diesem Zusammenhang jüngst auch ein weiteres vermeintliches Alleinstellungsmerkmal unserer Spezies abgeräumt. So ist zwar wie beschrieben schon seit Längerem bekannt, dass Tiere ihren Lernerfolg stark beschleunigen können, indem sie andere beobachten. Man nahm bis vor Kurzem aber an, dass sie sich dabei nur Dinge von anderen abschauen könnten, die sie selbst auch irgendwann durch Ausprobieren herausfinden würden – während nur wir Menschen in der Lage seien, auch Vorgehensweisen von anderen zu lernen, auf die wir selbst nie kommen würden. Doch im Jahr 2024 haben zwei Forschungsteams in parallel erscheinenden Studien an ganz unterschiedlichen Tierarten nachgewiesen, dass diese Annahme ein Irrtum war.

In einer der beiden Untersuchungen konfrontierten Forschende um Edwin van Leeuwen und Josep Call zwei Gruppen Schimpansen in einer Auffangstation in Sambia mit einem Apparat, der bei korrekter Bedienung eine Portion Erdnüsse ausgab. Dazu mussten die Tiere ein Schubfach öffnen, einen Holzball in eine darin befindliche Vertiefung legen und das Schubfach anschließend wieder schließen. Die Schimpansen hatten elf Monate Zeit, sich immer wieder an der Aufgabe zu versuchen. Während dieser Phase schafften es zwar beide Gruppen jeweils einmal, die Konstruktion aufzubrechen und so an die Nahrung zu gelangen. Doch kein einziges der 66 Tiere fand die korrekte Funktionsweise des Futterspenders heraus. Das änderte sich erst, als die Forschenden jeweils einer Schimpansin pro Gruppe beibrachten, den Apparat zu bedienen: Daraufhin lernten innerhalb von zwei Monaten vierzehn weitere Tiere das richtige Vorgehen.

Es dürfte wohl die wenigsten überraschen, dass ausgerechnet die Schimpansen zu den beiden Arten zählen, bei denen erstmals die Fähigkeit zum sozialen Lernen einer Problemlösung nachgewiesen wurde, die die Innovationskraft eines Individuums übersteigt. Schließlich sind sie unsere nächsten Verwandten. Anders sieht es vermutlich in Bezug auf die Spezies in der zweiten, gleichzeitig erschienenen Studie aus. Denn dabei handelte es sich nicht etwa um eine andere Primaten- oder Säugetierart, ja, nicht mal um einen Vertreter der Wirbeltiere, sondern um ein Insekt: die Dunkle Erdhummel, die auch in Deutschland heimisch ist.

Was zunächst verblüffen mag, passt ins Bild der jüngeren wissenschaftlichen Erkenntnisse. Denn diese zeigen klar, dass es auch unter den wirbellosen Tieren einige Gruppen gibt, die über deutlich ausgeprägtere kognitive Fähigkeiten verfügen, als man ihnen lange Zeit zugetraut hatte – und dazu zählen zweifellos die Hummeln. Dass wir das heute wissen, verdanken wir insbesondere der Forschung des Wissenschaftlers Lars Chittka, der mit seinem Team in den vergangenen Jahren Erstaunliches über das Verhalten und die Lernleistungen dieser Insekten herausgefunden hat. Chittka war es auch, der – gemeinsam mit der Wissenschaftlerin Alice Bridges und weiteren Forschenden – den Beleg für die Fähigkeit der Dunklen Erdhummel erbrachte, durch Beobachtung zu lernen, was ihr durch Ausprobieren nicht gelingt.

Im Rahmen der Untersuchung galt es für die Hummeln ähnlich wie für die Schimpansen, eine komplexe Apparatur zu bedienen, um an Nahrung zu gelangen. Dabei handelte es sich um eine kreisförmige Arena, auf deren Boden sich eine gelbe Vertiefung mit Zuckerlösung befand, die von einer durchsichtigen Scheibe verdeckt war. Um sich Zugang zu der süßen Mahlzeit zu verschaffen, mussten die Insekten die Scheibe durch das Schieben eines roten Reglers drehen, bis eine darin eingelassene Öffnung die gelbe Vertiefung freilegte. Was so schon einigermaßen kompliziert klingt, war jedoch noch nicht alles: Die Hummeln konnten den roten Regler erst dann überhaupt bewegen, wenn sie zuvor einen blauen Regler zur Seite geschoben hatten, der diesen blockierte.

Die Forschenden gaben zwei Hummelkolonien zwölf Tage lang Zeit, sich mit mehreren Exemplaren der Apparatur auseinanderzusetzen, und einer weiteren sogar doppelt so lange. Dabei ließen sie die Tiere täglich zunächst für 30 Minuten mehrere Apparaturen erkunden, bei denen sie die Scheibe entfernt hatten, sodass die Zuckerlösung in der gelben Vertiefung frei zugänglich war. Anschließend hatten die Tiere dann drei Stunden Zeit, sich an den verschlossenen Apparaturen zu versuchen. Doch keiner der Hummeln gelang es im gesamten Verlauf des Experiments auch nur ein einziges Mal, die Regler korrekt zu verschieben, um die Nahrung freizugeben. Es war ihnen also offenbar nicht möglich, die korrekte Vorgehensweise durch Ausprobieren herauszufinden.

Nun ließe sich einwenden, dass die Hummeln insgesamt deutlich weniger Zeit mit der Apparatur hatten als die Schimpansen in der anderen Studie. Doch dabei gilt es, die Unterschiede zwischen den Arten zu berücksichtigen: Erdhummel-Arbeiterinnen begeben sich unter natürlichen Bedingungen für gewöhnlich insgesamt nur zwischen wenigen Tagen und drei Wochen auf Nahrungssuche außerhalb der Kolonie – und haben insofern auch nicht länger die Möglichkeit, um Lösungen für dabei auftretende Probleme zu finden.

Die komplizierte Aufgabe, die das Team den Hummeln gestellt hatte, schien ihre individuelle Lernfähigkeit also klar zu überfordern. In einem nächsten Schritt des Versuchs überprüften die Forschenden dann, ob die Insekten mehr Erfolg hätten, wenn sie sich in Bezug auf die Funktionsweise der Apparatur an erfahrenen Vorbildern orientieren könnten. Dazu brachten sie einzelnen Tieren Schritt für Schritt die zielführende Vorgehensweise bei. Anschließend gaben sie wiederholt jeweils einer unerfahrenen Hummel zusammen mit einer trainierten Artgenossin für zwanzig Minuten Zugang zu drei Apparaturen. Insgesamt fünfzehn Tiere bekamen auf diese Weise in bis zu vierzig Sitzungen die Chance, sich die korrekte Bedienung abzuschauen – und tatsächlich gelang es einem Drittel der Hummeln anschließend, selbstständig die Regler auf die zielführende Weise zu verschieben und so die Zuckerlösung freizulegen.

Fazit

Die Gene eines Tiers legen weder seine körperlichen Merkmale noch sein Verhalten starr fest, sondern geben nur den Rahmen für die Entwicklung vor. Die konkrete Ausprägung der Eigenschaften innerhalb dieses Rahmens hängt von den Umwelteinflüssen ab, die im Lauf der individuellen Lebensgeschichte auf das Tier einwirken – ein Phänomen, das als *phänotypische Plastizität* bezeichnet wird.

Die phänotypische Plastizität ermöglicht es einem Individuum, sich auf der Basis seiner genetischen Ausstattung an die konkreten Bedingungen anzupassen, die ihm in seinem Lebensraum begegnen. Dabei kann es die Umwelt einerseits direkt wahrnehmen wie die nordamerikanischen Schmetterlingsraupen, die sich abhängig von ihrer Ernährung entweder blüten- oder zweigähnlich entwickeln. Es kann andererseits aber auch auf Informationen reagieren, die es von seinen Eltern erhält. Diesen Fall haben wir sowohl bei den Gabelschwanzbuntbarschen als auch bei den Rothörnchen kennengelernt.

Eine besondere Form der Anpassung durch phänotypische Plastizität ist das Lernen. Dabei können Tiere ihr Verhalten sowohl durch individuelle Erfahrungen optimieren als auch durch die Beobachtung anderer Individuen in ihrer Umgebung. Diese letzte, als «soziales Lernen» bezeichnete Variante ist vor dem Hintergrund der drastischen Veränderungen im Anthropozän besonders relevant, da sie es ermöglicht, dass sich vorteilhafte Verhaltensweisen rasch in einer Population ausbreiten – und wie wir am Beispiel der Schimpansen und Hummeln gesehen haben, gilt das sogar für äußerst komplexe Problemlösungen.

Mit der phänotypischen Plastizität und zuvor der Evolution haben wir die beiden wesentlichen Mechanismen kennengelernt, mit denen Tiere auf Umweltveränderungen reagieren können. Dabei ist es an dieser Stelle wichtig, sich noch einmal klarzumachen, dass es sich um zwei grundsätzlich verschiedene Prozesse handelt: Bei der Anpassung durch Evolution führt das Wirken der natürlichen Selektion über Generationen hinweg zu einer veränderten genetischen Zusammensetzung von Populationen. Bei der phänotypischen Plastizität hingegen erfolgt die Anpassung dadurch, dass Tiere ihre körperlichen Merkmale und ihr Verhalten im Laufe ihres Lebens auf die jeweiligen Umweltbedingungen einstellen. Beide Mechanismen – sowohl die Evolution als auch die phänotypische Plastizität – spielen eine wichtige Rolle für Wildtiere, um im Zeitalter des Menschen zurechtzukommen. Wie sie konkret davon Gebrauch machen, um sich an die unterschiedlichen, von uns verursachten Veränderungen ihrer Umwelt anzupassen, werden wir in den folgenden vier Kapiteln ausführlich behandeln.

KAPITEL 3

Auf der Jagd im Beton-Dschungel

Wildtiere in der Stadt: Anpassungen an einen stark vom Menschen geprägten Lebensraum

Ein Leopard, der durch die Savanne schreitet, ein Gibbon, der sich durch das Kronendach schwingt, ein Fischadler, der über einem See seine Kreise zieht: Wenn wir an Wildtiere und ihr Habitat denken, kommen uns oftmals unberührte Landschaften in den Sinn. Doch die Realität sieht für einen Großteil der wild lebenden Tiere heute bereits ganz anders aus. So kommen Forschende in einer Studie aus dem Jahr 2016 zu dem Schluss, dass lediglich rund 23 Prozent der Landfläche auf der Erde überhaupt noch als Wildnis bezeichnet werden können, also als Naturraum ohne starke Beeinflussung durch den Menschen. Dazu zählen zum Beispiel die borealen Nadelwälder in Eurasien und Nordamerika sowie die Regenwälder in Südamerika und Afrika. Tiere, die außerhalb dieser Gebiete leben, sind oftmals mit dramatischen menschengemachten Veränderungen ihrer Umwelt konfrontiert. Und unser Einfluss erstreckt sich längst nicht nur auf das Land, sondern auch auf die Ozeane.

Wenn wir die unterschiedlichen Wege betrachten, auf denen wir die Lebensbedingungen für Tiere verändern, lassen sich dabei im Wesentlichen fünf Kategorien ausmachen.

1. Die Umgestaltung der Natur und der damit einhergehende Habitatverlust: Wir greifen massiv in die Lebensräume von Tieren ein, indem wir Flächen land- bzw. forstwirtschaftlich nutzen, Städte bauen oder Infrastruktur errichten. Diese Eingriffe gehen häufig mit Vorgängen wie der Abholzung von Wäldern einher, der Trockenlegung von Feuchtgebieten oder der Begradigung von Flüssen.
2. Umweltverschmutzung: Wir bringen eine Vielzahl von Stoffen in die Natur ein, darunter Abfall, Mikroplastik und Schwermetalle, aber auch Substanzen wie Düngemittel, Pestizide oder Medikamente. Darüber hinaus verändern wir an vielen Orten die akustischen und optischen Bedingungen durch Lärm und künstliches Licht.
3. Eingeführte Arten: Wir verschleppen Lebewesen absichtlich oder unabsichtlich rund um den Globus. Dadurch müssen die heimischen Tiere plötzlich mit Organismen zurechtkommen, die in ihrer evolutionären Geschichte bislang keine Rolle gespielt haben.
4. Jagd und Fischerei: Wir nehmen ganz unmittelbar Einfluss auf das Leben vieler Tiere, indem wir ihnen nachstellen und sie töten.
5. Klimawandel: Durch die Produktion von Treibhausgasen verursachen wir eine rasante Erwärmung der Erde. Diese geht mit zahlreichen weiteren Veränderungen einher, darunter ein vermehrtes Auftreten von Wetterextremen, ein Anstieg des Meeresspiegels sowie eine erhöhte Gefahr von Waldbränden. Dabei hebt sich der Klimawandel insofern von den vorher genannten Eingriffen in die Natur ab, als seine Folgen nicht lokal begrenzt sind, sondern sich global bemerkbar machen – also auch in den wenigen Gebieten, die bislang von menschlichen Einflüssen weitestgehend verschont geblieben sind.

Diese knappe Aufzählung macht bereits deutlich: Es mangelt im Anthropozän wahrlich nicht an Herausforderungen für die Wildtiere. Doch wie wir gesehen haben, sind Tiere Veränderungen ihrer Umwelt keineswegs hilflos ausgeliefert, sondern haben durchaus Möglichkeiten, darauf zu reagieren. Und tatsächlich hat die Forschung in den letzten Jahren zahlreiche Belege dafür gefunden, dass sich Wildtiere überall auf der Welt an unsere Eingriffe in die Natur anpassen. Einige Musterbeispiele hierfür werden wir in diesem und den drei folgenden Kapiteln in den Blick nehmen. Beginnen wollen wir dabei mit Anpassungen an die Umgestaltung sowie die Verschmutzung von Naturräumen. Dabei werden wir uns auf den Lebensraum Stadt konzentrieren.

Zaunpfähle statt Baumstämme

Es gibt wohl kaum einen Ort, der weniger mit unserer Vorstellung von einer natürlichen Umgebung zu tun hat als die Stadt. Bauwerke aus Stahl und Beton, asphaltierte und gepflasterte Flächen, anhaltender Verkehrslärm, nächtliche Beleuchtung – und noch dazu Menschen überall. Trotzdem sind wir in unseren Städten keineswegs allein: Selbst in Metropolen wie Berlin, London oder New York tummelt sich eine beträchtliche Zahl von Wildtieren, und viele von ihnen scheinen dort gut zurechtzukommen. Vor diesem Hintergrund hat sich in den letzten Jahrzehnten sogar eine eigene wissenschaftliche Disziplin entwickelt, die sich der Erforschung des Lebens von Wildtieren in urbanen Umwelten widmet: die Stadtökologie. Ihr verdanken wir eine Vielzahl von Erkenntnissen darüber, wie Wildtiere sich an das Leben im Beton-Dschungel anpassen können. Eine kleine Auswahl davon werden wir uns nun ansehen.

Unser stadtökologischer Streifzug beginnt auf der Karibikinsel Puerto Rico. Dort ist der Kammanolis beheimatet – ein kleiner Vertreter der artenreichen Gattung der Saumfingerechsen, die uns schon im ersten Kapitel über die Evolution begegnet sind. Der Kammanolis ist ein sogenannter Ansitzjäger und verbringt einen großen Teil seiner Zeit in einer charakteristischen Lauerstellung: Er verharrt mit dem Kopf nach unten nur wenige Meter über dem Boden, den Oberkörper hochgedrückt und die Hinterbeine ausgestreckt. Entdeckt er am Boden ein Insekt oder ein anderes kleines Tier, schießt er nach unten und schnappt sich die Beute.

In den Waldgebieten Puerto Ricos nehmen die Echsen ihre Lauerstellung so gut wie immer an Baumstämmen ein. Doch die Tiere kommen auf der Insel auch in zahlreichen Städten vor. Da es in den urbanen Gebieten deutlich weniger Bäume gibt, nutzen die Reptilien dort oftmals künstliche Strukturen wie Wände oder Zäune, um Ausschau nach Beute zu halten. Das brachte ein Team um die Forscherin Kristin Winchell auf eine Idee: Könnte es sein, dass sich die Körper der Echsen bereits an das Leben in der Stadt angepasst haben? Schließlich dürfte es für sie einen Unterschied machen, ob sie an rauen Baumstämmen hinauf- und hinunterklettern oder an glatten Wänden und Zaunpfählen.

Um zu sehen, ob an ihrer Idee etwas dran sein könnte, führten die Forschenden eine groß angelegte Studie durch. In drei unterschiedlichen Regionen Puerto Ricos fingen sie insgesamt über dreihundert Kammanolis-Männchen vorübergehend ein und untersuchten sie umfassend: Sie vermaßen die Körper der Tiere, scannten ihre Zehenpolster und fertigten Röntgenbilder an. Dabei stammte in jeder Region ein Teil der Tiere aus einem städtischen Gebiet und der andere Teil aus einem benachbarten Wald, sodass das Team die morphologischen Merkmale der Reptilien direkt miteinander vergleichen konnte.

Das Ergebnis bestätigte die Hypothese der Forschenden: Stadt-Echsen wiesen an ihren Haftpolstern deutlich mehr Lamellen auf als Wald-Echsen – und mehr Lamellen bedeuten einen besseren Halt auf glatten Oberflächen wie Betonwänden. Darüber hinaus machte das Team noch eine weitere Entdeckung: So hatten die Tiere aus den urbanen Gebieten auch längere Vorder- und Hinterbeine als ihre Artgenossen aus dem Wald. Und auch das dürfte sich für die Reptilien in der Stadt auszahlen. Denn längere Beine sorgen für eine verbesserte Sprintfähigkeit. Und da die Plätze, die sich als Ansitz eignen, in städtischen Gebieten meist deutlich weiter voneinander entfernt sind, müssen die Echsen längere Strecken am Boden zurücklegen. Dort wiederum sind sie gut sichtbar für Fressfeinde, denen sie nur durch eine rasche Flucht entkommen können. Hinzu kommt, dass sich der Untergrund in einer urbanen Umgebung meist deutlich stärker aufheizt als ein schattiger Waldboden – was ebenfalls dafürspricht, sich dort möglichst rasch fortzubewegen.

Die Kammanolis-Männchen auf Puerto Rico haben sich den Ergebnissen zufolge also tatsächlich morphologisch an das Leben im Beton-Dschungel angepasst. Eine Frage, die sich durch den bloßen Vergleich von Stadt- und Waldechsen allerdings nicht beantworten lässt, ist die nach dem Mechanismus der Anpassung. Handelt es sich um ein Resultat der Evolution, bei dem sich durch das Wirken der natürlichen Selektion genetische Unterschiede zwischen den Populationen herausgebildet haben? Oder liegt ein Fall von phänotypischer Plastizität vor, bei dem sich die Beine und Haftsohlen der einzelnen Reptilien abhängig von den Umwelterfahrungen im Laufe ihres Lebens unterschiedlich entwickeln? Aktuelle Erkenntnisse der Forschenden weisen darauf hin, dass Ersteres der Fall ist: So zeigen DNA-Analysen, dass sich die stadtlebenden Echsen auf Puerto Rico genetisch von den waldlebenden unterscheiden – und zwar in der Tat auch in Bezug auf Gene, die sich auf die Entwicklung ihrer Beine und Zehenpolster auswirken.

Ansingen gegen den Lärm

Die außergewöhnliche strukturelle Beschaffenheit der Umwelt ist längst nicht die einzige Herausforderung, der sich Tiere in einem städtischen Lebensraum stellen müssen. Unter anderem herrschen dort oftmals auch extreme akustische Bedingungen – man denke nur an den beachtlichen Lärmpegel zu den Hauptverkehrszeiten. Der Krach kann nicht nur körperlich belastend sein. Er kann auch die Kommunikation erschweren. Dieses Problem betrifft beispielsweise viele Vogelarten, bei denen die Männchen singen, um Weibchen anzulocken oder ihre Territorien gegen Rivalen zu verteidigen. Wie begegnen die Tiere der Gefahr, dass ihre Signale vom Stadtlärm übertönt werden?

Diese Frage stellte sich bereits vor rund zwanzig Jahren der Verhaltensbiologe Henrik Brumm. Er vermutete, dass Vögel in der Stadt lauter singen könnten, um sich gegen den Krach durchzusetzen. Also zog er los und machte an verschiedenen Orten in Berlin Tonaufnahmen von singenden Nachtigallen. Dabei wählte er sowohl Bereiche in direkter Nähe zu Straßen als auch etwas abgelegenere Gegenden, sodass sich die jeweilige Geräuschkulisse erheblich unterschied. Brumm stellte fest: Je intensiver der Lärm in einem bestimmten Gebiet war, desto lauter war auch der Gesang der dort lebenden Nachtigall. Die Vögel schienen ihre Lautstärke also tatsächlich an den in ihrem jeweiligen Lebensraum vorherrschenden Geräuschpegel anzupassen.

Seit der Veröffentlichung von Brumms Studie an den Berliner Nachtigallen im Jahr 2004 haben Forschende ähnliche Phänomene bei unterschiedlichen Vogelarten in verschiedenen Weltregionen festgestellt. Dabei wurde immer wieder deutlich, dass Vögel in städtischen Gebieten lauter singen als in ländlichen. Darüber hinaus zeigte sich oftmals, dass sie auch weniger tiefe Töne produzieren. Wie genau sich das erklären lässt, ist noch nicht abschließend beantwortet. Eventuell könnte es sein, dass die höheren Gesänge die Verständigung in der Stadt zusätzlich erleichtern, da sie sich besser vom eher dumpfen Verkehrslärm abheben. Doch auch wenn noch einzelne Fragen offen sind, ist das grundsätzliche Ergebnis der bisherigen Untersuchungen eindeutig: Überall auf der Welt verändern Vögel ihren Gesang, damit er im Lärm der Städte nicht untergeht.

Vor diesem Hintergrund wäre es spannend, zu beobachten, was passieren würde, wenn man den Krach in der Stadt für eine

Weile abschalten könnte. Würden die Vögel dann wieder leiser und tiefer singen? Lange blieb diese Frage unbeantwortet, bis sich im Frühjahr 2020 plötzlich eine einmalige Gelegenheit bot. Denn zu dieser Zeit kam es im Zuge der COVID-19-Pandemie in vielen Städten der Welt zu Lockdowns, bei denen das öffentliche Leben weitgehend stillstand – und das ging für gewöhnlich auch mit einem drastisch verringerten Geräuschpegel einher. Forschende aus den USA nutzten diese Chance sofort, um zu untersuchen, wie sich das auf den Gesang von Dachsammern auswirkte. Dabei handelt es sich um in Nordamerika weitverbreitete Singvögel, die ihren Namen einem charakteristischen Streifenmuster auf dem Kopf verdanken.

Bereits einige Jahre vor der Pandemie hatte das Team im Rahmen von Forschungsprojekten die Gesänge männlicher Dachsammern an unterschiedlichen Orten in San Francisco aufgenommen. Dabei ergab sich das bekannte Muster: Die Männchen in stark urbanisierten Bereichen sangen lauter und produzierten weniger tiefe Töne als ihre Artgenossen in eher ländlichen Regionen. Als dann im Frühjahr 2020 in San Francisco der Lockdown einsetzte, machten sich die Forschenden sofort auf, um in denselben Gebieten erneut Tonaufnahmen zu machen. Denn dadurch hatten sie die Möglichkeit, den Gesang der Vögel unter den unterschiedlichen Bedingungen zu vergleichen.

Was das Team dabei zunächst feststellte, war, wie massiv sich der Lockdown auf die allgemeine Geräuschkulisse in San Francisco auswirkte: Während es in den städtischen Gebieten bislang fast dreimal so laut war wie in den ländlichen, gab es nun in Bezug auf den Umgebungslärm keine Unterschiede mehr. Dies lag offenbar vor allem am reduzierten Verkehrsaufkommen. So überquerten die Golden Gate Bridge zu dieser Zeit täglich so wenige Fahrzeuge wie zuletzt im Jahr 1954.

Und was ergab sich in Bezug auf die Dachsammern? Tatsächlich waren mit den Unterschieden im Umgebungslärm auch sämtliche gesanglichen Unterschiede zwischen den Tieren verschwunden: Die Vögel in den stark urbanisierten Gebieten sangen nun plötzlich weder lauter noch höher als ihre Artgenossen in den ländlichen Bereichen. Sie hatten also offenbar direkt auf das Nachlassen des Lärms reagiert.

Die Pandemie ist zwar inzwischen vorbei, und die Lockdowns sind Vergangenheit. Insofern ist anzunehmen, dass der Gesang der Dachsammern rund um die Golden Gate Bridge inzwischen wieder die alten Charakteristika aufweist. Doch was bleibt, sind die Erkenntnisse, die das Forschungsteam während der Ruhepause gewinnen konnte. Sie belegen, wie schnell Vögel in der Stadt ihre Lautäußerungen anpassen, wenn es dort ruhiger wird – und führen uns somit besonders deutlich vor Augen, wie sehr sich die Tiere für gewöhnlich anstrengen, damit ihre Lieder im Krach nicht untergehen.

Fische mit «Superkräften»

Während die Dachsammern in San Francisco versuchen, sich im Verkehrslärm Gehör zu verschaffen, haben Fische an der dicht besiedelten nördlichen Atlantikküste der USA mit ganz anderen Auswirkungen der menschlichen Zivilisation zu kämpfen: Sie sind Giftstoffen ausgesetzt, die aus den dortigen Städten und Industrieanlagen ins Meer gelangen. Dabei handelt es sich unter anderem um sogenannte halogenierte und polyzyklische aromatische Kohlenwasserstoffe, die bei Wirbeltieren zu gravierenden Entwicklungsschäden führen können. Teilweise liegt der massive Eintrag dieser Substanzen zwar bereits Jahrzehnte zurück, doch die Schadstoffe halten sich hartnäckig. In einigen Gegenden ist die Konzentration so hoch, dass sie für viele Tiere tödlich ist. Insofern staunten Forschende nicht schlecht, als sie genau in solch stark belasteten Gebieten Populationen von Fischen antrafen, die ganz offensichtlich bei bester Gesundheit waren: Atlantische Killifische, kleine Vertreter aus der Ordnung der Zahnkärpflinge, die an der Ostküste der USA weit verbreitet sind. Da diese Fische standorttreu sind und Streifgebiete von nur wenigen hundert Metern Durchmesser haben, war klar, dass sie in den verseuchten Gebieten nicht bloß auf der Durchreise waren, sondern dauerhaft lebten. Wie war das möglich? Sind Killifische vielleicht grundsätzlich immun gegen die Wirkung der Schadstoffe?

Im Jahr 2010 nahmen Forschende um Diane Nacci von der Umweltschutzbehörde der USA die verblüffende Widerstandsfähigkeit der Fische in einem Experiment genauer unter die Lupe. Dazu fingen sie sowohl Tiere aus Bereichen mit extrem hoher Schadstoffbelastung als auch solche aus Bereichen mit geringer Belastung ein und hielten sie im Labor. Den Nachwuchs dieser Killifische setzten sie unterschiedlichen Mengen eines Giftstoffs aus der Substanzklasse aus, mit der auch ihre Heimat massiv belastet war. Konkret handelte es sich dabei um ein sogenanntes polychloriertes Biphenyl, kurz PCB. Das Ergebnis des Versuchs offenbarte gravierende Unterschiede in Bezug auf die Toleranz der Tiere: Nachkommen von Fischen aus hochgradig verunreinigten Gebieten vertrugen teils mehr als tausendfach höhere Konzentrationen des Giftstoffs als Nachkommen von Fischen aus relativ sauberen Gebieten.

Atlantische Killifische sind also keineswegs in ihrer Gesamtheit resistent gegen die giftige Substanz. Vielmehr scheinen die in den verseuchten Gebieten lebenden Individuen regelrechte Superkräfte zu besitzen, die sie gegen die schädlichen Auswirkungen des Giftstoffs immun machen. Auf diese Superkräfte wurde auch der Umwelttoxikologe Andrew Whitehead aufmerksam, der sich daraufhin mit Nacci zusammentat, um den Grundlagen der erstaunlichen Schadstofftoleranz nachzuspüren. Den beiden gelang es im Verbund mit weiteren Forschenden nach und nach, einiges über die besondere Fähigkeit der Fische herauszufinden.

So entfalten die Substanzen ihre schädliche Wirkung für gewöhnlich, indem sie an den sogenannten Aryl-Hydrocarbon-Rezeptor andocken und eine ungewöhnlich starke Aktivierung des von diesem Rezeptor kontrollierten Signalwegs auslösen. Und genau dieser Signalweg ist bei den resistenten Fischen aus den stark belasteten Küstengebieten gehemmt. Die Folge ist, dass der Wirkmechanismus der Schadstoffe ausgebremst wird und diese ihnen deshalb deutlich weniger anhaben können.

Das Team um Nacci und Whitehead vermutete, dass die Fische die Hemmung des Signalwegs einer besonderen genetischen Veranlagung verdanken, das heißt, dass sie sich durch Evolution an die verschmutzte Umgebung angepasst hatten. Um diese Hypothese zu überprüfen, fingen die Forschenden in vier stark belasteten Küstengebieten und in vier benachbarten, sauberen Bereichen jeweils bis zu fünfzig Killifische ein. Im Labor entschlüsselten sie anschließend das gesamte Erbgut jedes einzelnen der fast 400 Tiere – ein beachtliches Unterfangen, das erst durch die biotechnologischen Fortschritte der vergangenen Jahre überhaupt möglich geworden ist. Der Aufwand zahlte sich aus: So offenbarten die Analysen tatsächlich erhebliche genetische Unterschiede zwischen den resistenten Tieren aus den verseuchten Gebieten und ihren Artgenossen aus den benachbarten, weniger belasteten Gebieten. Dabei gab es in mehreren Bereichen der DNA der resistenten Fische Hinweise darauf, dass sie vor Kurzem einer starken Selektion unterlagen – was sich unter anderem daran erkennen lässt, dass es an den entsprechenden Stellen auffällig wenige Unterschiede zwischen den Individuen einer Population gibt. Und in der Tat waren unter den DNA-Abschnitten mit deutlichen Selektionsmerkmalen auch solche, die sich auf den für die Resistenz entscheidenden Aryl-Hydrocarbon-Signalweg auswirken.

Das Team um Whitehead und Nacci lag mit seiner Vermutung also offenbar richtig: Die Killifische in den stark belasteten Gebieten an der US-amerikanischen Ostküste haben ihre außergewöhnliche Widerstandskraft tatsächlich der Evolution zu verdanken. Sie haben sich an das Leben im verseuchten Wasser angepasst, indem sich innerhalb der Population Genvarianten ausgebreitet haben, die für eine Hemmung des Aryl-Hydrocarbon-Signalwegs sorgen – mit der Folge, dass die Giftstoffe den Tieren wesentlich weniger zusetzen.

Faszinierenderweise wurde vor Kurzem bekannt, dass die Atlantischen Killifische ihre Superkräfte sogar an eine nah verwandte Art weitergegeben haben. So leben in der Bucht vor der texanischen Großstadt Houston Golf-Killifische, die dort ebenfalls in massiv von Schadstoffen belasteten Bereichen gedeihen. Und auch diese Tiere tragen einer im Jahr 2019 erschienenen Studie zufolge genetische Merkmale, die zu einer schwächeren Aktivierung des Aryl-Hydrocarbon-Signalwegs führen. Allerdings: Zwei entscheidende DNA-Abschnitte stammen dabei ursprünglich gar nicht aus dem Genpool der Golf-Killifische, sondern aus dem der Atlantischen Killifische. Analysen der Forschenden legen nahe, dass die in Texas lebenden Tiere das Erbgut erst 18 bis 34 Generationen zuvor von ihren im Norden lebenden Verwandten übernommen hatten.

Erklären lässt sich ein solcher Eintrag fremder DNA nur dadurch, dass sich zwei Individuen der beiden nah verwandten Arten miteinander fortgepflanzt haben. Allerdings liegt zwischen den Verbreitungsgebieten der Tiere eine erhebliche Distanz. Daher halten die Forschenden es für unwahrscheinlich, dass ein Atlantischer Killifisch aus eigener Kraft seinen Weg in die Bucht von Houston gefunden hat. Plausibler erscheint ein anderes Szenario: Es könnte einer der Fische beispielsweise unbeabsichtigt im Ballastwasser von Schiffen vom Norden in den Süden transportiert worden sein, wo er dann mit einem Vertreter der dort heimischen Art Nachwuchs gezeugt hat. Ironischerweise würde das bedeuten, dass wir Menschen den Golf-Killifischen in Texas durch die unbeabsichtigte Verschleppung von Atlantischen Killifischen die Anpassung an widrige Umweltbedingungen ermöglicht haben, mit denen sie sich ohne unser Zutun gar nicht erst hätten auseinandersetzen müssen.

Kluge Kakadus auf Nahrungssuche im Müll

Die giftigen Substanzen, die an der nordamerikanischen Küste ins Meer gelangen, sind nur *ein* Beispiel für die zahlreichen Schadstoffe und Abfälle, die wir produzieren und mit denen wir die Natur belasten. Doch nicht immer bedeuten unsere Hinterlassenschaften für Tiere etwas Negatives. Manchmal bieten sie ihnen auch Chancen. Das gilt unter anderem für den Haushaltsmüll, den wir im urbanen Umfeld in großen Mengen produzieren. Denn häufig finden sich darin Essensreste, die Tieren als Nahrung dienen können. Eine Studie aus dem Jahr 2017 listet knapp hundert Wirbeltierspezies auf, die Forschende bereits auf Mülldeponien angetroffen haben. Darunter waren vor allem Vögel wie Störche, Adler oder Krähen, Säugetiere wie Bären, Hyänen oder Ratten, aber auch einige Reptilien- und Amphibienarten.

Zu den besonders berüchtigten Verwertern menschlicher Abfälle zählen sicherlich die Möwen, deren Geschick beim Ausräumen von Mülleimern sich in vielen Küstenstädten beobachten lässt. Und so mancher musste auch schon die Erfahrung machen, dass sich die Vögel gar nicht erst auf den Abfall beschränken, sondern ihm das Essen direkt vom Tisch oder aus der Hand stehlen. Dabei passen in der Stadt lebende Möwen ihre Aktivität mitunter sogar an den menschlichen Rhythmus an. So beobachteten Forschende im englischen Bristol, dass die Zahl der Vögel auf einem Schulhof während der beiden großen Pausen stets besonders hoch war – also genau dann, wenn sich eine günstige Gelegenheit bot, Essensreste zu ergattern. Ebenso stellten sie fest, dass sich auf dem Gelände eines Abfallentsorgers an Werktagen mehr Möwen einfanden als an Wochenenden, wenn dort kein Betrieb herrschte.

Wie genau die Vögel unser Verhalten mitunter in den Blick nehmen, verdeutlichte im Jahr 2023 eine Untersuchung in der südlich von London gelegenen Küstenstadt Brighton. Am dortigen Strand führten Forschende ein recht simpel anmutendes, aber äußerst aufschlussreiches Experiment mit wild lebenden Silbermöwen durch. Der Ablauf war zunächst bei allen Durchgängen gleich: Eine Person platzierte im Abstand von anderthalb Metern zwei mit Keramikfliesen beschwerte Chipstüten auf dem Boden – eine blaue und eine grüne. Anschließend trat sie fünf Meter zurück und setzte sich in den Sand. Je nach Durchgang unterschied sich dabei, was die Person nun tat. In manchen Fällen verharrte sie regungslos; in anderen Fällen holte sie stattdessen eine grüne oder eine blaue Chipstüte aus ihrer Tasche, aus der sie sich bediente. Die Frage hinter diesem Versuch: Würde sich das Verhalten der Person darauf auswirken, wie die in der Nähe anwesenden Silbermöwen auf die ausgelegten Chipstüten reagierten?

Das Ergebnis des Experiments war beeindruckend deutlich: Wenn die Person aus einer Chipstüte aß, schauten die Vögel nicht nur häufiger zu ihr hinüber, sie näherten sich auch öfter den ausgelegten Verpackungen an und pickten nach diesen. Faszinierenderweise entsprach dabei die Farbe der Verpackung in 21 von 22 Fällen der Farbe der Tüte, aus der die Person aß: War diese blau, pickten die Möwen nach der ausgelegten blauen Tüte, war sie grün, nach der grünen. Das legt nahe, dass Silbermöwen aus der bloßen Beobachtung der Menschen in ihrer Umgebung schließen können, welche Abfälle ihnen Nahrung versprechen.

Allerdings sind unsere Essensreste nicht für alle Vögel so leicht zugänglich wie für Möwen an einer Strandpromenade. Die Abfälle, die in Privathaushalten anfallen, werden beispielsweise oftmals bis zur Abholung durch Entsorgungsunternehmen in großen Mülltonnen mit Klappdeckeln gesammelt, die für viele Tiere ein unüberwindbares Hindernis darstellen. Dies ist auch im australischen Sydney der Fall, wo die eingesetzten Mülltonnen den bei uns üblichen sehr ähnlich sind. Den dort lebenden Vögeln blieb der Zugang zum Abfall und der darin enthaltenen Nahrung deshalb lange Zeit versperrt. Doch vor rund zehn Jahren tauchten erste Berichte auf, wonach manche von ihnen doch einen Weg gefunden hatten, an die verborgene Nahrung zu gelangen. So hatten einige Gelbhaubenkakadus gelernt, die Deckel der Tonnen zu öffnen. Dieses Vorgehen erfordert beachtliches Geschick von den Tieren: So müssen sie den Deckel zunächst auf der dem Scharnier gegenüberliegenden Seite anheben, um sich dann allmählich in Richtung des Scharniers zu bewegen, wo sie ihn schließlich ganz umklappen können.

Die Geschichte von den findigen Vögeln weckte das Interesse der Biologinnen Barbara Klump und Lucy Aplin, die sich mit ihrem Team umgehend daranmachten, mehr über das erstaunliche Verhalten zu erfahren. Dabei fragten sich die Forschenden zunächst, wie verbreitet das Vorgehen unter den Kakadus im Großraum Sydney überhaupt ist. Um das herauszufinden, starteten sie eine Online-Umfrage, in der die Bevölkerung angeben konnte, ob sie schon einmal Gelbhaubenkakadus beim Öffnen von Mülltonnen beobachtet hatte, und wenn ja, wann und wo das der Fall gewesen war.

Die Ergebnisse der Umfrage legten nahe, dass es vor 2018 nur in drei nah beieinanderliegenden Vororten Sydneys Kakadus gab, die Mülltonnen öffneten. Ausgehend von diesen Gebieten, breitete sich das Verhalten dann aber offenbar nach und nach immer weiter aus, sodass es knapp zwei Jahre später bereits in weiten Teilen des Großraums Sydney beobachtet werden konnte. Diese rasche Verbreitung lässt darauf schließen, dass die erfolgreichen Kakadus die nötigen Schritte zum Öffnen der Mülltonnen nicht immer wieder selbst entdeckten, sondern dass sie sich diese von bereits geübten Artgenossen abschauten.

Dazu passt auch eine weitere Beobachtung der Forschenden, die zeigt, dass sich bei den Kakadus in Sydney bereits regelrechte Traditionen des Mülltonnen-Öffnens entwickelt haben. So stellte das Team fest, dass sich das konkrete Vorgehen der Vögel leicht unterschied: Manche von ihnen öffneten den Deckel beispielsweise an seinem Griff, andere an seiner Kante; manche hielten den Deckel mit dem Fuß offen, andere mit dem Schnabel; und manche liefen seitwärts in Richtung des Scharniers, während andere ihre

Füße voreinandersetzten. Dabei ähnelte sich das jeweilige Vorgehen der Vögel umso mehr, je näher beieinander die Orte lagen, an denen es beobachtet wurde.

Als die Forschenden ihre Ergebnisse im Jahr 2021 veröffentlichten, erregte das nicht nur in der breiten Öffentlichkeit, sondern auch in der Fachwelt einiges Aufsehen. Denn es handelte sich dabei um einen eindrucksvollen Beleg dafür, wie sich Tiere mithilfe eines durch soziales Lernen weitergegebenen Verhaltens an das Leben in einer von Menschen geprägten Umwelt anpassen können. Allerdings gab es auch Personen, bei denen sich die Begeisterung über die cleveren Vögel in Grenzen hielt, und zwar unter den Einwohnern Sydneys, die von den Kakadus regelmäßig Besuch erhielten. Der Grund dafür ist eine Begleiterscheinung der Nahrungssuche in den geöffneten Mülltonnen. Denn die Vögel befördern die für sie nicht interessanten Inhalte dabei meist achtlos auf den Bürgersteig oder die Straße, was bei den Anwohnern für einigen Unmut sorgt. Die Folge ist, dass inzwischen so mancher versucht, die Vögel vom Plündern der Mülltonnen abzuhalten, wenn er sie zum Leeren an die Straße stellt. Und dieses Unterfangen ist weniger trivial, als man zunächst vielleicht denkt. Denn wenn die Müllwagen die Tonnen greifen und auskippen, müssen sich deren Deckel von alleine öffnen. Ein Zubinden oder Abschließen kommt deshalb nicht infrage.

Klump und Aplin erkannten auch in diesem Phänomen eine Chance für ihre Forschung. Sie fragten sich: Welche Maßnahmen würden sich die Menschen in Sydney ausdenken – und wie würden die Kakadus darauf reagieren? Auf der Suche nach Antworten machten sie selbst Beobachtungen vor Ort und ergänzten diese wieder durch Daten aus einer Online-Befragung. Dabei stießen sie auf ganz unterschiedliche Methoden, mit denen Menschen ihre Mülltonnen zu sichern versuchten. Manche legten beispielsweise eine Schlangenattrappe auf die Tonne, um die Kakadus abzuschrecken. Diese Maßnahme erwies sich jedoch nicht als besonders wirksam. Andere platzierten schwere Steine auf den Deckeln, um die Kakadus am Öffnen zu hindern. Doch auch mit dieser Methode konnten die Vögel umgehen: Videoaufnahmen der Forschenden zeigen, wie ein Kakadu zunächst einen Stein von einer Tonne schiebt, um dann in aller Ruhe den Deckel wie gewohnt aufzuklappen.

Doch es gibt offenbar auch Vorgehensweisen, denen die Vögel bislang nichts entgegenzusetzen haben. Dazu zählen beispielsweise am Deckel befestigte und mit Wasser gefüllte Plastikflaschen. Diese verhindern ein Anheben durch die Kakadus, da die Vögel sie nicht entfernen können. Gleichzeitig beeinträchtigen sie aber nicht die Öffnung der Tonne, wenn sie vom Greifer des Müllfahrzeugs erfasst und umgedreht wird.

Interessanterweise stellten die Forschenden im Rahmen ihrer Untersuchung fest, dass die Menschen in Sydney ihre Tonnen mit umso effektiveren Maßnahmen sicherten, je länger es an ihrem Wohnort bereits zu Plünderungen durch Kakadus kam. Das deutet darauf hin, dass in Australien gegenwärtig ein regelrechtes Wettrüsten zwischen Mensch und Vogel stattfindet, dessen Ausgang sich noch nicht absehen lässt. Insofern bleibt abzuwarten, ob die Mülltonnen in Sydney den anpassungsfähigen Kakadus auch langfristig als Nahrungsquelle dienen – oder ob der menschliche Erfindungsgeist ihnen letztlich doch noch einen Strich durch die Rechnung macht.

Evolution am Futterhäuschen

Bei den Essensresten in unserem Abfall handelt es sich um eine mehr oder weniger unfreiwillige Zufütterung. Doch darüber hinaus gibt es auch Nahrungsquellen, die wir Wildtieren ganz bewusst bereitstellen. So füttern viele Menschen in Australien, Europa und den USA Wildvögel und geben dafür Schätzungen zufolge jährlich einen zweistelligen Milliardenbetrag aus. Besonders populär ist dieses Phänomen im Vereinigten Königreich, wo Erhebungen zufolge in etwa jedem zweiten Garten gefüttert wird – und das in der überwiegenden Zahl der Fälle ganzjährig.

Dass die Tiere sich rasch an diese Nahrung anpassen, lässt sich dabei ziemlich leicht beobachten. Wird an einem Ort gefüttert, lernen die Vögel in der Umgebung beispielsweise in kürzester Zeit, dieser Stelle regelmäßig einen Besuch abzustatten. Doch neben solchen vergleichsweise trivialen Verhaltensreaktionen gibt es mittlerweile auch Hinweise darauf, dass sich manche Arten sogar *genetisch* an die bereitgestellte Nahrung anpassen. Das heißt: Auch die Fütterung am Vogelhäuschen hat bereits evolutionäre Konsequenzen. So zeigt eine Studie aus dem Jahr 2017, dass die Schnäbel britischer Kohlmeisen in den vergangenen Jahren stetig länger geworden sind. Verantwortlich dafür ist offenbar unter anderem eine bestimmte Variante eines Gens für ein Strukturprotein, die sich in der dortigen Population mehr und mehr ausgebreitet hat. Die Forschenden führen diese Entwicklung darauf zurück, dass ein längerer Schnabel den Vögeln die Ernährung an den Futterstationen erleichtert – eine Annahme, die durch Verhaltensbeobachtungen gestützt wird, wonach Kohlmeisen umso häufiger Futterhäuschen besuchen, je länger ihr Schnabel ist.

Bei einer anderen Vogelart wiederum hat die Großzügigkeit der britischen Gartenbesitzer offenbar dazu beigetragen, dass sich ein völlig neues Zugverhalten entwickelt hat. Und zwar überwintern Mönchsgrasmücken für gewöhnlich im Mittelmeerraum und in Afrika. Dabei zieht der westliche Teil der Population Richtung Südwesten und der östliche Richtung Südosten. Seit den 1960er-Jahren gibt es jedoch zunehmend Individuen auf dem europäischen Festland, die im Herbst einen ganz anderen Weg einschlagen: Sie fliegen in nordwestliche Richtung und verbringen den Winter in Großbritannien oder Irland. Da die Zugrichtung bei Mönchsgrasmücken genetisch vorgegeben ist, muss auch dieser Veränderung ein evolutionärer Prozess zugrunde liegen. Anscheinend hat sich in der europäischen Population also nach und nach eine Veranlagung für das ungewöhnliche Zugverhalten ausgebreitet, weil sich dieses als vorteilhaft erwiesen hat. Und auch hier geht man davon aus, dass neben den milderen klimatischen Verhältnissen im Zuge der Erderwärmung die ausgiebige Fütterung in den britischen Gärten eine Rolle spielt. Denn diese sorgt dafür, dass die Mönchsgrasmücken selbst unter widrigen Bedingungen noch ausreichend Nahrung finden. In der Tat zeigen Studien, dass die Vögel dort reichlich von dem bereitgestellten Futter Gebrauch machen – und zwar ganz besonders in härteren Wintern.

Fazit

In diesem Kapitel haben wir unterschiedliche Beispiele dafür kennengelernt, wie sich Tiere durch Evolution und phänotypische Plastizität an das Leben in einer stark von Menschen geprägten Umgebung anpassen können: Der Kammanolis verändert seine Extremitäten und kann sich so besser im Beton-Dschungel fortbewegen; Nachtigallen und Dachsammern singen lauter, um nicht im Verkehrslärm unterzugehen; und Killifische entwickeln eine höhere Schadstofftoleranz, die es ihnen erlaubt, selbst in massiv verseuchten Küstenbereichen zu überleben. Wir haben darüber hinaus gesehen, dass das Leben in der Stadt Wildtieren neben einer Vielzahl von Herausforderungen auch Chancen bieten kann: So haben wir erfahren, dass Kakadus in Sydney lernen, Mülltonnendeckel zu öffnen, um an Essensreste zu gelangen; und dass Mönchsgrasmücken statt in Spanien in Großbritannien überwintern, weil sie dort mit reichlich Nahrung versorgt werden. Im nächsten Kapitel wollen wir uns nun einem anderen menschlichen Eingriff in die Natur zuwenden, mit dem wir das Leben auf der Erde durcheinanderbringen – und zwar im wahrsten Sinne des Wortes: das Verschleppen von Arten an Orte, an denen sie zuvor nicht heimisch waren.

KAPITEL 4

Das Schweigen der Grillen

Von giftigen Kröten und nährreichen Schnecken: Anpassungen an eingeschleppte Arten

Im Verlauf des letzten Jahrhunderts hat sich unsere Mobilität auf ein bisher nicht gekanntes Maß gesteigert. Autos, Züge, Schiffe oder Flugzeuge bringen uns in kürzester Zeit von einem Ort zum anderen. Im Schlepptau haben wir dabei oftmals zusätzliche Passagiere: Angehörige anderer Arten, die wir absichtlich oder unabsichtlich mit uns führen. Und nicht selten machen diese sich am jeweiligen Zielort selbstständig.

So gibt es heute an vielen Orten auf der Welt Tiere, Pflanzen oder Pilze, die dort ursprünglich nicht heimisch waren. Das Ausmaß dieses Phänomens ist nicht zu unterschätzen: Einer Erhebung aus dem Jahr 2023 zufolge gibt es mindestens 37000 Spezies, die von Menschen an Orte außerhalb ihres natürlichen Verbreitungsgebietes verschleppt wurden und sich dort niedergelassen haben. Rund 3500 dieser 37000 Arten werden als «invasiv» klassifiziert. Das bedeutet, dass sie sich in ihrer neuen Heimat ausbreiten und negative Auswirkungen auf die dortigen Ökosysteme haben.

Für viele Wildtiere heißt das, dass sie in ihrem Habitat auf eingeschleppte Arten treffen, mit denen sie keine gemeinsame evolutionäre Geschichte haben. Wird ein Gebiet frisch von einer solchen Spezies besiedelt, kommt hinzu, dass die dort lebenden

Tiere auch im Laufe ihres Lebens keinerlei Erfahrungen mit ihr sammeln konnten. Deshalb stellen vom Menschen eingebrachte Arten die heimische Fauna oftmals vor enorme Herausforderungen. Doch wie wir in diesem Kapitel sehen werden, schaffen es manche Tiere, sich an die Neuankömmlinge anzupassen – und in manchen Fällen können sie von diesen sogar profitieren.

Eine folgenreiche Fehleinschätzung

Vor rund hundert Jahren sorgten Käfer in den Zuckerrohrplantagen im australischen Queensland für Unmut. Denn ihre Larven schädigten die Wurzeln der Pflanzen und minderten den Ertrag dadurch beträchtlich. Um dem Ernteverlust durch die Insekten entgegenzuwirken, entwickelten Forschende des dortigen «Bureau of Sugar Experiment Stations» einen Plan: Sie wollten Aga-Kröten in den Plantagen ansiedeln, die sich von den lästigen Käfern ernähren und diese dadurch in Schach halten sollten. Die ursprünglich in Süd- und Mittelamerika beheimateten Amphibien sind für ihre rasche Vermehrung und ihren großen Appetit bekannt – die Idee des Teams ist also zunächst einmal nachvollziehbar.

Im Jahr 1935 setzten die Forschenden ihr Vorhaben in die Tat um. Sie führten rund hundert erwachsene Aga-Kröten nach Australien ein und hielten sie in Gehegen, in denen sie sich rasch vermehrten. Den Nachwuchs der Tiere setzte das Team im darauffolgenden Jahr in Zuckerrohrplantagen an der Küste von Queensland aus. Dabei schien der Plan zu Beginn aufzugehen: Die Ansiedlung der Amphibien in ihrer neuen Heimat klappte problemlos. Doch schon bald darauf entpuppte sich das ambitionierte Vorhaben zur sogenannten «biologischen Schädlingsbekämpfung» als Fiasko. Zum einen führte die Anwesenheit der Kröten nicht zu mehr Ertrag bei der Zuckerrohrernte – und zum anderen begannen die Amphibien rasch damit, sich außerhalb der Plantagen umzusehen. Seitdem breiten sie sich unaufhaltsam immer weiter auf dem australischen Kontinent aus und sorgen für beträchtliche ökologische Verwerfungen, sodass sie heute als Paradebeispiel für die unerwarteten Folgen gelten, die das Einschleppen gebietsfremder Arten für die heimische Natur haben kann.

Zu den besonders brisanten Folgen der Ausbreitung der Aga-Kröten gehören teils dramatische Populationseinbrüche bei einigen der größeren australischen Beutegreifer. Verantwortlich dafür ist eine Eigenschaft der Neuankömmlinge, die wir bislang noch nicht erwähnt haben: Und zwar tragen die Kröten, die über zwanzig Zentimeter groß werden können, Drüsen in ihrer Haut, aus denen sie bei Bedrohung ein starkes Gift absondern. Diese Form der Verteidigung gegen mögliche Fressfeinde hat in der evolutionären Vergangenheit der froschfressenden Tiere in Australien bislang nie eine Rolle gespielt und wird ihnen dadurch zum Verhängnis: Sie betrachten die Kröten als bekömmliche Beute – und bezahlen diesen Irrtum häufig mit ihrem Leben.

Allerdings haben Untersuchungen auch ergeben, dass sich die zunächst rasant schrumpfenden Bestände der Beutegreifer in vielen Fällen trotz der Anwesenheit der giftigen Amphibien im Laufe der Zeit wieder erholen. Der Grund dafür ist, dass sich die australischen Tiere nach und nach an die eingewanderten Kröten anpassen. Dass wir heute viel darüber wissen, wie ihnen das gelingen kann, verdanken wir insbesondere der Forschung des Biologen Richard Shine, der mit seinem Team über Jahrzehnte hinweg die Folgen der Ausbreitung der Aga-Kröte für die australische Tierwelt erforscht hat.

Klar ist heute: Nicht immer, wenn ein unbedarfter australischer Prädator nach einer Aga-Kröte schnappt, muss das tödliche Folgen haben. Handelt es sich um ein kleines Exemplar mit nur wenig Gift, führt das Verschlucken nicht unmittelbar zum Tod, sondern nur zu Unwohlsein. Im besten Fall bemerkt das Tier sogar bereits frühzeitig beim Kontakt mit der Kröte, dass etwas nicht stimmt, und spuckt die vermeintliche Beute direkt wieder aus. Diese Möglichkeit öffnet das Tor für eine sehr offensichtliche Form der Anpassung: das Lernen. Und wirklich zeigen Experimente, dass unterschiedliche in Australien heimische Arten nach unangenehmen, aber nicht tödlichen Erfahrungen mit Aga-Kröten lernen können, diese künftig zu meiden.

Das Problem in neu besiedelten Gebieten ist jedoch, dass es sich bei den einwandernden Tieren um vergleichsweise große Exemplare handelt, die besonders viel Gift enthalten. Daher führt meist gleich der erste Kontakt eines Beutegreifers mit einer Kröte zum Tod, und er erhält keine Chance, es bei einer zukünftigen Begegnung besser zu machen. Das ist zum Beispiel der Fall beim Arguswaran, dessen regionale Bestände nach dem Eintreffen der Kröten mitunter um mehr als 90 Prozent schrumpfen. Erst wenn die Amphibien beginnen, sich fortzupflanzen, können die noch vorhandenen Warane und ihr Nachwuchs Erfahrungen mit kleinen Kröten sammeln und so frühzeitig lernen, dass sie sich von dieser Beute besser fernhalten sollten.

Interessanterweise zeigte eine Studie des Teams um Richard Shine unlängst, dass sich die Auswirkungen des Auftauchens der Aga-Kröten in bislang unbesiedelten Gebieten abmildern lassen, wenn man den dort lebenden Tieren bereits vorher die Chance gibt zu lernen. So verteilten die Forschenden in Regionen, in denen die Ankunft der Amphibien kurz bevorstand, Krötennachwuchs in unterschiedlichen Entwicklungsstadien. Dadurch sorgten sie dafür, dass die dort lebenden Arguswarane Erfahrungen mit heranwachsenden Kröten machen konnten, bevor die ersten größeren Exemplare eintrafen. Und wie von den Forschenden erhofft, führte diese Maßnahme dazu, dass der Bestand der Reptilien infolge der Besiedlung durch die ersten erwachsenen Kröten deutlich weniger stark abnahm als in vergleichbaren Regionen ohne ausgesetzten Krötennachwuchs.

Eine Anpassung ihrer Beutevorlieben kann froschfressenden Tieren wie dem Arguswaran also dabei helfen, mit der Anwesenheit der giftigen Amphibien zurechtzukommen. Allerdings gibt es auch Arten, deren Vertreter nicht so leicht aus einer unangenehmen Erfahrung bei der Nahrungsaufnahme lernen. Das gilt beispielsweise für die Rotbäuchige Schwarzotter, eine im östlichen Australien beheimatete Schlangenart. So fütterten Richard Shine und sein Kollege Ben Phillips den Reptilien im Zuge eines Experiments Beutetiere, deren Körper sie zuvor mit Aga-Kröten-Gift versetzt hatten. Die Dosis war dabei so gewählt, dass sie zu körperlichen Symptomen führen würde, aber nicht zum Tod. Trotzdem zeigten die Schlangen anschließend keinerlei Abneigung gegen das vergiftete Beutetier, sondern verspeisten es ebenso bereitwillig wie zuvor.

Welche Konsequenzen hat das für die Tiere? Sind sie einer dauerhaften Bedrohung durch die giftigen Kröten ausgesetzt, wenn sie in ihrer Gegend auftauchen? Tatsächlich scheint das nicht der Fall zu sein. Denn die Rotbäuchigen Schwarzottern schaffen es offenbar auf andere Weise, der von den Amphibien ausgehenden Gefahr etwas entgegenzusetzen. Shine und Phillips stellten bei weiteren Untersuchungen fest, dass sich die Körper der Schlangen im Zuge des Zusammenlebens mit den Amphibien offenbar durch das Wirken der natürlichen Selektion verändern. Je länger in einer Region bereits Aga-Kröten leben, desto kleiner sind dort die Köpfe der Rotbäuchigen Schwarzottern im Verhältnis zu ihrer Körpergröße.

Um zu verstehen, welchen Vorteil das den Tieren bietet, muss man sich ihre Ernährungsweise vor Augen führen. So beißen Schlangen nicht von ihrer Beute ab, sondern verschlingen sie stets in einem Stück. Daher wird die maximale Größe der Beute, die sie überwältigen können, durch ihre Maulöffnung bestimmt. Rotbäuchige Schwarzottern mit kleinen Köpfen können nur kleine Aga-Kröten fressen und sind deshalb auch nur wenig Gift ausgesetzt. Dieser Effekt wird dadurch noch verstärkt, dass die Giftmenge der Aga-Kröten überproportional zu ihrer Körpergröße abnimmt – das bedeutet, kleine Kröten enthalten selbst bezogen auf ihr Körpergewicht wesentlich weniger Gift als große.

Die Forschenden stießen darüber hinaus sogar noch auf eine

weitere Anpassung bei den Schwarzottern. Neben den kleineren Köpfen entwickeln sie offenbar auch eine gewisse Toleranz gegen das Krötengift. So reagierten wild lebende Schlangen in einem Experiment umso schwächer auf das Toxin, je länger in ihrer Heimatregion bereits Aga-Kröten lebten.

Das Beispiel der giftigen Kröten verdeutlicht anschaulich, auf welch vielfältige Weise Tiere sich an eine Bedrohung durch eingeschleppte Organismen anpassen können. So können sie wie die Arguswarane durch Lernprozesse ihr Verhalten verändern. Sie können sich aber auch wie die Rotbäuchigen Schwarzottern über Generationen hinweg genetisch anpassen.

Dabei waren die Bedingungen für eine erfolgreiche Anpassung in Bezug auf *einen* Aspekt recht günstig für die australischen Beutegreifer. Denn sie mussten sich bloß selbst von den giftigen Kröten fernhalten, damit diese ihnen nicht schadeten. Anders sieht es bei den Tieren aus, mit denen wir uns im nächsten Abschnitt beschäftigen werden: Sie haben das Pech, dass die Vertreter einer eingeschleppten Art ihnen aktiv nachstellen. Doch auch sie haben einen Weg gefunden, um die Gefahr zu verringern, die von den Neuankömmlingen für sie ausgeht.

Feind hört mit

Auf Hawaii leben Grillen der Art *Teleogryllus oceanicus*, bei denen es sich um nahe Verwandte der bei uns heimischen Feldgrillen handelt. Wie für diese Tiere typisch, erzeugen die Männchen einen Lockgesang, um Weibchen auf sich aufmerksam zu machen. Das charakteristische Zirpen erklingt, wenn die Grillen ihre Vorderflügel gegeneinanderreiben – eine Form der Lauterzeugung, die als Stridulation bezeichnet wird. Konkret entstehen die markanten Geräusche dabei dadurch, dass die Tiere eine spezielle gezähnte Ader am rechten Flügel, die sogenannte Schrillader, über eine Kante am linken Flügel bewegen.

Auch auf der Hawaii-Insel Kauai war das Konzert der Insekten für lange Zeit regelmäßig zu hören. Doch im Verlauf der 1990er-Jahre stellte ein Team um die Forscherin Marlene Zuk fest, dass die Population der Grillen von Jahr zu Jahr immer mehr abnahm und parallel dazu auch das charakteristische Zirpen der Männchen immer seltener erklang. Bis zum Jahr 2001 war die Zahl der Grillen auf Kauai so drastisch zurückgegangen, dass die Forschenden während eines Besuchs der Insel kaum noch Exemplare aufspüren konnten und nur noch ein einziges Tier zirpen hörten. Es schien fast, als würde die Art vollständig von der Insel verschwinden. Doch dann begann sich das Blatt zu wenden. Im Jahr 2003 machten Marlene Zuk und ihr Team die Beobachtung, dass die Zahl der Grillen auf Kauai wieder zugenommen hatte. Das Verblüffende dabei war allerdings: Das charakteristische Zirp-Konzert der Insekten war nicht zurückgekehrt. Wie konnte das sein?

Wie Untersuchungen des Teams enthüllten, hing der anfängliche Einbruch der Insektenpopulation und ihr anschließendes Verstummen mit der Ankunft einer eingeschleppten Art zusammen: der aus Nordamerika stammenden Raupenfliege *Ormia ochracea*, die vermutlich in den Jahren vor 1989 auf die Inselkette gelangte. Bei den Vertretern dieser Spezies handelt es sich um sogenannte Raubparasiten – Tiere, deren frühe Entwicklungsstadien parasitär leben und ihren Wirt für gewöhnlich töten. Und weibliche Raupenfliegen haben sich für die Aufzucht ihrer Nachkommen ausgerechnet auf Grillen spezialisiert.

Um einen Wirt für ihren Nachwuchs zu finden, setzen die Insekten auf ihren feinen Gehörsinn: So spüren die Weibchen männliche Grillen auf, indem sie ihrem Zirpen folgen. Ist es ihnen auf diesem Wege gelungen, eins der Tiere zu finden, setzen sie ihre Larven frei, die sich umgehend in dessen Körper bohren und sich von seinem Gewebe ernähren.

Den Grillenmännchen auf Kauai wurde ihr charakteristischer Gesang durch das Eintreffen der Raupenfliegen also auf einmal zum Verhängnis: Sie lockten damit nicht mehr nur paarungsbereite Weibchen an, sondern auch die für sie hoch gefährlichen Raubparasiten. Insofern überrascht es nicht, dass ihre Zahl zunächst so rapide abnahm. Doch wie gelang ihnen letztlich die Umkehrung dieses bedrohlichen Trends?

Der Schlüssel dazu lag in einer morphologischen Veränderung, die sich auf ihre Fähigkeit auswirkte, Laute zu erzeugen. So bemerkten die Forschenden rasch, dass ein Großteil der Grillenmännchen auf Kauai völlig untypische Vorderflügel besaß. Diese glichen eher denen weiblicher Tiere und wiesen nicht die für die Erzeugung des Gesangs nötigen Merkmale auf. Die Folge war, dass diese Männchen zwar noch ihre Flügel auf gewohnte Weise aneinanderrieben, dass dabei jedoch kein Zirp-Laut mehr entstand – was es den Raupenfliegen deutlich erschwerte, sie aufzuspüren.

Durch weitere Analysen stellte das Team fest, dass eine bestimmte genetische Mutation für die veränderte Flügelform verantwortlich war. Der Grillenpopulation gelang die Rettung also letztlich durch Evolution: Da Träger der Mutation stumm blieben und somit quasi «unsichtbar» für die Raupenfliegen wurden, fielen sie ihren Feinden nicht so leicht zum Opfer. Dadurch konnten sie eifrig für Nachwuchs sorgen, sodass die Grillenpopulation wieder wuchs – und mit ihr die Zahl der Männchen, die nicht zirpen konnten.

Die Anpassungsgeschichte der Grillen auf Kauai ist beeindruckend. Doch sie wirft bei genauem Nachdenken auch Fragen auf. Denn während die Veranlagung zur Lautlosigkeit den Männchen einen Überlebensvorteil verschafft, hat sie auch einen Nachteil: So dient das Zirpen dem Anlocken von Weibchen. Und um ihre Gene weiterzugeben, müssen die stummen Grillen nicht nur überleben, sondern sich auch fortpflanzen – was ihnen ja ganz offensichtlich gelingt. Wie lässt sich das erklären?

Auch auf diese Frage fanden die Forschenden im Rahmen ihrer Untersuchungen Antworten. Zum einen setzen die stummen Grillenmännchen auf Kauai offenbar auf eine auch als Satelliten-Taktik bezeichnete Fortpflanzungsstrategie: Sie suchen die Nähe der verbliebenen zirpenden Artgenossen und erhöhen so ihre Chancen, auf ein Weibchen zu treffen. Zum anderen zeigen sowohl Männchen als auch Weibchen in einer außergewöhnlich stillen Umgebung ein verstärktes Suchverhalten – was einer Studie aus dem Jahr 2024 zufolge dazu führt, dass sie selbst in Populationen ohne ein einziges singendes Männchen zueinanderfinden.

Darüber hinaus dürfte die Ausbreitung der Mutation auf Kauai zusätzlich dadurch begünstigt worden sein, dass die dort lebenden Grillen-Weibchen wenig anspruchsvoll in Bezug auf ihre Paarungspartner sind. Denn für gewöhnlich stimmen Grillenmännchen einen Werbegesang an, wenn sie auf ein Weibchen treffen. Dieser ist entscheidend dafür, dass eine weibliche Grille sich nach dem Zueinanderfinden auch wirklich auf die Paarung einlässt. Auf Kauai ist das jedoch nicht der Fall: Dort paaren sich die Weibchen auch bereitwillig mit Männchen, die vorher nicht gesungen haben.

In den Jahren nach der erstaunlichen Entdeckung von Marlene Zuk und ihrem Team sind auch auf anderen Hawaii-Inseln stumme Grillenmännchen entdeckt worden. Untersuchungen legen nahe, dass diese nicht etwa von Kauai dorthin verschleppt wurden. Vielmehr sind an diesen Orten anscheinend unabhängig Mutationen aufgetreten, die zu einer ähnlichen morphologischen Veränderung geführt haben. Darüber hinaus haben Forschende in manchen Populationen Tiere mit Flügelformen gefunden, die den Gesang nicht gänzlich unmöglich machen, sondern ihn nur anders klingen lassen: So gibt es Grillenmännchen, deren Zirpen eher einem Schnurren gleicht, und andere, die rasselnde Geräusche erzeugen. Diese ungewöhnlichen Laute scheinen den Tieren ebenfalls Schutz vor den parasitären Raupenfliegen zu bieten.

Für Forschende ergibt sich durch das Zusammentreffen der Grillen mit ihren Raubparasiten auf den unterschiedlichen hawaiianischen Inseln eine außergewöhnliche Gelegenheit. Sie können in Echtzeit verfolgen, wie sich voneinander isolierte Populationen derselben Art auf unterschiedlichen Wegen an eine eingeschleppte Spezies anpassen. Und nicht nur das. Sie haben auch die Möglichkeit, zu untersuchen, ob und wie die Gegenseite darauf antwortet. Denn das ist ein entscheidender Unterschied zwischen der Anpassung an eingeschleppte Arten und der Anpassung an Faktoren wie Lärm oder giftiges Abwasser: Die eingeführten Spezies können der Anpassung der heimischen Organismen etwas entgegensetzen.

Im Fall der Raupenfliegen war beispielsweise zu erwarten, dass sie reagieren würden, wenn es ihnen plötzlich massiv erschwert wird, ihre Wirte zu finden. Und in der Tat ist genau das einer Studie aus dem Jahr 2025 zufolge auf den Inseln mit schnurrenden und rasselnden Grillenmännchen bereits geschehen. Ihre Ergebnisse legen nahe, dass sich die Raupenfliegen dort ihrerseits genetisch angepasst haben, sodass sie die neuen Gesänge nun sowohl leichter wahrnehmen als auch stärker darauf reagieren. Die Grillen auf Hawaii sind also noch längst nicht aus dem Schneider – und wir dürfen gespannt sein, wie sich der evolutionäre Wettstreit zwischen ihnen und ihren eingeschleppten Raubparasiten zukünftig entwickelt.

Neue Nahrung für den Schneckenbussard

Zum Abschluss dieses Kapitels wollen wir uns noch einen Fall anschauen, bei dem eine eingeschleppte Art keine Bedrohung für ein heimisches Tier darstellt, sondern sogar eine Chance. Dazu blicken wir in die Feuchtgebiete Floridas, wo ein Greifvogel mit einer sehr spezialisierten Diät lebt: der Schneckenbussard. Schneckenbussarde ernähren sich vor allem von Süßwasserschnecken, deren weiche Körper sie mit ihrem stark gebogenen Schnabel oder ihren langen Krallen aus dem Gehäuse ziehen.

Für lange Zeit stand dabei in der US-amerikanischen Population mit der Florida-Apfelschnecke fast ausschließlich eine einzige Art auf dem Speiseplan. Dies änderte sich kurz nach Beginn dieses Jahrtausends, als die eingeschleppte Gefurchte Apfelschnecke in Florida eintraf und sich dort rasant verbreitete. Die aus Südamerika stammende Art ist zwar nah mit der ursprünglichen Beute des Schneckenbussards verwandt, sie wird aber deutlich größer als diese und erreicht eine wesentlich höhere Populationsdichte.

Das Nahrungsangebot für den Greifvogel, dessen Bestand zuletzt stark abgenommen hatte, war also plötzlich wesentlich üppiger als zuvor. Damit er davon profitieren konnte, musste er die Neuankömmlinge allerdings auch in seinen Speiseplan aufnehmen. Und in der Tat geschah das Untersuchungen zufolge umgehend: Forschende stellten nicht nur fest, dass die Bussarde die Gefurchten Apfelschnecken bereitwillig fraßen, sondern sogar auch, dass sie ihre Nester zunehmend in Gebieten errichteten, die bereits von den eingeschleppten Tieren besiedelt worden waren.

Für den Schneckenbussard entpuppte sich das Eintreffen der Schnecken also als regelrechter Segen, der dazu führte, dass die Wachstumsrate der Population messbar anstieg. Und interessanterweise zeigt eine Studie aus dem Jahr 2017, dass sich das veränderte Nahrungsangebot sogar auf die Morphologie der Vögel auswirkte. Im Rahmen der Untersuchung vermaßen Forschende zwischen 2003 und 2012 jedes Jahr an verschiedenen Orten junge Schneckenbussarde. Dabei stießen sie auf eine bemerkenswerte Entwicklung: Mit der Ausbreitung der Gefurchten Apfelschnecke in Florida nahm sowohl die Masse der Vögel zu als auch ihre Schnabellänge. Dabei ist entscheidend, dass Letztere überproportional anstieg – das heißt, selbst unter Berücksichtigung ihres gestiegenen Körpergewichts hatten die Tiere längere Schnäbel. Und dieses Merkmal dürfte den Bussarden zugutekommen. Denn da die Gefurchten Apfelschnecken größer sind als die Florida-Apfelschnecken, ist ein längerer Schnabel vermutlich von Vorteil, um an ihren Körper zu gelangen.

Die Befunde des Teams legen insofern nahe, dass die Schneckenbussarde sich auch körperlich an ihre neue Beute anpassen. Dieser Anpassung liegt den Analysen der Forschenden zufolge bislang allerdings kein evolutionärer Prozess zugrunde. Vielmehr scheint es sich um einen Fall von phänotypischer Plastizität zu handeln: Demnach beeinflusst das veränderte Nahrungsangebot die Entwicklung der Vögel mit der Folge, dass sie längere Schnäbel ausbilden. Für die Zukunft ist allerdings keineswegs ausgeschlossen, dass schließlich auch genetische Veränderungen dazu beitragen, die Schnäbel der Greifvögel wachsen zu lassen. Denn offenbar hat deren Größe Einfluss auf die Überlebenswahrscheinlichkeit der Bussarde: So steigt die Chance, dass sie ihr erstes Lebensjahr überstehen, mit der Länge ihres Schnabels an – langschnäbelige Bussarde haben infolge des Auftauchens der großen Schnecken also einen messbaren Selektionsvorteil.

Fazit

Eingeschleppte Arten können heimische Tiere vor enorme Herausforderungen stellen, sie können ihnen mitunter aber auch Chancen bieten. In beiden Fällen haben Tiere vielfältige Möglichkeiten, sich an die Neuankömmlinge anzupassen: Wir haben gesehen, wie Arguswarane lernen, giftige Aga-Kröten zu meiden, und Rotbäuchige Schwarzottern durch genetische Veränderungen ihr Vergiftungsrisiko vermindern; wie Grillen auf Hawaii verstummen oder ihren Gesang verändern und dadurch vor dem tödlichen Einfluss invasiver parasitärer Raupenfliegen geschützt sind; und wie Schneckenbussarde sich eine eingeschleppte Art als neue Nahrungsquelle erschließen und sich in der Folge offenbar sogar morphologisch anpassen.

Dabei haben wir in diesem Kapitel den Fokus auf die *Auswirkungen* eingeschleppter Arten gelegt. Doch an dieser Stelle sei zumindest kurz erwähnt, dass natürlich auch die von Menschen in einen fremden Lebensraum eingebrachten Spezies selbst eine erstaunliche Anpassungsleistung vollbringen: Schließlich gelingt es ihnen, in einer für sie völlig neuen Umwelt zu überleben – und sich dort mitunter sogar auszubreiten.

KAPITEL 5

Raubtier Mensch

Elefanten ohne Stoßzähne und schrumpfende Fische: Anpassungen an Jagd und Fischerei

In den letzten beiden Kapiteln haben wir einige Herausforderungen in den Blick genommen, die für Wildtiere mit einer von Menschen veränderten Umwelt einhergehen. Nun wenden wir uns den Fällen zu, in denen wir eine *direkte* Bedrohung für Tiere darstellen – und zwar, indem wir sie jagen und töten.

Die exakte Zahl der Tiere, die jährlich weltweit von Menschen auf der Jagd erlegt werden, ist wegen der oftmals unklaren Datenlage schwer zu ermitteln. Aber in Bezug auf die Fischerei sind Forschende in einer Studie aus dem Jahr 2024 zumindest zu einer fundierten Schätzung gekommen. Demzufolge haben Menschen dem Meer in den ersten beiden Jahrzehnten dieses Jahrtausends jedes Jahr etwa 77 Millionen Tonnen Fische entnommen – was insgesamt einer Zahl von 1,1 bis 2,2 Billionen Individuen entspricht. Nun könnte man einwenden, dass viele Tiere schließlich auch nicht menschlichen Fressfeinden zum Opfer fallen. Doch in der Tat zeigen Daten einer in der renommierten Fachzeitschrift *Science* veröffentlichten Untersuchung aus dem Jahr 2015, dass wir zumindest in Bezug auf bestimmte Tiergruppen deutlich mehr ausgewachsene Individuen töten als andere Beutegreifer, weshalb die Forschenden vom Menschen als eine Art «Super-Prädator» sprechen.

Es ist offensichtlich, dass Wildtiere bei der direkten Konfrontation mit dem Raubtier Mensch im Anthropozän oft den Kürzeren ziehen. Schließlich sind wir mit einer ganzen Reihe technischer Hilfsmittel ausgerüstet, inklusive ausgefeilter Fallen und Waffen. Doch das bedeutet nicht, dass die Tiere gar keine Möglichkeit haben, sich an die Bedrohung durch Jagd und Fischerei anzupassen. Einige Beispiele dafür werden wir uns in diesem Kapitel anschauen.

Vorsicht rettet Leben

Eine bestimmte Form der Anpassung an die Bejagung durch den Menschen ist relativ leicht zugänglich: Wenn Tiere sich von jagenden Menschen fernhalten, kann ihnen das durchaus das Leben retten. Diesen zunächst vielleicht trivialen Zusammenhang belegt eine Studie an Rothirschen in Norwegen. Forschende hatten dort Tiere mit Sendern versehen und konnten so ermitteln, wo sie sich während der Jagdsaison aufhielten. Es zeigte sich: Nach dem Einsetzen der Jagd hatten sich Hirsche, die letztlich überlebten, vermehrt in Bereiche mit dichterer Vegetation zurückgezogen. Hirsche, die erschossen wurden, hatten ihr Flächennutzungsverhalten hingegen nicht verändert. Das lässt darauf schließen, dass der Rückzug in Gebiete, in denen sie besser vor den Blicken der Jägerinnen und Jäger geschützt waren, die Überlebenschancen der Tiere verbesserte.

Vor diesem Hintergrund ist es nicht verwunderlich, dass viele Wildtiere große Scheu vor uns Menschen haben. Und diese Scheu ist bei manchen Tieren erheblich größer als die vor anderen Beutegreifern. So zeigte eine Studie in der afrikanischen Savanne, dass menschliche Stimmen bei den dort lebenden Tieren sogar stärkere Furchtreaktionen hervorrufen als die Laute von Löwen.

Allerdings: Nicht alle Personen stellen für Wildtiere eine gleich große Gefahr dar. Insbesondere in stark frequentierten Gebieten kann es sich für diese daher lohnen, zwischen unterschiedlichen Menschen zu unterscheiden und zu erkennen, wie wahrscheinlich von diesen eine Bedrohung ausgeht. Denn eine unnötige Flucht verbraucht einerseits Energie und führt andererseits zu Unterbrechungen bei anderen wichtigen Aktivitäten, beispielsweise der Nahrungssuche. Tatsächlich wissen wir inzwischen aus verschiedenen Untersuchungen, dass manche Tiere tatsächlich einschätzen können, wie groß die Gefahr ist, die von bestimmten Menschen für sie ausgeht.

Elefanten, die zwischen Ethnien unterscheiden

Im Amboseli-Ökosystem in Kenia leben zwei Volksgruppen, die sich in ihrem Verhältnis zu den dort ebenfalls beheimateten Afrikanischen Elefanten unterscheiden: die Kamba und die Massai. Während die Kamba eher selten mit den Elefanten aneinandergeraten, kommt es bei den Angehörigen der Massai häufiger zu Konflikten mit den Tieren. Dabei kann es vorkommen, dass sie diese mit Speeren verletzen oder töten. Vor diesem Hintergrund gingen Forschende in einer Studie aus dem Jahr 2007 der Frage nach, ob die Elefanten zwischen den Kamba und den Massai unterscheiden können. Denn schließlich müssten sie sich vor allem vor Letzteren in Acht nehmen.

Im Rahmen der Untersuchung platzierte das Team wiederholt Kleidungsstücke aus Baumwolle in der Nähe verschiedener Elefantengruppen. Die Stoffe verströmten verschiedene Duftstoffe: Manche waren zuvor fünf Tage lang von Massai-Männern getragen worden, andere von Kamba-Männern – und bei wieder anderen handelte es sich um gänzlich ungetragene Kleidung. Anschließend verfolgten die Forschenden das Verhalten der Elefanten ab dem Moment, als das erste Tier auf den Geruch aufmerksam wurde, was sie daran erkannten, dass es innehielt, seinen Rüssel hob und ihn in die entsprechende Richtung ausrichtete.

Es zeigte sich: Die Reaktion der Tiere hing in der Tat deutlich vom Geruch der Kleidungsstücke ab. Dabei verhielten sie sich nicht nur grundsätzlich deutlich furchtsamer gegenüber getragener als gegenüber ungetragener Kleidung, sondern beachteten ganz offensichtlich auch die Volkszugehörigkeit der Träger. Die Elefanten entfernten sich in wesentlich höherer Geschwindigkeit und legten insgesamt eine weitere Strecke zurück, wenn die Textilien den Geruch von Massai-Männern verströmten, als wenn sie nach Kamba-Männern rochen. Zudem suchten sie deutlich häufiger Bereiche mit besonders hohem Gras auf und brauchten insgesamt länger, um sich wieder zu beruhigen.

Dies lässt darauf schließen, dass Afrikanische Elefanten ein Gespür dafür haben, von wem für sie eine größere Gefahr ausgeht, und dass sie diese beiden Volksgruppen offenbar allein anhand ihres Geruchs unterscheiden können. Interessanterweise ist mittlerweile sogar klar, dass sich die Tiere neben ihrem Rüssel noch auf weitere Sinnesorgane verlassen können – und zwar ihre Ohren. In einer Studie stellten Forschende 2014 fest, dass die Elefanten die Angehörigen der beiden Ethnien auch an ihren Lautäußerungen erkennen können. Das Team spielte den Tieren Aufnahmen vor, auf denen entweder Massai- oder Kamba-Männer den Satz «Schau, schau mal da drüben, eine Gruppe von Elefanten nähert sich» in ihrer Sprache äußerten. Und wirklich zeigte sich, dass die Tiere sich deutlich furchtsamer verhielten, wenn es sich um die Stimme eines Massai handelte.

Doch das war noch nicht alles. Die Elefanten waren nämlich noch zu einer weiteren Unterscheidung in der Lage, wie das Forschungsteam in Folgeexperimenten feststellte: So reagierten sie deutlich schwächer auf die Stimmen von Massai-Frauen und Massai-Jungen als auf die von erwachsenen Männern – was dazu passt, dass für die Elefanten vor allem von Letzteren eine Gefahr ausgeht.

Welcher Anpassungsmechanismus ist für die größere Scheu der Elefanten vor den Massai verantwortlich? Eindeutig beantworten lässt sich das auf der Grundlage der Studienergebnisse nicht. Doch die Vermutung liegt nahe, dass es sich um das Ergebnis eines Lernprozesses handelt. Das muss nicht zwingend bedeuten, dass jeder Elefant, der stärker auf die Stimme oder den Geruch eines Massai-Manns reagiert, selbst einmal negative Erfahrungen gesammelt hat. Denkbar ist auch, dass sich die Furcht vor dieser Personengruppe in der Population ausgebreitet hat, weil sich bislang unvoreingenommene Elefanten an der Reaktion ihrer Artgenossen orientiert haben. Dass eine solche Ausbreitung von Vorbehalten gegenüber bestimmten Menschen durch soziales Lernen grundsätzlich möglich ist, belegen Untersuchungen an einer anderen Tierart auf eindrucksvolle Weise – wie wir im nächsten Abschnitt sehen werden.

Nachtragende Krähen

Im Februar 2006 muss sich den Menschen auf dem Campus der Universität von Washington in Seattle ein merkwürdiger Anblick geboten haben: Wiederholt waren dort zwei Personen unterwegs, deren Gesichter unter einer recht grimmig dreinblickenden Höhlenmensch-Maske verborgen waren. Noch dazu schossen die merkwürdigen Gestalten Netze auf Gruppen von Krähen ab. Was hatte es damit auf sich?

Der Wissenschaftler John Marzluff hatte bei seiner Forschung an Rabenvögeln eine interessante Beobachtung gemacht: Tiere, die im Rahmen von Projekten eingefangen und beringt wurden, reagierten anschließend aufgebracht, wenn sie die dafür verantwortlichen Personen erblickten. Personen, die zuvor nicht an den Einfangaktionen beteiligt waren, wurden von ihnen hingegen ignoriert. Die Vögel schienen sich also genau gemerkt zu haben, wer ihnen gefährlich geworden war. Dieses Phänomen wollte sich Marzluff gemeinsam mit weiteren Forschenden im Rahmen eines Experiments genauer anschauen – und das war der Grund für den Auftritt der «Höhlenmenschen». Im Verlauf von vier Tagen fingen die maskierten Personen an vier unterschiedlichen Orten auf dem Universitätsgelände in Seattle mehrere der dort lebenden Amerikanerkrähen mit Netzen ein. Die gefangenen Tiere versahen sie mit Ringen und ließen sie dann wieder frei.

Sowohl kurz vor dieser Aktion als auch in der Zeit danach liefen immer wieder Personen auf einer festgelegten zweieinhalb Kilometer langen Strecke über den Campus. Dabei trugen sie manchmal eine Höhlenmensch-Maske und manchmal eine neutrale Maske, die eher an das Gesicht eines älteren Herrn erinnerte. Während dieser Spaziergänge beobachteten die Personen, wie die Amerikanerkrähen, denen sie begegneten, auf sie reagierten. Konkret notierten sie, wie viele der Vögel sie «ausschimpften», was bei den Krähen bedeutet, dass sie Alarmrufe abgeben, mit den Flügeln schlagen und mit dem Schwanz zucken.

Die Ergebnisse des Experiments bestätigten Marzluffs bisherige Erfahrungen: Während vor der Fangaktion nur jede zwanzigste Krähe schimpfte, wenn sie eine Person mit Höhlenmensch-Maske erblickte, war es in den ersten zwei Wochen nach der Fangaktion jede vierte. Unverändert dagegen blieb die Reaktion der Vögel auf Personen mit der neutralen «Altherren»-Maske – sie fiel nach der Fangaktion ebenso gering aus wie zuvor.

Der Studie zufolge können Amerikanerkrähen also tatsächlich lernen, potenziell gefährliche Menschen an ihren Gesichtszügen zu erkennen. Um ganz sicherzugehen, dass für den Ausgang des Versuchs nicht doch etwa das außergewöhnliche Aussehen des Höhlenmensch-Gesichts ausschlaggebend war, führten die Forschenden an weiteren Orten zusätzliche Experimente durch. Dabei nutzten sie beim Einfangen der Krähen Masken, die den Gesichtern heute lebender Menschen nachempfunden waren. Doch das hatte keinerlei Einfluss auf das Ergebnis: Wie im ursprünglichen Versuch reagierten die Vögel stets besonders ungehalten auf die Maske, die zuvor von den Vogelfängern getragen worden war.

Die Forschenden um Marzluff behielten das Verhalten der

Krähen am Ort des ursprünglichen Höhlenmenschen-Experiments auch in den Folgejahren im Blick. Hätten sie dies nicht getan, wäre ihnen ein verblüffendes Phänomen verborgen geblieben. Denn die Abneigung der Krähen gegen die «gefährlichen» Masken nahm im Laufe der Zeit nicht ab, wie man vielleicht erwarten könnte. Ganz im Gegenteil: Sie nahm sogar zu. So schimpften zweieinhalb Jahre nach der ursprünglichen Fangaktion nicht mehr bloß ein Viertel der Krähen, wenn sie die Höhlenmenschen-Maske erblickten, sondern fast zwei Drittel! Dies konnten die Forschenden durch weitere Untersuchungen darauf zurückführen, dass die Vögel voneinander lernten. Amerikanerkrähen sind also offensichtlich nicht nur in der Lage, sich für lange Zeit zu merken, welche Menschen ihnen einst gefährlich geworden sind – sie können dieses Wissen auch an ihre Artgenossen weitergeben.

Auf die Größe kommt es an

Wir haben bisher ausführlich darüber gesprochen, wie Tiere ihr Verhalten an die Bedrohung durch Menschen anpassen können. So können sie lernen, uns zu meiden – und machen dabei in manchen Fällen sogar Unterschiede zwischen bestimmten Personen und Personengruppen. Doch wie sieht es mit anderen Merkmalen aus? Gibt es auch Tiere, die mit körperlichen Veränderungen auf Jagd und Fischerei reagieren?

Es ist mittlerweile etwa drei Jahrzehnte her, dass Forschende begannen, sich mit dieser Frage auseinanderzusetzen. Die Überlegung dahinter war: Wenn wir Tiere fangen bzw. töten, gehen wir oftmals sehr selektiv vor, indem wir Individuen mit ganz bestimmten körperlichen Merkmalen auswählen. Wenn diese Merkmale eine genetische Grundlage besitzen, könnte es dann nicht sein, dass sich Populationen im Lauf der Zeit anpassen, indem die Ausprägung dieser Merkmale schwächer wird?

Schauen wir uns diesen Aspekt zunächst am Beispiel der Fischerei an. So werden in den Netzen häufig erst Exemplare ab einer bestimmten Größe gefangen. Das bedeutet, dass besonders kleine Individuen und solche, die schon mit einer geringen Körpergröße geschlechtsreif werden, einen klaren Selektionsvorteil besitzen – denn sie können mehr Nachkommen zeugen, bevor sie im Netz landen. Als Konsequenz daraus sollten sich in Populationen, die befischt werden, genetische Veranlagungen ausbreiten, die für eine geringere Größe bzw. eine frühere Geschlechtsreife sorgen. Und in der Tat legt mittlerweile eine Vielzahl von Daten nahe, dass genau das in den letzten Jahrzehnten passiert ist. So kommen Forschende in einer Übersichtsarbeit aus dem Jahr 2009 zu dem Schluss, dass bei vielen Fischarten die Größe beim Erreichen der Geschlechtsreife nach und nach abgenommen hatte – und zwar umso mehr, je intensiver diese befischt wurden.

Schon mit dem Aufkommen der ersten Daten zu den morphologischen Veränderungen der Fische wurden allerdings auch Zweifel geäußert. Das Argument: Eine Reduktion der Größe und ein früheres Erreichen der Geschlechtsreife ließen sich auch anders erklären. So wäre es möglich, dass es sich gar nicht um eine evolutionäre Antwort mit genetischer Grundlage handelt, sondern um einen Fall von phänotypischer Plastizität – indem sich beispielsweise eine parallel zur Bejagung stattfindende Veränderung in der Nahrungsverfügbarkeit auf die Entwicklung der Fische auswirkt. Doch zumindest experimentelle Studien belegen inzwischen, dass eine selektive Befischung durchaus zu einer genetisch bedingten Veränderung von körperlichen Merkmalen führen kann.

Besonders eindrücklich zeigen das Untersuchungen an Neuweltlichen Ährenfischen der Art *Menidia menidia*, die an der Ostküste Nordamerikas beheimatet sind. Im Frühjahr 1998 fingen die Forscher David Conover und Stephan Munch im Meer vor New York 700 geschlechtsreife Exemplare der kleinen Fische ein und brachten sie in ihr nahe gelegenes Labor. Mit dem Nachwuchs dieser Tiere begründeten die Forscher sechs experimentelle Populationen mit jeweils rund 1000 Individuen. Als diese ein Alter von 190 Tagen erreicht hatten, begannen sie mit dem «Fischen»: Sie entnahmen jeder Population 90 Prozent der Individuen. Bei der Auswahl der gefangenen Tiere gingen sie nach unterschiedlichen Kriterien vor: In zwei Populationen wählten sie stets die größten Exemplare aus, in zwei Populationen stets die kleinsten, und in den übrigen beiden wählten sie zufällig, das heißt unabhängig von der Größe. Die zehn Prozent der Tiere jeder Population, die der simulierten Fischerei nicht zum Opfer gefallen waren, durften sich anschließend vermehren. Mit dem dabei entstehenden Nachwuchs wiederholte das Team dann exakt das Prozedere, das zuvor dessen Eltern durchlaufen hatten.

Die Forscher ließen dieses Experiment über vier Generationen laufen. Dabei ergaben sich immer deutlichere Unterschiede zwischen den Populationen: Abhängig vom jeweiligen Fangregime entwickelte sich die Größe der Tiere zunehmend auseinander. Wie drastisch dieser Effekt war, lässt sich am durchschnittlichen Gewicht der Tiere in der vierten Generation erkennen, die nach dem letzten simulierten Fischen übriggeblieben waren: In den Populationen, in denen stets die größten Tiere entnommen wurden, betrug es 1,05 g, in den Populationen, in denen stets die kleinsten Tiere entnommen wurden, hingegen stolze 6,47 g – und in den Populationen, in denen die Tiere zufällig ausgewählt wurden, lag es mit 3,17 g genau dazwischen. Da die Fische unter gleichen Umweltbedingungen aufwuchsen, ließ sich dieses Ergebnis plausibel nur durch eine genetische Anpassung erklären. Das heißt: Durch die selektive Entnahme der größten bzw. kleinsten Fische breiteten sich in den Populationen offenbar Genvarianten aus, die das Wachstum hemmen bzw. fördern. Letzte Gewissheit brachte diesbezüglich rund zwanzig Jahre nach dem ursprünglichen Experiment eine gezielte Analyse, die dadurch möglich wurde, dass Conover und Munch die Körper der Fische aus ihrem ursprünglichen Experiment eingefroren und aufbewahrt hatten. So konnten sie im Verbund mit anderen Forschenden ihr Erbgut mithilfe moderner Verfahren analysieren und dadurch eindeutig genetische Unterschiede zwischen den Populationen nachweisen.

Die Ergebnisse der Untersuchungen von Conover und Munch sind ein eindrucksvoller Beleg dafür, dass die regelmäßige Entnahme von besonders großen Exemplaren aus einer Fischpopulation in kürzester Zeit dazu führen kann, dass diese sich genetisch anpasst und nach und nach immer kleinere Individuen hervorbringt. Insofern spricht einiges dafür, dass genau dieser Prozess zumindest zum Teil auch für das dokumentierte Schrumpfen der wild lebenden Fische verantwortlich ist. Und tatsächlich konnten Forschende in einer 2025 erschienenen Studie die abnehmende Körpergröße einer Dorschpopulation in der Ostsee klar auf genetische Veränderungen zurückführen.

Wilderei mit Folgen

Nicht nur bei der Fischerei, auch bei der Jagd auf landlebende Tiere haben wir Menschen es häufig auf ganz bestimmte Exemplare abgesehen. Dabei geht es nicht immer nur um die Körpergröße. Manchmal spielen auch Charakteristika wie ein besonders prächtiges Geweih oder Gehörn eine Rolle. Und tatsächlich lassen sich auch in diesem Fall morphologische Anpassungen an die selektive Bejagung feststellen. So legen Untersuchungen an einer Dickhornschafpopulation in den USA nahe, dass dort im Zuge der Trophäenjagd die Hornlänge der männlichen Tiere nach und nach abgenommen hat – und das offenbar deshalb, weil Individuen mit einem weniger prächtigen Gehörn seltener geschossen wurden. Und es gibt sogar noch deutlich drastischere Fälle von körperlichen Anpassungen an die Bejagung durch den Menschen, wie eine Untersuchung aus dem Jahr 2021 beweist.

In der Studie beschreibt ein Forschungsteam die erstaunliche Geschichte einer Population Afrikanischer Elefanten im Gorongosa-Nationalpark in Mosambik. Die Tiere waren während des

Bürgerkriegs, der dort zwischen den Jahren 1977 und 1992 herrschte, einer massiven Bejagung ausgesetzt. Anders als bei ihren Artgenossen im Amboseli-Ökosystem, mit denen wir uns zu Beginn dieses Kapitels befasst haben, ging es dabei nicht um vereinzelte eskalierende Mensch-Wildtier-Konflikte, sondern um Wilderei im großen Stil. Entsprechend dramatisch waren die Konsequenzen für die Elefanten: Während 1972 noch 2500 Tiere den Nationalpark durchstreiften, waren es im Jahr 2000 nur noch knapp 250.

Das Schrumpfen der Population war allerdings nicht die einzige Folge des Jagddrucks. Parallel zur Abnahme des Bestands breitete sich ein genetisch bedingtes morphologisches Merkmal unter den Elefanten aus, das zuvor recht selten gewesen war: das Fehlen der Stoßzähne bei weiblichen Tieren. Während die Veranlagung dazu vor dem Bürgerkrieg bei weniger als jedem fünften Weibchen auftrat, schritt nach dem Bürgerkrieg jedes zweite Weibchen ohne Stoßzähne durch die Savanne. Wie lässt sich das erklären?

Wilderer erlegen Elefanten vor allem aus einem bestimmten Grund: Sie haben es auf Elfenbein abgesehen, mit dem sich auf dem Schwarzmarkt horrende Summen erzielen lassen. Elefanten, die keine Stoßzähne ausbilden, sind für Wilderer daher weitgehend uninteressant. Also hatten stoßzahnlose Weibchen während des Bürgerkriegs deutlich bessere Überlebenschancen als ihre stoßzahntragenden Artgenossen – mit der Folge, dass ihr Anteil an der Population stark zunahm.

Doch warum gab es in der Population ausschließlich weibliche Tiere ohne Stoßzähne und keine männlichen? Schließlich hätten Letztere davon ja in Bezug auf die Wilderei ebenfalls stark profitiert. Die Antwort auf diese Frage fanden die Forschenden, als sie der genetischen Grundlage der Stoßzahnlosigkeit auf den Grund gingen. Sie stellten fest, dass ein dafür entscheidender Faktor auf dem X-Chromosom lag. Um zu verstehen, inwieweit sich aus diesem Befund das geschlechtsspezifische Auftreten des Merkmals erklären lässt, müssen wir einen kurzen Exkurs in die Vererbungslehre machen und uns in Erinnerung rufen, wie bei Säugetieren das Geschlecht festgelegt wird.

Säugetiere besitzen für gewöhnlich zwei Geschlechtschromosomen: Weibliche Säugetiere tragen zwei X-Chromosomen, männliche Säugetiere hingegen nur ein X-Chromosom und dazu ein Y-Chromosom. Wenn erwachsene Tiere Geschlechtszellen für die Fortpflanzung bilden, gelangt in jede der Zellen nur eines dieser Chromosomen. Eine Eizelle trägt demzufolge eins der beiden X-Chromosomen des Weibchens und eine Samenzelle entweder das X- oder das Y-Chromosom des Männchens. Treffen eine Ei- und eine Samenzelle aufeinander, kommt es darauf an: Trägt die Samenzelle ein X-Chromosom, entsteht ein Weibchen (XX), trägt die Samenzelle ein Y-Chromosom, entsteht ein Männchen (XY).

Kommen wir zurück zu den Elefanten: Da der Faktor für die Stoßzahnlosigkeit auf dem X-Chromosom liegt, könnten theoretisch sowohl männliche als auch weibliche Tiere die Veranlagung tragen. Doch es gibt ein Problem: Den Ergebnissen der Forschenden zufolge kann sich nur dann ein erwachsener Elefant ohne Stoßzähne entwickeln, wenn zusätzlich zu einem X-Chromosom *mit* der entscheidenden Genvariante auch ein X-Chromosom *ohne* die Genvariante vorhanden ist. Ist dies nicht der Fall, stirbt das Jungtier bereits in einem frühen Entwicklungsstadium im Mutterleib ab. Da männliche Elefanten nur ein einziges X-Chromosom tragen, kann es demzufolge keine erwachsenen Männchen ohne Stoßzähne geben – denn wenn sie ein X-Chromosom mit der Genvariante erben, werden sie nie geboren. Anders verhält es sich bei den Weibchen: Erben sie von ihrer Mutter ein X-Chromosom mit der Veranlagung zur Stoßzahnlosigkeit, tragen sie ja stets noch ein von ihrem stoßzahntragenden Vater geerbtes X-Chromosom ohne die Veranlagung. Das heißt, sie sind entwicklungsfähig, bilden aber keine Stoßzähne aus.

Die Zunahme der Stoßzahnlosigkeit bei den Elefanten in Mosambik ist ein dramatisches Beispiel für den starken Selektionsdruck, den Menschen auf Tiere ausüben können, wenn sie diese intensiv bejagen und es dabei auf ein bestimmtes Merkmal abgesehen haben. Innerhalb kürzester Zeit hat sich in der Population im Gorongosa-Nationalpark der Anteil einer genetischen Veranlagung erhöht, die bei weiblichen Tieren dazu führt, dass sie genau dieses Merkmal nicht mehr ausbilden. Doch klar ist auch, dass der Ausbreitung dieser schützenden Veranlagung unverrückbare Grenzen gesetzt sind: Da Männchen mit der Genvariante nicht lebensfähig sind, könnte sich auf dieser Grundlage niemals eine gänzlich stoßzahnlose Elefanten-Population entwickeln. Insofern würde die Anpassung selbst bei dauerhafter intensiver Bejagung stets unvollständig bleiben.

Fazit

Jährlich fallen unzählige Tiere der Bejagung durch den «Super-Prädator» Mensch zum Opfer. Wie wir in diesem Kapitel erfahren haben, lassen sich auch in Bezug auf diesen Eingriff in die Natur gewisse Anpassungen feststellen. Beispielsweise reagieren viele Tiere mit großer Scheu auf die Anwesenheit von Menschen, und manche von ihnen können sogar zwischen verschiedenen Personen unterscheiden: So haben wir gesehen, wie Elefanten stärker vor Angehörigen einer bestimmten Volksgruppe fliehen und wie Krähen noch nach Jahren die Gesichtszüge von Personen erkennen, die ihnen übel mitgespielt haben.

Neben diesen Verhaltensänderungen finden sich bei manchen Tieren auch körperliche Anpassungen an die Bejagung. Dies ist insbesondere dann der Fall, wenn wir beim Fangen oder Töten der Individuen stark selektiv vorgehen. So werden Fische in Populationen, denen stets die größten Exemplare entnommen werden, immer kleiner. Und bei Tieren, die wie Dickhornschafe oder Elefanten wegen ihres Gehörns oder ihrer Stoßzähne getötet werden, schrumpfen diese Merkmale – oder sie verschwinden im Extremfall sogar ganz.

KAPITEL 6

Die frühe Meise fängt die Raupe

Leben in einer sich erwärmenden Welt: Anpassungen an den menschengemachten Klimawandel

Wenden wir uns nun einem weiteren Faktor zu, durch den wir das Leben der Wildtiere massiv beeinflussen: dem menschengemachten Klimawandel. Durch den Ausstoß von Treibhausgasen wie Kohlenstoffdioxid sorgen wir dafür, dass sich die Erde allmählich erwärmt und die klimatischen Verhältnisse sich überall auf der Welt in rasantem Tempo verändern. Dieses «überall auf der Welt» ist entscheidend. Denn es weist auf einen gravierenden Unterschied zu den Eingriffen in die Natur hin, mit denen wir uns zuvor befasst haben: Die Folgen des Klimawandels sind räumlich von unseren Aktivitäten entkoppelt. Sie treten nicht nur dort auf, wo in hohem Maße Treibhausgase produziert werden, sondern betreffen den gesamten Planeten. Das heißt, sie machen sich auch an Orten bemerkbar, die nur selten von Menschen betreten werden.

Wie stark der Temperaturanstieg letztlich ausfallen wird, ist dabei noch offen und hängt maßgeblich davon ab, inwieweit es uns in den kommenden Jahren gelingen wird, den Ausstoß von Treibhausgasen zu reduzieren. Doch das bedeutet nicht, dass der

Klimawandel ein reines Szenario der Zukunft ist. In den vergangenen Jahrzehnten hat sich die Erde bereits kontinuierlich erwärmt – was Forschenden Untersuchungen dazu ermöglichte, wie Tiere darauf reagieren. Dabei sind sie auf eine Reihe unterschiedlicher Anpassungsstrategien gestoßen, von denen wir uns einige nun näher anschauen wollen.

Auf Zeitreise mit Wasserflöhen

Wasserflöhe, wissenschaftlich Daphnien genannt, sind im Süßwasser lebende Krebstiere, die ihren Namen ihrer ruckartigen Fortbewegung verdanken. Sie erreichen nur eine Größe von wenigen Millimetern und ernähren sich von einzelligen Algen und anderen Schwebeteilchen, die sie aus dem Wasser filtern.

Wasserflöhe sind sogenannte ektotherme Tiere, das heißt, ihre Körpertemperatur hängt von der Umgebungstemperatur ab. Große Hitze kann den kleinen Krebstieren daher leicht gefährlich werden: Übersteigt die Temperatur ihres Gewässers eine gewisse Grenze, bedeutet das für sie innerhalb kürzester Zeit den Tod. Insofern stellt die globale Erwärmung für Wasserflöhe eine ganz unmittelbare Bedrohung dar. Denn ein Anstieg der Durchschnittstemperatur bedeutet für gewöhnlich auch, dass im Sommer höhere Spitzenwerte erreicht werden.

Vor diesem Hintergrund fragte sich ein Forschungsteam um den Biologen Luc De Meester vor einigen Jahren, inwieweit Daphnien in der Lage sind, sich durch Evolution an die Auswirkungen des Klimawandels anzupassen. So sollten steigende Temperaturen dazu führen, dass besonders hitzetolerante Tiere bessere Überlebenschancen haben – wodurch sich die durchschnittliche Toleranzgrenze einer Population allmählich nach oben verschieben dürfte.

Um dieser Frage auf den Grund zu gehen, untersuchte das Team eine Population des Großen Wasserflohs in einem See im englischen Norfolk. Dort hat sich der Klimawandel in den vergangenen Jahrzehnten bereits deutlich bemerkbar gemacht: Die durchschnittliche Temperatur in dieser Region ist zwischen den 1960er- und den 2000er-Jahren um ganze 1,15 °C gestiegen. Die Forschenden wollten herausfinden, ob sich im gleichen Zeitraum auch die Hitzetoleranz der Wasserfloh-Population verändert hat, sodass die Tiere nun höhere Temperaturen aushalten als zuvor. Dazu führten sie eine geradezu geniale Studie durch. Das Außergewöhnliche daran: Sie konnten für ihren Vergleich nicht auf Datensätze zur Temperaturtoleranz der Wasserflöhe zurückgreifen, die Jahrzehnte zurücklagen, sondern mussten sie im Nachhinein selbst ermitteln. Dass ihnen das tatsächlich gelang, liegt an einer besonderen Eigenschaft der Daphnien, die es ihnen in gewisser Weise erlaubt, durch die Zeit zu reisen. Was hat es damit auf sich?

Daphnien weisen in Bezug auf ihre Fortpflanzung eine Besonderheit auf: Die Weibchen sind nicht auf eine Befruchtung durch Männchen angewiesen, sondern können sich auch asexuell vermehren. Dabei produzieren sie Eier, die einen doppelten Chromosomensatz enthalten. Aus diesen entwickeln sich Töchter, die genetisch mit ihren Müttern identisch sind. Unter ungünstigen Umweltbedingungen können die Tiere allerdings auch auf eine sexuelle Fortpflanzung umschwenken. Dabei entwickeln sich aus den Eiern mit doppeltem Chromosomensatz nicht mehr nur Weibchen, sondern auch Männchen. Parallel dazu beginnen die weiblichen Tiere, Eier mit einfachem Chromosomensatz zu produzieren, die dann von den nun vorhandenen Männchen befruchtet werden. Diese sexuell produzierten Eier werden auch als «Dauereier» bezeichnet. Denn sie sind von einer harten Schale umgeben und können erstaunlich lange ausharren, bevor schließlich unter günstigen Bedingungen ein neuer, weiblicher Wasserfloh daraus schlüpft. Dadurch finden sich am Boden eines Gewässers oftmals die Dauereier zahlreicher Daphnien-Generationen, die nur darauf warten, aus ihrem Dornröschenschlaf zu erwachen.

Und genau aus diesem Vorrat schöpften Luc De Meester und sein Team für ihren Versuch.

Die Forschenden entnahmen am Grund des Sees in Norfolk in unterschiedlicher Tiefe Proben aus dem Sediment. Eine der beiden angesteuerten Schichten hatte sich dort etwa zwischen den Jahren 1955 und 1965 abgelagert, die andere zwischen den Jahren 1995 und 2005. Wie erhofft, fanden sich sowohl in der jüngeren als auch in der älteren Sedimentprobe Dauereier von Daphnien. Die Forschenden brachten sie im Labor zum Schlüpfen – und erhielten so junge, weibliche Wasserflöhe, deren Eltern in einem Abstand von rund 40 Jahren im selben See gelebt hatten.

Die aus den Dauereiern geschlüpften Tiere ließ das Team unter einheitlichen Bedingungen aufwachsen, wo sie rasch begannen, sich asexuell zu vermehren und erbgleiche Töchter zu produzieren. Mit den Nachkommen dieser Wasserflöhe führten die Forschenden dann das für die Studie entscheidende Experiment durch, mit dem sie ihre Hitzetoleranz bestimmten. Dazu setzten sie auf ein etabliertes Verfahren, bei dem die Tiere einer stetig steigenden Temperatur ausgesetzt werden, bis sie ihre Fortbewegung einstellen und zu Boden sinken. Ist dieser Punkt erreicht, wird der Vorgang gestoppt, und die Tiere werden umgehend in ein kühleres Behältnis gegeben, in dem sie sich erholen können.

Der Ausgang des Experiments war erstaunlich: Die Nachkommen der Wasserflöhe aus den Jahren 1995 bis 2005 hielten im Durchschnitt ein halbes Grad Celsius mehr aus als die Nachkommen der Wasserflöhe aus den Jahren 1955 bis 1965. Da die Forschenden die Tiere zuvor für mindestens zwei Generationen unter einheitlichen Bedingungen gehalten hatten, konnten sie dieses Ergebnis mit ziemlicher Sicherheit auf genetische Unterschiede zurückführen. Das heißt, die Temperaturtoleranz der Daphnien im See in Norfolk hat sich tatsächlich im Zuge der steigenden Temperaturen durch das Wirken der natürlichen Selektion verändert.

Das Ergebnis der Studie zeigt, dass Wasserflöhe prinzipiell in der Lage sind, sich evolutionär an die Erderwärmung anzupassen. Doch was ist, wenn es zukünftig noch wärmer wird? Können die Tiere ihre Hitzetoleranz dann noch weiter nach oben verschieben? Oder ist mit einem halben Grad mehr bereits die Grenze des Möglichen erreicht? Auch auf diese Frage fanden die Forschenden um Luc De Meester eine Antwort. Dazu führten sie ein aufwendiges Experiment durch, mit dem sie die Anpassungsfähigkeit Großer Wasserflöhe ganz gezielt auf die Probe stellten.

Für diese Untersuchung hielt das Team einige der Tiere in mehreren künstlichen Gewässern in einem botanischen Garten in der Nähe von Liverpool. Dabei hing die Temperatur bei einem Teil der Gewässer ausschließlich von der Umgebungstemperatur ab, während sie bei anderen künstlich erhöht wurde: Ein per Computer gesteuertes System sorgte dafür, dass die Wassertemperatur stets 4 °C über der Temperatur der übrigen Gewässer lag.

Für zwei Jahre überließen die Forschenden die Daphnien sich selbst, dann entnahmen sie Dauereier aus der oberen Sedimentschicht der Gewässer und gingen mit diesen genauso vor wie mit den Eiern aus dem See in Norfolk. Das beeindruckende Ergebnis: Die Temperaturtoleranz der Wasserflöhe aus den beheizten Gewässern war um durchschnittlich 3,6 °C höher als die der Wasserflöhe aus den nicht beheizten Gewässern. Die Ergebnisse bestätigten somit die grundsätzliche Fähigkeit der Daphnien, sich genetisch an höhere Wassertemperaturen anzupassen – und zeigten darüber hinaus, dass selbst ein Anstieg um mehrere Grad für die Tiere dabei offenbar kein Problem darstellt.

Das Klima und der jahreszeitliche Rhythmus

Die Untersuchungen an den Wasserflöhen veranschaulichen, wie Tiere durch genetisch bedingte Veränderungen ihrer Hitzetoleranz auf die globale Erwärmung reagieren können. Häufiger als solche physiologischen Anpassungen an den Klimawandel wurden bislang allerdings Veränderungen des Verhaltens festgestellt – und zwar vor allem in Bezug auf dessen jahreszeitliche Rhythmik.

Das Leben, insbesondere in den gemäßigten Zonen, folgt einem bestimmten Ablauf, der eng an das Klima gekoppelt ist. Im Frühjahr steigen die Temperaturen, und die Wachstumsperiode der Pflanzen beginnt. Entsprechend pflanzen sich viele Tiere in dieser Jahreszeit fort, weil es neben den günstigen klimatischen Bedingungen ein üppiges Nahrungsangebot für den Nachwuchs gibt. Im Herbst wiederum bereiten sich viele Tiere auf die kargen Verhältnisse während des Winters vor. Manche legen sich Fett- oder Nahrungsreserven zu, andere wiederum machen sich auf den Weg in wärmere Gegenden. Dabei sind die unterschiedlichen Pflanzen, Tiere und anderen Lebewesen eines Ökosystems verblüffend gut aufeinander abgestimmt – ein Muster, das sich durch gegenseitige Anpassung im Zuge der Evolution entwickelt hat. Doch durch den Klimawandel verändert sich ein für diesen jahreszeitlichen Ablauf entscheidender Faktor: die Temperatur. So wird es immer früher im Jahr warm, was zur Folge hat, dass viele Pflanzen immer eher austreiben. Das wiederum hat Konsequenzen für die Tiere, die direkt oder indirekt von diesen Pflanzen abhängen. Wollen sie im Takt bleiben, müssen sie ihren Rhythmus anpassen. Wie ihnen das gelingen kann, wollen wir uns im Folgenden genauer anschauen.

In der Nähe der englischen Stadt Oxford lebt eine Population von Kohlmeisen, die bereits seit Jahrzehnten intensiv erforscht wird. Auch für diese Vögel kommt es im Frühjahr auf das richtige Timing an. Denn da sie ihre Nachkommen mit Raupen versorgen, sind sie darauf angewiesen, dass während ihrer Brutzeit möglichst viele der Insektenlarven verfügbar sind. Das optimale Zeitfenster dafür ist allerdings recht klein. Denn das Raupenvorkommen steigt im Frühling nicht etwa kontinuierlich an, sondern erreicht rasch einen Höhepunkt und beginnt dann wieder zu sinken. Optimalerweise legen die Kohlmeisen ihre Eier daher so, dass es zu der Zeit, in der ihre Jungen den größten Appetit haben, besonders viele Beutetiere gibt.

Im Zuge der Klimaerwärmung hat sich die Phase der maximalen Raupenverfügbarkeit allerdings verschoben: In einer Studie aus dem Jahr 2008 berichteten Forschende um Anne Charmantier und Ben Sheldon, dass der Zeitpunkt mit der höchsten Raupen-Biomasse mittlerweile rund zwei Wochen früher erreicht wurde als noch in den 1970ern. Hätten die Kohlmeisen weiterhin zur gleichen Zeit ihre Eier gelegt wie in der Vergangenheit, wären sie also zunehmend in Probleme geraten. Doch die Forschenden stellten fest, dass dies nicht der Fall war: Die Meisen legten ihre Eier nach und nach ebenfalls etwa zwei Wochen früher – und schafften es so, mit ihrer Beute im Takt zu bleiben.

Welcher Mechanismus steckt hinter dieser Anpassung? Den Forschungsergebnissen zufolge handelt es sich mit großer Wahrscheinlichkeit nicht um ein Resultat der Evolution, sondern um einen Fall von phänotypischer Plastizität. So hängt der Legezeitpunkt der Kohlmeisen offenbar stark von den im Frühling herrschenden Temperaturen ab. Eine solche Reaktion auf die klimatischen Verhältnisse dürfte für die Vögel schon vor dem Einsetzen des Klimawandels von Vorteil gewesen sein. Denn wie wir aus eigener Erfahrung wissen, unterscheidet sich die Temperatur in den gemäßigten Zonen unabhängig von langfristigen Trends von Jahr zu Jahr. So gab es stets vergleichsweise warme Frühjahre, in denen die Phase des maximalen Raupenvorkommens besonders früh lag, und vergleichsweise kühle Frühjahre, in denen sie eher spät auftrat. Indem die Meisen den Zeitpunkt ihrer Fortpflanzung an der jeweiligen Temperatur ausrichteten, konnten sie ihre Chancen auf eine optimale Verfügbarkeit der Nahrung für ihren Nachwuchs erhöhen. Diese Strategie hilft den Tieren nun offenbar auch in den Zeiten der globalen Erwärmung, in denen die Frühlingstemperaturen nicht mehr bloß um einen recht konstanten Mittelwert schwanken, sondern kontinuierlich ansteigen.

Wenn aus Zugvögeln Standvögel werden

Halten wir fest: Tiere können ihre jahreszeitliche Rhythmik an die Klimaerwärmung anpassen. Bei den Kohlmeisen ging es um den Zeitpunkt der Fortpflanzung. Doch auch hinsichtlich anderer Ereignisse reagieren Tiere auf die veränderten klimatischen Bedingungen – zum Beispiel in Bezug auf die Überwinterung. So stellten Forschende im Rahmen einer Langzeitstudie in Colorado in den USA fest, dass die dort lebenden Gelbbauchmurmeltiere von Jahr zu Jahr früher aus dem Winterschlaf erwachen. Das hat für die Tiere offenbar beträchtliche Vorteile: So haben sie mehr Zeit, um sich bis zum nächsten Winter Energiereserven anzufressen, wodurch sich ihre Überlebenschancen deutlich verbessern. Und auch das Timing vieler Zugvögel hat sich verändert: So zeigen Studien, dass einige Vögel immer früher aus ihren Überwinterungsgebieten zurückkehren oder weniger weit ziehen als noch vor ein paar Jahrzehnten.

In manchen Regionen könnten die wärmeren klimatischen Verhältnisse sogar dazu führen, dass bisherige Zugvögel ihre Wintermigration ganz einstellen und zu Standvögeln werden. Hinweise auf einen solchen Prozess finden sich bei einer Vogelart, deren Wanderverhalten uns schon in einem früheren Kapitel beschäftigt hat: der Mönchsgrasmücke. So berichten die Forscher Francisco Pulido und Peter Berthold in einer Studie, dass sich in einer südwestdeutschen Population die Neigung der Vögel zum Wegziehen immer weiter abgeschwächt hat. Diese Feststellung beruht auf Experimenten, die zwischen 1989 und 2001 durchgeführt wurden. Dabei entnahmen die Forschenden immer wieder Mönchsgrasmücken-Nestlinge aus der Wildnis und zogen sie im Labor unter einheitlichen Bedingungen auf. Im Herbst des jeweiligen Jahres beobachteten sie dann, wie viel «Zugunruhe» sich bei den Tieren beobachten ließ. Dieser Begriff beschreibt ein Verhalten, das viele nachtziehende Singvögel zeigen, wenn sie in

Gehegen gehalten werden: Zu der Zeit, in der sie unter natürlichen Bedingungen ziehen würden, sind sie nachts deutlich aktiver als sonst. Im Verlauf der zwölf Jahre, in denen die Forscher Vögel aus der Wildnis aufzogen und untersuchten, ergab sich ein klares Muster: Die Zugunruhe der Tiere nahm immer mehr ab. Das gleiche Bild zeigte sich auch bei den direkten Nachkommen dieser Tiere, die gänzlich unter Laborbedingungen aufgewachsen waren.

Bei den Mönchsgrasmücken in Südwestdeutschland scheint also die Neigung, im Herbst wegzuziehen, parallel zur Erwärmung des Klimas allmählich schwächer zu werden. Dadurch, dass die Forschenden die Vögel in ihrem Versuch unter einheitlichen Bedingungen aufwachsen ließen, lässt sich weitgehend ausschließen, dass es sich dabei um einen Fall von phänotypischer Plastizität handelt, bei dem die Vögel direkt auf die Umgebungstemperatur reagieren. Vielmehr scheinen die Veränderungen das Ergebnis eines evolutionären Prozesses zu sein: Das heißt, die verringerte Zugneigung hat eine genetische Grundlage.

Um zu überprüfen, ob sich die Veranlagung der Vögel zum Wegziehen zukünftig noch weiter verringern könnte, führten die Forschenden ein Experiment durch: Sie verpaarten wiederholt Mönchsgrasmücken miteinander, die ein besonders geringes Maß an Zugunruhe aufwiesen. Dabei zeigte sich: Die nächtliche Aktivität der Tiere nahm im Herbst über vier Generationen hinweg immer weiter ab. Interessanterweise traten dabei sogar Individuen auf, bei denen sich überhaupt keine Zugunruhe mehr beobachten ließ.

Zusammengenommen legen die Ergebnisse der Forschenden nahe, dass die Mönchsgrasmücken ihre Wintermigration schließlich ganz einstellen könnten, wenn die Erwärmung des Klimas fortschreitet. Bis es tatsächlich dazu kommt, dürfte aber noch etwas Zeit vergehen: Den Ergebnissen einer Simulationsstudie zufolge würde es bei unverändertem Wirken der natürlichen Selektion bis zum Jahr 2184 dauern, bis so gut wie alle Mönchsgrasmücken der südwestdeutschen Population zu Standvögeln geworden sind.

Verbreitungsgebiete im Wandel

Zum Abschluss des Kapitels wenden wir uns einem weiteren Phänomen zu, das im Zuge des Klimawandels bei einer Vielzahl von Arten beobachtet wurde: der Verschiebung von Verbreitungsgebieten. Diese Form der Anpassung unterscheidet sich von den bisher besprochenen in einem entscheidenden Aspekt: Die Tiere verändern sich in diesem Fall nicht selbst – sondern sie wechseln den Ort, an dem sie leben.

Der Mount Karimui auf Neuguinea ist ein 2520 Meter hoher erloschener Vulkan, der einer Vielzahl unterschiedlicher Vögel ein Zuhause bietet: Ganze 250 Arten sind auf dem von tropischen Wäldern bedeckten Berg heimisch. Doch längst nicht alle von ihnen sind überall anzutreffen. So stellte der Naturwissenschaftler Jared Diamond während einer Forschungsreise im Jahr 1965 fest, dass die einzelnen Spezies in ganz unterschiedlichen Höhenzonen vorkamen. Der Zimtbrust-Honigfresser lebte beispielsweise ausschließlich oberhalb von 1113 und unterhalb von 1341 Metern, der Breitschwanz-Paradieshopf hingegen ausschließlich oberhalb von 1585 und unterhalb von 2225 Metern. Eine wesentliche Ursache für diese «Schichtung» der Vogelarten am Mount Karimui ist offenbar das Klima: Pro hundert Meter Steigung nimmt die Temperatur um etwa ein halbes Grad Celsius ab. Das wirkt sich einerseits *direkt* auf die Vögel aus, indem es ihren Wärmehaushalt beeinflusst, und andererseits *indirekt*, weil Pflanzen oder Tiere, die für ihre Ernährung eine wichtige Rolle spielen, oft ausschließlich in bestimmten Temperaturbereichen vorkommen.

Allerdings sind seit den Beobachtungen von Jared Diamond bereits einige Jahrzehnte vergangen – und in diesem Zeitraum ist es auch auf Neuguinea stetig wärmer geworden. Die Folge davon ist, dass sich die Temperaturzonen auf dem Mount Karimui nach oben verschoben haben. So finden sich Gebiete mit einer bestimmten Temperatur nun deutlich höher am Berg als noch Mitte des vergangenen Jahrhunderts. Das brachte die Forschenden Benjamin Freeman und Alexandra Class Freeman auf eine Idee: Könnte es nicht sein, dass sich parallel zu den Temperaturzonen auch die Verbreitungsgebiete der Vogelarten auf dem Berg verschoben haben?

Um diese Vermutung zu überprüfen, reisten die beiden im Jahr 2012 nach Neuguinea und sammelten dort auf ähnliche Weise Daten zur Verteilung der Vögel, wie Jared Diamond dies 47 Jahre vor ihnen getan hatte. Und ihre Ergebnisse zeigten, dass sie mit ihrer Vermutung goldrichtig lagen: Die Verbreitungsgebiete der Vogelarten auf dem Mount Karimui hatten sich teils beträchtlich verlagert. So kam beispielsweise der Zimtbrust-Honigfresser nun nicht mehr in einer Höhe zwischen 1113 und 1341 Metern vor, sondern in einer Höhe zwischen 1333 und 1888 Metern, und der Breitschwanz-Paradieshopf lebte nicht mehr in einer Höhe zwischen 1585 und 2225 Metern, sondern in einer Höhe zwischen 1713 und 2433 Metern. Zwar gab es zwischen den Arten durchaus Unterschiede bezüglich der Stärke und auch der Richtung der Verschiebungen, doch insgesamt entsprachen sie dem auf der Grundlage der Temperaturveränderungen erwarteten Muster: Die untere Verbreitungsgrenze der Arten hatte sich im Durchschnitt um 95 Meter nach oben verschoben und die obere Verbreitungsgrenze um 113 Meter.

Ähnliche Ergebnisse wie die am Mount Karimui finden sich auch in anderen Regionen auf der Erde. Die Verbreitungsgebiete einer Vielzahl von Arten verschieben sich im Zuge der globalen Erwärmung. Das Prinzip dahinter ist einleuchtend: Anstatt ihre Physiologie, ihre Morphologie oder ihr Verhalten zu verändern, folgen die Organismen den klimatischen Verhältnissen, an die sie sich im Zuge der Evolution angepasst haben. In vielen Fällen bedeutet das, dass sie in größeren Höhen vorkommen, wie die Vögel auf Neuguinea; häufig lässt sich aber auch beobachten, dass sich ihre Verbreitungsgebiete in Richtung der Pole verschieben, das heißt auf der Nordhalbkugel nach Norden und auf der Südhalbkugel nach Süden.

Für manche Tiere kann der Klimawandel sogar bedeuten, dass sich der für sie geeignete Lebensraum nicht nur verschiebt, sondern gleichzeitig auch vergrößert. So hat sich der Wärme liebende Bienenfresser in den vergangenen Jahren ausgehend vom mediterranen Raum stetig weiter nach Norden ausgebreitet und brütet unter anderem immer häufiger in Deutschland. Gleichzeitig bleiben seine Brutgebiete im Süden einer Studie aus dem Jahr 2021 zufolge jedoch trotz der Erwärmung auch zukünftig für ihn geeignet, was bedeutet, dass sein Verbreitungsgebiet insgesamt gewachsen ist. Umgekehrt gibt es aber auch den Fall, dass sich der geeignete Lebensraum für Tiere durch den Klimawandel verkleinert – ein Punkt, mit dem wir uns im nächsten Kapitel über die Grenzen der Anpassung noch ausführlich auseinandersetzen werden.

Fazit

In den vergangenen Jahrzehnten haben sich Tiere auf der ganzen Welt auf vielfältige Weise an die Auswirkungen des Klimawandels angepasst. In manchen Fällen handelt es sich dabei um physiologische Veränderungen, wie bei den Wasserflöhen, die in England im Verlauf mehrerer Jahrzehnte eine genetisch bedingte höhere Hitzetoleranz entwickelt haben. Oftmals reagieren Tiere aber auch auf die globale Erwärmung, indem sie ihren jahreszeitlichen Rhythmus anpassen. So haben es Kohlmeisen in England geschafft, mit ihrer Beute im Takt zu bleiben, indem sie früher mit dem Brutgeschäft beginnen; und deutsche Mönchsgrasmücken zeigen infolge der steigenden Temperaturen offenbar eine geringere Neigung dazu, sich im Herbst in wärmere Gefilde aufzumachen. Darüber hinaus haben wir uns zuletzt noch mit einer ganz neuen Form der Anpassung befasst, die in den vorherigen Kapiteln keine Rolle gespielt hat: Viele Tiere reagieren auf den Klimawandel, indem sie ihre Verbreitungsgebiete verlagern – und so seinen Auswirkungen, vereinfacht gesagt, aus dem Weg gehen.

KAPITEL 7

Die Grenzen der Anpassung

Jenseits der Erfolgsgeschichten: Warum Tiere längst nicht mit jeder Veränderung zurechtkommen

Die vorangegangenen Kapitel sollten zwei Dinge gezeigt haben: zum einen, wie gravierend der Mensch direkt oder indirekt in das Leben vieler Wildtiere eingreift. Und zum anderen, dass Tiere wahre Anpassungskünstler sind, die auf vielfältige Weise auf diese Eingriffe reagieren können. Wichtig ist an dieser Stelle allerdings, sich klarzumachen, dass die Auswahl der bislang vorgestellten Beispiele keineswegs repräsentativ war. Vielmehr haben wir uns auf eine Reihe von Erfolgsgeschichten konzentriert, um einen umfassenden Eindruck von der faszinierenden und vielschichtigen Anpassungsfähigkeit der Tiere zu vermitteln. Daneben gibt es jedoch ganz andere Geschichten: Sie erzählen von Populationen und Arten, die bei der Anpassung an das Leben im Anthropozän krachend gescheitert sind. Denn zur Wahrheit gehört auch: Selbst die beeindruckendste Anpassungsfähigkeit stößt irgendwann an ihre Grenze.

Hinzu kommt, dass sogar manche der Beispiele für erfolgreiche Anpassungen mit einer gewissen Vorsicht zu genießen sind. Warum, wird deutlich, wenn wir uns vor Augen führen, was im Sinne dieses Buchs mit dem Begriff «Anpassung» gemeint ist. So haben wir von einer Anpassung gesprochen, wann immer Tiere eine für sie vorteilhafte Reaktion auf veränderte Umweltbedingungen gezeigt haben – sei es mittels Evolution, phänotypischer Plastizität oder durch einen Ortswechsel. Was wir uns bislang aber nur in Ausnahmefällen angeschaut haben, ist die Frage, ob die jeweilige Reaktion der Tiere tatsächlich auch *ausreichend* war.

Denken wir dazu noch einmal zurück an das Beispiel der Elefanten im Gorongosa-Nationalpark in Mosambik: Als es dort während eines Bürgerkriegs zu einer starken Zunahme der Wilderei kam, breitete sich in der Population eine genetische Veranlagung aus, die bei weiblichen Tieren zum Fehlen der Stoßzähne führte. Das war vorteilhaft für diese Individuen, weil sie dadurch für die Wilderer uninteressant wurden, die es auf das wertvolle Elfenbein abgesehen hatten. Allerdings führte genau diese Variante beim männlichen Elefanten-Nachwuchs dazu, dass er bereits im Mutterleib abstarb. Insofern hätte sich auf dieser Grundlage nie eine Population mit sowohl stoßzahnlosen Weibchen als auch stoßzahnlosen Männchen entwickeln können. Die Elefanten im Gorongosa-Nationalpark hatten das Glück, dass die Bejagung nach dem Ende des Bürgerkriegs gestoppt wurde. Aber stellen wir uns eine Elefantenpopulation mit ähnlicher genetischer Zusammensetzung vor, die dauerhafter Wilderei ausgesetzt ist. Da die männlichen Tiere stets Stoßzähne tragen, könnte es sein, dass irgendwann jedes einzelne von ihnen der Jagd nach dem Elfenbein zum Opfer gefallen wäre. Die Konsequenz: Die Population könnte sich ohne Zuwanderung von außen nicht mehr fortpflanzen und wäre trotz der evolutionären Anpassung zum Aussterben verdammt.

Auch Anpassungen durch phänotypische Plastizität retten Tiere keineswegs immer vor den Auswirkungen einer Umweltveränderung. So ergab eine Studie an Seehunden in Alaska, dass die männlichen Tiere während der Fortpflanzungszeit umso lautere Rufe erzeugten, je mehr Schiffslärm in ihrer Umgebung herrschte – sie passten ihre Kommunikation also an die Hintergrundgeräusche an. Die Daten der Forschenden zeigten aber auch: Die Erhöhung der Lautstärke fiel nicht annähernd so stark aus, wie es in Anbetracht des jeweiligen Lärmpegels erforderlich gewesen wäre. Das bedeutet, die Rufe der Tiere waren trotz der Anpassung mit steigendem Schiffsverkehr immer schlechter zu hören.

Und letztlich kommt es auch vor, dass die Strategie des Ortswechsels, die wir im Kapitel über den Klimawandel kennengelernt haben, nur zu einem eingeschränkten Erfolg führt. So haben wir gesehen, dass sich die Verbreitungsgebiete vieler Tierarten im Zuge des Klimawandels verschieben. Doch was wir bislang nicht erwähnt haben: Bei einigen Arten verläuft dieser Prozess viel zu langsam, sodass sie es nicht schaffen, mit der Veränderung der klimatischen Bedingungen Schritt zu halten.

Wir können also festhalten: Tieren gelingt es längst nicht immer, sich an Umweltveränderungen anzupassen – und selbst dann, wenn sie eine vorteilhafte Reaktion zeigen, muss das nicht zwingend bedeuten, dass sie völlig vor den nachteiligen Auswirkungen der Veränderung geschützt sind. Wie es dazu kommt, dass Tiere ganz oder teilweise mit der Anpassung an Umweltveränderungen scheitern, wollen wir uns auf den folgenden Seiten ausführlich anschauen.

Kein Tier ist unendlich wandelbar

Wenn es in der Heimat eines Tiers zu einer ungünstigen Veränderung der Umwelt kommt, hat es zunächst eine recht simple Option: Handelt es sich lediglich um ein lokal begrenztes Ereignis, kann es abwandern und sich eine neue Heimat mit vorteilhafteren Bedingungen suchen. Inwieweit diese Strategie infrage kommt, hängt dabei zum einen von der Verfügbarkeit geeigneten Lebensraums ab, der noch nicht von durchsetzungsstärkeren Konkurrenten besetzt ist, und zum anderen von den Fortbewegungsmöglichkeiten der jeweiligen Art. Darüber hinaus darf es keine Barrieren geben, die eine rasche Abwanderung verhindern. So beschreiben Forschende in einer Studie aus dem Jahr 2025, wie Gabelböcke im US-Bundesstaat Wyoming versuchten, sich vor außergewöhnlich starken und für sie lebensbedrohenden Schneefällen in Sicherheit zu bringen – und dabei sowohl von Zäunen als auch von Straßen aufgehalten wurden.

Wenn es einem Tier nicht gelingt, einer Umweltveränderung räumlich auszuweichen, oder es dies gar nicht erst versucht, dann bleibt ihm nur noch eine Möglichkeit: Es muss sich mithilfe phänotypischer Plastizität an die neuen Gegebenheiten anpassen. Dass ihm dies auch glückt, ist allerdings keineswegs ausgemacht.

Der erste Aspekt, den wir uns klarmachen müssen, ist ebenso simpel wie entscheidend: Phänotypische Plastizität existiert stets innerhalb gewisser Grenzen. In einer idealen Welt wäre das sicherlich anders. Dort könnten Tiere sämtliche ihrer Merkmale beliebig anpassen und flexibel auf alle möglichen Unwägbarkeiten reagieren. Umweltveränderungen wären dann kein Problem – denn schließlich hätte ein Individuum stets die Möglichkeit, adäquat darauf zu reagieren. Doch wie wir wissen, sieht die Realität anders aus: So kommen viele Tiere zwar mit unterschiedlichen Umgebungstemperaturen zurecht, meistens indessen nur in einem gewissen Bereich. Und auch das überaus flexible Merkmal Verhalten ist nicht unendlich plastisch, sondern bewegt sich immer in einem für die jeweilige Art typischen Rahmen. So kann ein Schwarzspecht zwar Bruthöhlen in unterschiedlichen Bäumen und in variabler Höhe zimmern. Er wird aber mit hoher Wahrscheinlichkeit kein Nest aus Zweigen in einer Hecke bauen oder auf einer Wiese am Boden brüten.

Der Grad der Plastizität, den Tiere in Bezug auf ein Merkmal besitzen, wird vor dem Hintergrund des biologisch Möglichen durch ihre Gene festgelegt – das heißt, er wird durch das Wirken der natürlichen Selektion geformt. Dabei ist im Zuge der Evolution immer wieder der Vorteil einer plastischen Antwort gegen die damit einhergehenden Nachteile abgewogen worden. Daraus können wir eine gewisse Erwartung ableiten: Tiere sollten mit genau so viel Plastizität ausgestattet sein, um sich relativ gut auf Umweltbedingungen einstellen zu können, die in der Vergangenheit für ihre Lebensweise von Bedeutung gewesen sind.

Und genau hier liegt im Zeitalter des Menschen das Problem. Denn häufig konfrontieren wir Tiere mit Einflüssen, die in dieser Form oder Intensität in ihrer evolutionären Geschichte keine Rolle gespielt haben – mit der Konsequenz, dass ihre phänotypische Plastizität mitunter nicht ausreicht, um sich daran anzupassen. Das ist zum Beispiel der Fall, wenn flugunfähige Vögel, die sich auf einer Insel ohne Fressfeinde entwickelt haben, plötzlich einem vom Menschen eingeschleppten Raubtier gegenüberstehen und keine Möglichkeit haben, sich vor ihm in Sicherheit zu bringen. Oder wenn der Sauerstoffgehalt in einem See, begünstigt durch erhöhten Nährstoffeintrag aus Abwässern und hohe Temperaturen, außergewöhnlich stark abfällt und es in der Folge zu einem Massensterben der darin lebenden Fische kommt.

Doch nicht immer scheitert die Anpassung durch Plastizität deshalb, weil Tiere nicht über die nötigen körperlichen Voraussetzungen oder Verhaltensweisen dafür verfügen. Es kommt auch vor, dass sie von ihren Möglichkeiten nicht in optimaler Weise Gebrauch machen – weil sie nicht oder falsch auf Informationen in ihrer Umgebung reagieren.

Von Zuspätkommern und evolutionären Fallen

Tiere passen sich plastisch an ihre Umgebung an, indem sie auf bestimmte Hinweise in ihrer unbelebten und belebten Umwelt reagieren, zum Beispiel die Temperatur, die Nahrungsverfügbarkeit oder die Anwesenheit von Fressfeinden. Diese Reaktionen können angeboren oder erlernt sein. Denken wir noch einmal an die erwähnten flugunfähigen Vögel, die sich auf einer Insel ohne

Fressfeinde entwickelt haben. Wenn einer dieser Vögel plötzlich einem eingeschleppten Raubtier gegenübersteht, dann hat er kaum eine Möglichkeit des Entkommens. Es kann jedoch sein, dass der Vogel nicht einmal *Anstalten macht*, sich in Sicherheit zu bringen, indem er beispielsweise wegläuft. Denn weder hat das äußere Erscheinungsbild oder der Geruch des Raubtiers in seiner evolutionären Geschichte eine Rolle gespielt, noch hat er bislang irgendwelche Erfahrungen damit gesammelt. Der Vogel in unserem Beispiel erkennt in dem unbekannten Gegenüber also möglicherweise keine Bedrohung und versucht deshalb gar nicht erst, das Weite zu suchen. Und es ist selbstverständlich nicht nur möglich, dass ein Tier wie dieser unglückliche Vogel eine *Gefahr* verkennt. Ebenso kann es sein, dass es eine *Chance* verpasst, weil es beispielsweise eine neuartige Nahrungsquelle nicht als solche wahrnimmt.

Die Anpassung durch phänotypische Plastizität scheitert also, wenn Individuen für sie relevante Hinweise in ihrer Umgebung nicht als solche erkennen. Doch auch wenn sie darauf reagieren, kann es durchaus zu Problemen kommen. Und zwar unter anderem dann, wenn die *Verlässlichkeit* der Hinweise plötzlich nachlässt – ein Fall, der durch den Klimawandel gegenwärtig an Bedeutung gewinnt.

So entscheiden viele Zugvögel anhand der Tageslänge, wann sie zu ihrer Reise aufbrechen. In der Vergangenheit ermöglichte ihnen dies eine verlässliche Orientierung. Verließ ein Vogel sein Überwinterungsgebiet, wenn die Tage eine bestimmte Länge überschritten, konnte er sich bis auf kleinere Schwankungen darauf verlassen, dass er in seinem Brutgebiet günstige Bedingungen vorfinden würde, wenn er dort eintraf. Doch durch den Klimawandel hat sich das verändert: Oftmals werden an seinem Zielort nun schon wesentlich früher im Jahr höhere Temperaturen erreicht. Da die dauerhaft in diesem Gebiet lebenden Pflanzen und Tiere in vielen Fällen plastisch auf die regionalen klimatischen Verhältnisse reagieren und ihre Aktivität vorverlagern, wächst für den Vogel, der sich an der Tageslänge orientiert, die Gefahr, zu spät zu kommen und die optimalen Brutbedingungen zu verpassen.

Durch die veränderte Bedeutung von Umwelthinweisen im Anthropozän kann es nicht nur dazu kommen, dass die Anpassung durch phänotypische Plastizität beeinträchtigt wird – die plastische Reaktion selbst kann einem Tier zum Verhängnis werden, wenn es auf einen irreführenden Hinweis in seiner Umwelt reagiert und sich dadurch überhaupt erst in Gefahr bringt. Tatsächlich ist uns dieses Phänomen zuvor bereits begegnet, und zwar am Beispiel der Aga-Kröten in Australien im Kapitel über die Anpassung an eingeschleppte Arten. Die Amphibien wurden eingeführt, um in ihrer neuen Heimat Insekten zu dezimieren, die den landwirtschaftlichen Ertrag schmälerten. Sie wurden letztlich aber zum Problem für zahlreiche größere Tiere wie den Arguswaran. Warum? Diese Tiere hatten in ihrer evolutionären Vergangenheit äußerlich vergleichbare Froschlurche stets als bekömmliche Nahrung erlebt. Entsprechend schnappten sie zu, als sie zum ersten Mal eine Aga-Kröte entdeckten, und kamen dadurch oftmals mit einer tödlichen Menge ihres Gifts in Kontakt. Entscheidend dabei ist: Hätten Warane und Co. die Neuankömmlinge einfach ignoriert, hätten sie von ihnen nichts zu befürchten gehabt. Sie kamen zu Tode, weil sie auf einen in der Vergangenheit stets verlässlichen Hinweis reagierten.

Für einen solchen Fall, in dem ein Tier eine nachteilige Wahl trifft, weil es auf einen irreführenden Hinweis in seiner Umwelt reagiert, haben Forschende den Begriff der «evolutionären Falle» geprägt. Tappen Tiere in eine solche Falle, kann das ernste Konsequenzen für sie haben. Nicht immer geraten ihre Gesundheit oder ihr Leben dadurch in Gefahr wie bei den Arguswaranen in Australien. Es kann auch zur Folge haben, dass sie ihren Fortpflanzungserfolg gefährden. Letzteres betrifft gegenwärtig überall auf der Welt Insektenarten, deren Nachkommen im Wasser aufwachsen. Häufig wird beobachtet, dass die Weibchen ihre Eier nicht in einem Fluss oder einem Teich platzieren, sondern auf menschengemachten Strukturen, wo sie keine Chance haben, sich zu entwickeln. Wie kommt hier die Falle zustande?

Um geeignete Ablageorte für ihre Eier zu finden, orientieren sich viele an Wasser gebundene Insekten an einem bestimmten Aspekt des Lichts, der für das menschliche Sehen keine entscheidende Rolle spielt: die Schwingungsrichtung der Lichtwellen. Wird Licht von einem Gewässer zurückgeworfen, dann schwingen seine Wellen parallel zur Oberfläche. Bis vor nicht allzu langer Zeit waren Wasserkörper die hauptsächliche Quelle für Licht mit diesen als «horizontale Polarisation» bezeichneten Schwingungseigenschaften. Entsprechend ergab sich daraus für die Insekten eine sehr verlässliche Orientierungshilfe: Wenn sie horizontal polarisiertes Licht wahrnahmen und sich darauf zubewegten, gelangten sie zu einem Gewässer, in dem sie ihre Eier ablegen konnten. Mehr als 300 Insektenarten sind inzwischen bekannt, die eine solche positive Polarotaxis an den Tag legen, darunter verschiedene Libellen und Eintagsfliegen.

Das Problem im Anthropozän ist nun: Es gibt neben den Gewässern plötzlich zahlreiche andere Bereiche in der Umwelt, die zurückgeworfenes Licht horizontal polarisieren. Denn viele der von Menschen hergestellten Strukturen beeinflussen die Schwingungsrichtung von Lichtwellen auf genau diese Weise. Darunter finden sich so unterschiedliche Objekte wie Glasfronten von Gebäuden, schwarze Autos, Asphalt oder schwarze Plastikplanen, wie sie mitunter auf landwirtschaftlichen Flächen eingesetzt werden. Die Konsequenz ist, dass zahlreiche Insekten von solchen vermeintlichen Gewässern regelrecht angezogen werden und ihre Eier darauf ablegen, welche dort innerhalb kürzester Zeit vertrocknen. Besonders tückisch: Die menschengemachten glatten Oberflächen führen mitunter sogar zu einer noch stärkeren Polarisation des Lichts als ein durchschnittliches Gewässer – mit der Folge, dass sie weiblichen Insekten auf der Suche nach einem Eiablageplatz besonders verlockend erscheinen.

Vor dem Hintergrund dessen, was wir in den vorherigen Kapiteln über die bemerkenswerte Anpassungsfähigkeit der Tiere gesehen haben, könnte man in Bezug auf die Problematik solcher evolutionärer Fallen einen Einwand vorbringen: Auch wenn eine Umweltveränderung zunächst dazu führen mag, dass Tiere suboptimale oder sogar nachteilige Entscheidungen treffen, besteht für sie dann nicht immer noch die Chance, sich über kurz oder lang doch mithilfe phänotypischer Plastizität erfolgreich daran anzupassen? Schließlich wäre es ihnen ja möglich, ihr unvorteilhaftes Verhalten zu korrigieren, indem sie dazulernen. Das ist zwar grundsätzlich richtig und geschieht tatsächlich auch in einigen Fällen. Doch bereits die von uns beschriebenen Beispiele für evolutionäre Fallen zeigen deutlich, warum diese Strategie nicht immer eine Option ist. Denn damit ein Tier aus einer Situation lernen kann, müssen zwei wesentliche Bedingungen erfüllt sein: Zum einen muss das Individuum einen Bezug zwischen seinem Verhalten und den entsprechenden Konsequenzen herstellen können. Und zum anderen muss es eine Chance bekommen, um es in einer vergleichbaren Situation besser zu machen.

Wenn ein Waran nach einer ausgewachsenen Aga-Kröte schnappt und durch ihr Gift getötet wird, dann hat er schlicht keine Möglichkeit, aus seiner Entscheidung zu lernen. Dasselbe gilt für Tiere, die zu Tode kommen, weil sie beim Anblick eines sich nähernden Autos oder eines eingeschleppten Fressfeinds kein Fluchtverhalten zeigen. Und auch die Insekten, die ihre Eier auf Asphalt, Gebäuden oder Plastikplanen ablegen, bekommen nicht immer eine zweite Chance, da sie sich oftmals nur ein einziges Mal in ihrem Leben fortpflanzen. Und selbst wenn es sich um Arten handelt, bei denen die Weibchen mehrmals Eier ablegen: Da die Tiere keine Brutpflege betreiben, bleibt ihnen das Schicksal ihrer Nachkommen verborgen. Sie erfahren also gar nicht, dass ihre Eier auf der künstlichen Oberfläche vertrocknet sind, und können entsprechend auch nicht aus der missglückten Wahl des Ablageorts lernen.

Leguane im Dilemma

Nehmen wir an, ein Tier ist mit einer Bedrohung konfrontiert, wird aber dank verlässlicher Hinweise aus der Umwelt darüber informiert und verfügt sogar über die Möglichkeit, sein Verhalten zu seinem Schutz anzupassen. Dann kann es selbst unter diesen vergleichsweise günstigen Umständen passieren, dass es dennoch in Bedrängnis gerät – und zwar dann, wenn seine Reaktion auf die Veränderung ihm in anderer Hinsicht Nachteile verschafft. Wie ein solches Dilemma zustande kommen kann, lässt sich gut am Schicksal von Stachelleguanen in Mexiko verdeutlichen, die durch den Klimawandel im Frühling mitunter erheblich gestiegenen Temperaturen ausgesetzt sind.

Im Prinzip sind hohe Temperaturen für die Echsen kein Problem, ganz im Gegenteil: Sie sind sogar auf die Sonnenenergie angewiesen, um ihren Körper am Morgen auf Betriebstemperatur zu bringen. Und wenn es im Verlauf des Tages dann doch einmal zu heiß wird, sodass ihnen die Überhitzung droht, ziehen sie sich einfach in kühlere Bereiche zurück, wie Erdlöcher oder Felsspalten. Schwierig wird es jedoch dann, wenn die Temperaturen so stark ansteigen, dass die Phasen, die einen solchen Rückzug erfordern, zu lang werden. Denn während sie im Schatten ausharren, können die Tiere nicht auf Nahrungssuche gehen – und das kann am Ende dazu führen, dass ihnen die nötige Energie für die Fortpflanzung fehlt. Den Echsen bleibt in Regionen mit großer Hitze daher nur die Wahl zwischen zwei schlechten Optionen: Sie können sich entweder den Großteil des Tages zurückziehen und somit in diesem Jahr auf die Weitergabe ihrer Gene verzichten, oder sie können den Tod durch Überhitzung in Kauf nehmen.

Die Stachelleguane dürften sich in einer solchen Situation hauptsächlich für die erste Variante entscheiden. Denn wenn es sich lediglich um ein einzelnes außergewöhnlich heißes Jahr handelt, können sie dadurch ihr Leben retten und in der folgenden

Saison wieder Nachwuchs zeugen. Das Problem im Zuge des Klimawandels ist jedoch: In manchen Regionen kommt es im Frühling *dauerhaft* zu extrem hohen Temperaturen. Und das bedeutet, dass die Tiere dort massive Einbußen hinsichtlich ihrer Fortpflanzung in Kauf nehmen müssen. Das kann schließlich sogar ernste Konsequenzen für ganze Populationen haben. Denn für deren Fortbestand ist es nicht ausreichend, dass die erwachsenen Tiere die Hitze überstehen und ein hohes Alter erreichen. Sie müssen während ihres Lebens auch für Nachwuchs sorgen. Erlauben die Temperaturen im Frühjahr den Stachelleguanen in einer Region nicht mehr, ausreichend Energie für die Fortpflanzung zu sammeln, kann es dazu kommen, dass die Tiere komplett von dort verschwinden.

Und das ist keine rein theoretische Überlegung. In einer Studie aus dem Jahr 2010 haben sich Forschende das Schicksal unterschiedlicher Stachelleguan-Populationen in Mexiko angeschaut. Konkret verglichen sie die klimatischen Bedingungen an Orten, an denen die Tiere in den Jahren zuvor ausgestorben waren, mit den Bedingungen an Orten, an denen die Tiere noch vorkamen. Das Ergebnis: In den Gebieten, in denen die Echsen verschwunden waren, hätten die jeweiligen Temperaturen sie dazu gezwungen, sich während der Fortpflanzungsperiode den größten Teil des Tages in kühlere Bereiche zurückzuziehen.

Wir haben nun unterschiedliche Gründe dafür gesehen, warum Tiere bei der Anpassung durch phänotypische Plastizität scheitern. Die Folgen reichen von einer leichten Reduktion des Fortpflanzungserfolgs bis zu seinem Ausbleiben, von beeinträchtigter Gesundheit bis zum Tod. Ein solches Scheitern der Anpassung ist für die betroffenen Individuen in jedem Fall tragisch und kann mit einigem Leid verbunden sein. Doch für die *Population*, der diese Individuen angehören, muss es nicht zwingend zum Problem werden. Für sie wird es erst dann kritisch, wenn sie insgesamt mehr ihrer Mitglieder verliert, als neue hinzukommen. Bleibt dieses Muster über längere Zeit bestehen, kann es wie im

Fall der Stachelleguane letztlich dazu kommen, dass die Population ausstirbt. Bevor das geschieht, hat sie jedoch noch eine Möglichkeit, den negativen Trend aufzuhalten oder sogar umzukehren: Sie kann evolvieren, das heißt, sich genetisch an die neuen Gegebenheiten anpassen. Unter welchen Bedingungen dies möglich ist und unter welchen nicht, wollen wir uns nun ansehen.

Die Evolution arbeitet mit dem, was da ist

Die revolutionäre Entdeckung Charles Darwins, dass sich Tiere über Generationen hinweg durch den Einfluss der natürlichen Selektion an ihre Umwelt anpassen, liegt nun bereits mehr als 150 Jahre zurück. Seitdem ist unser Wissen über die Evolution enorm gewachsen. Eine noch vergleichsweise junge Erkenntnis ist, dass evolutionäre Prozesse keineswegs immer extrem langsam verlaufen. Vielmehr können sie, wie wir gesehen haben, bei entsprechend starkem Selektionsdruck innerhalb kürzester Zeit zu einer Veränderung der Morphologie, der Physiologie oder des Verhaltens führen. Das ließ die Hoffnung wachsen, die Evolution könnte Tierpopulationen dabei helfen, auf die rasanten Umweltveränderungen im Anthropozän zu reagieren, und sie mitunter sogar dort retten, wo die Anpassung durch phänotypische Plastizität scheitert. Doch wie wir in diesem Abschnitt sehen werden, muss einiges zusammenkommen, damit dies tatsächlich gelingt.

Ein entscheidender Punkt, den wir uns dabei zunächst vor Augen führen müssen: Die Evolution kann nicht kreativ nach Lösungen suchen. Sie ist keine intelligente Schöpfungskraft, die Tiere beliebig genetisch an die jeweiligen Herausforderungen anpassen kann, die ihnen in ihrem Lebensraum begegnen. Es handelt sich vielmehr um einen passiven Prozess, der – salopp gesagt – mit dem arbeiten muss, was da ist. Wie genau ist das gemeint?

Stellen wir uns vor, eine Population von Tieren lebt in einer Umwelt, in der es durch menschliche Aktivitäten zu einer erheblichen Verschmutzung mit einer tödlich giftigen Substanz kommt. Eine optimale Anpassung würde dazu führen, dass die Tiere eine Resistenz gegen diese Substanz entwickeln. Die entsprechende genetische Veranlagung für diese Resistenz kann sich die Evolution aber nicht lösungsorientiert zusammenbasteln. Sie kann nur mittels natürlicher Selektion dafür sorgen, dass sich etwaige vorteilhafte Varianten ausbreiten, die in der Population vorhanden sind. In Anbetracht des starken Selektionsdrucks durch ein tödliches Gift dürfte dies zwar vergleichsweise rasch passieren, da Tiere mit einer solchen angeborenen Resistenz um ein Vielfaches höhere Überlebenschancen hätten als ihre Artgenossen. Es gibt jedoch eine entscheidende Voraussetzung: Es muss überhaupt Individuen geben, die eine solche rettende Genausprägung tragen. Ist dies nicht der Fall, ist eine Anpassung durch das Wirken der natürlichen Selektion nicht möglich. In unserem Beispiel vom Auftreten einer tödlich giftigen Substanz hätte das vermutlich zur Folge, dass die Population innerhalb kürzester Zeit ausstürbe.

Die Rettung einer Population durch Evolution kann also nur gelingen, wenn sich in ihrem Genpool eine vorteilhafte Genvariante findet. Dabei sind verschiedene Szenarien denkbar. Im günstigsten Fall gibt es in der Population bereits vor dem Auftreten der Umweltveränderung Tiere, die eine rettende Veranlagung tragen. Dann kann die natürliche Selektion umgehend ihre Wirkung entfalten und für eine Ausbreitung der Veranlagung sorgen. Trifft dies nicht zu, ist zwar noch nicht alles verloren, es beginnt jedoch ein Spiel gegen die Zeit. Eine vorteilhafte Ausprägung muss in den Genpool gelangen, bevor die Population ausgestorben ist. Dies ist auf zwei unterschiedlichen Wegen möglich: einerseits dadurch, dass es bei einem Tier der Population zu einer vorteilhaften Mutation kommt, und andererseits dadurch, dass ein Tier mit der entsprechenden genetischen Veranlagung in die Population einwandert.

Nehmen wir an, unsere Beispiel-Population, die einer giftigen

Substanz ausgesetzt ist, hat Glück, und es finden sich dort tatsächlich einige Individuen mit einer Genvariante, die zu einer Resistenz führt. Ist die Population damit nun gerettet? Tatsächlich ist selbst das nicht zwingend der Fall. Denn dafür muss sich die Variante in der Population zunächst einmal ausbreiten. Und wenn es ungünstig läuft, kann sogar dabei noch etwas dazwischenkommen. Denn die anfänglich vermutlich wenigen resistenten Tiere haben zwar nichts von der giftigen Substanz zu befürchten. Sie können aber leicht durch andere Faktoren zu Tode kommen, bevor sie sich fortpflanzen, sei es durch eine Krankheit, durch einen Fressfeind oder durch extreme Witterungsbedingungen. Das heißt, die evolutionäre Anpassung einer Population kann scheitern, obwohl sich die dafür benötigte Genvariante in ihrem Genpool findet – wenn diese wieder daraus verschwindet, bevor sie sich ausbreiten konnte.

Das Beispiel der Population, die einer einzigen giftigen Substanz ausgesetzt wird, gegen die eine ganz bestimmte genetische Variante hilft, ist sicherlich ein Sonderfall. Die Realität im Anthropozän ist meist komplexer. Das gilt zum einen für die Umweltveränderungen, mit denen die Tiere umgehen müssen (ein Punkt, auf den wir noch zu sprechen kommen), zum anderen aber auch für die evolutionäre Antwort selbst. Denn nicht immer ist es so, dass eine einzige Genvariante Tieren die Rettung bringt. Vielmehr liegen erfolgreichen Anpassungen oftmals genetische Veränderungen in mehreren Genen zugrunde. Gleichzeitig beeinflusst ein Gen oftmals mehrere Merkmale, was das Ganze weiter verkompliziert. Denn wenn ein Gen zwar die Überlebenschancen eines Tiers verbessert, dafür aber zu einer verringerten Fruchtbarkeit führt, dann ist in der Summe womöglich nichts gewonnen. Doch die oben beschriebenen Grundbedingungen für eine erfolgreiche genetische Anpassung bleiben auch bei solchen komplexeren Fällen gleich.

Aus diesen Bedingungen lassen sich zwei Vorhersagen ableiten. Erstens: Eine erfolgreiche evolutionäre Anpassung an eine

Umweltveränderung ist umso wahrscheinlicher, je stärker die neuen Einflüsse Verhältnissen ähneln, die der Population in ihrer evolutionären Vergangenheit bereits begegnet sind. Denn dadurch steigt die Chance, dass sich bereits vorteilhafte Varianten in ihrem Genpool befinden, wenn die Veränderung eintritt. Und zweitens: Eine erfolgreiche Anpassung an eine Umweltveränderung ist umso wahrscheinlicher, je langsamer und kleinschrittiger Letztere verläuft. Denn dadurch steigt die Chance, dass vorteilhafte Genvarianten durch Mutationen oder Zuwanderung in den Genpool der Population gelangen und sich dort ausbreiten können, bevor diese ausstirbt.

Das wiederum legt nahe: Vor dem Hintergrund der oftmals ebenso rasant verlaufenden wie radikalen Umweltveränderungen im Anthropozän sollten wir trotz der beeindruckenden Beispiele für rasche evolutionäre Anpassungen nicht zu optimistisch sein, was die rettende Kraft der Evolution angeht. Das gilt umso mehr, als wir das evolutionäre Anpassungspotenzial vieler Tiere sogar zusätzlich schwächen, wie wir im Folgenden sehen werden.

Erschwerte Bedingungen für kleine Populationen

Wenn man an evolutionäre Prozesse denkt, stellt man sich oft eine riesige Zahl von Tieren mit einer enormen Vielfalt an unterschiedlichen genetischen Varianten vor. Doch die Realität sieht heute häufig ganz anders aus. Denn unsere massiven Eingriffe in die Natur haben dazu geführt, dass die Bestände vieler Arten bereits auf einen Bruchteil ihrer einstigen Größe geschrumpft sind. Und kleine Populationen haben deutlich schlechtere Aussichten, was eine evolutionäre Anpassung an zukünftige Herausforderungen angeht. Woran liegt das?

Zum einen können wir davon ausgehen, dass der Genpool einer solchen Rest-Population vermutlich nur einen Teil der genetischen Vielfalt der ursprünglichen Population enthält. Das heißt, es gibt eine geringere Auswahl von Genvarianten und somit auch eine kleinere Chance, dass sich eine davon nach einer Umweltveränderung als vorteilhaft erweist. Darüber hinaus ist in kleinen Populationen auch die Wahrscheinlichkeit geringer, dass eine günstige genetische Veranlagung durch Mutation entsteht. Denn die Zahl der auftretenden Mutationen in einer Population sinkt proportional mit der Zahl der Individuen. Und schließlich kommt erschwerend dazu, dass kleine Populationen besonders anfällig für die Auswirkungen der sogenannten «genetischen Drift» sind, die zu einer weiteren Verringerung der genetischen Diversität führen können. Schauen wir uns diesen letzten Aspekt noch etwas genauer an.

Als genetische Drift wird die *zufällige* Veränderung der Häufigkeiten von bestimmten Genvarianten in einer Population bezeichnet, also Veränderungen, die nicht auf das Wirken der natürlichen Selektion zurückgehen. Was ist damit gemeint?

Tiere können eine bestimmte genetische Veranlagung tragen, die die Wahrscheinlichkeit *erhöht*, viele Nachkommen zu zeugen. Ebenso können Tiere eine bestimmte genetische Veranlagung tragen, die die Wahrscheinlichkeit *verringert*, viele Nachkommen zu zeugen. Die erste Genvariante würde ihren Trägern einen Selektionsvorteil verschaffen, die zweite einen Selektionsnachteil. Entscheidend ist der Begriff «Wahrscheinlichkeit». In der Realität kommt es nämlich durchaus vor, dass ein Tier mit einer eigentlich vorteilhaften genetischen Veranlagung weniger Nachkommen zeugt als ein Tier mit einer nachteiligen. Denn das Schicksal eines Individuums hängt nicht ausschließlich von seinem Erbmaterial ab, sondern auch vom Zufall. So kann ein Tier mit hervorragenden genetischen Voraussetzungen einfach nur zur falschen Zeit am falschen Ort sein und deshalb ganz zu Beginn seines Lebens einem Fressfeind zum Opfer fallen, während ein Artgenosse mit einer weniger vorteilhaften Veranlagung deutlich länger lebt und mehrfach Nachwuchs zeugt. Das hat zur Folge, dass Kopien mancher Genvarianten durch Zufall häufiger in die nächste Generation gelangen als Kopien anderer Varianten – es kommt zu genetischer Drift.

Das Phänomen der genetischen Drift an sich betrifft prinzipiell alle Populationen, auch große. Das Ungünstige bei sehr kleinen Beständen ist jedoch: Ihr Effekt fällt hier wesentlich stärker ins Gewicht. Es kann besonders leicht dazu kommen, dass eine vorteilhafte genetische Veranlagung komplett aus dem Genpool verschwindet, weil sich durch Zufall keines der Individuen mit dieser Veranlagung fortpflanzt. Und andersherum kann es sogar passieren, dass sich eine andere Genausprägung in der gesamten Population durchsetzt, obwohl sie für ihren Träger mit Nachteilen verbunden ist. So kann der Einfluss der genetischen Drift einer kleinen Population leicht zum Verhängnis werden, wenn er dazu führt, dass ihre ohnehin schon geringe genetische Vielfalt immer weiter abnimmt.

Wir sehen also: Durch die kleine Zahl genetischer Varianten, die geringe Wahrscheinlichkeit für vorteilhafte Mutationen und den Effekt der genetischen Drift haben kleinere Populationen schlechtere Voraussetzungen, was die evolutionäre Anpassung angeht. Darüber hinaus bringt eine kleine Individuenzahl weitere Probleme mit sich, die das Risiko des Aussterbens erhöhen. So kommt es verhältnismäßig leicht zu Inzucht, die das ohnehin geringe Fortpflanzungspotenzial weiter schmälern kann. Und es besteht die Gefahr, dass Extremereignisse wie Naturkatastrophen oder Krankheitsausbrüche den gesamten Bestand auf einmal auslöschen.

Allerdings gibt es auch für eine derart bedrohte Population noch eine Chance, ihre Ausgangslage für künftige Anpassungen deutlich zu verbessern – und zwar mithilfe der Zuwanderung. Wenn Artgenossen, die ursprünglich aus anderen Gebieten stammen, sich in ihrer Nähe niederlassen, profitiert sie davon mitunter gleich doppelt: Einerseits wächst die Zahl ihrer Individuen, was den Nachteilen einer geringen Bestandsgröße entgegenwirkt; andererseits besteht die Chance, dass die zugewanderten Individuen Genvarianten tragen, die zu einer Erhöhung ihrer genetischen Vielfalt führen.

Tragischerweise machen wir Wildtieren durch unsere Eingriffe in die Natur allerdings auch hier häufig einen Strich durch die Rechnung. Denn viele von ihnen leben heute nicht mehr in scheinbar endlosen zusammenhängenden Naturräumen, die ihnen eine große Auswahl an geeignetem Habitat bieten. Vielmehr besiedeln sie kleine Habitat-Flecken, die in einer stark vom Menschen veränderten Umwelt liegen. Das heißt, die Bestände einer Art sind in viele kleine Populationen unterteilt, zwischen denen eine beträchtliche Entfernung liegen kann. Die Folge davon ist, dass nur ein sehr geringer und manchmal sogar gar kein Austausch von Individuen mehr möglich ist. Verstärkt wird dieser Effekt zusätzlich durch menschengemachte Hindernisse, die eine Wanderung von Tieren aus einem Gebiet in ein anderes Gebiet erschweren oder ganz verhindern, darunter beispielsweise große Straßen an Land oder Staustufen in Flüssen.

Das heißt, wir tragen durch die Umgestaltung der Landschaft nicht nur dazu bei, dass aus einer großen Population mehrere kleine entstehen, mit den oben beschriebenen nachteiligen Folgen. Wir erschweren sogar die Ab- und Zuwanderung von Tieren aus einer Population in eine andere, die unter anderem zu einer genetischen Durchmischung führen könnte. Was für dramatische Effekte das haben kann, zeigt die Geschichte einer Reptilienart, die infolge der Fragmentierung ihres Lebensraums beinahe aus ihrer Heimat in Nordamerika verschwunden wäre.

Fragmentierung mit fatalen Folgen

In den nordöstlichen Ozarks, einer Hochlandregion in den USA, leben Halsbandleguane. Es handelt sich dabei um entfernte Verwandte der Stachelleguane, die uns in diesem Kapitel bereits begegnet sind. Die Tiere bewohnen in ihrer nordamerikanischen

Heimat ein besonderes Habitat: Sie sind nur in wüstenähnlichen Inseln mit felsigem Untergrund zu finden. Diese Inseln, die sich durch ein vergleichsweise warmes Mikroklima auszeichnen, sind in Gebiete eingebettet, die von Gehölzen und anderer Vegetation bewachsen sind. Das heißt, in den Ozarks gibt es keine große zusammenhängende Population von Halsbandleguanen, die sich gleichmäßig über das Hochlandgebiet verteilt, sondern viele kleine Populationen der Tiere, die jeweils auf einer dieser Inseln leben. Allerdings: Diese einzelnen Populationen waren jüngeren Erkenntnissen zufolge für lange Zeit keineswegs voneinander isoliert. Regelmäßig wanderten Tiere von einer Insel auf eine andere ab. Man kann insofern von einer großen «Metapopulation» der Tiere sprechen, deren Teil-Populationen in einem genetischen Austausch miteinander standen.

Dies änderte sich im Verlauf des 20. Jahrhunderts jedoch drastisch durch den Einfluss des Menschen: In den Ozarks wurden Maßnahmen zur Verhinderung großflächiger Brände umgesetzt, die dort immer wieder im Abstand von wenigen Jahren aufgetreten waren. Was zunächst nach einem nachvollziehbaren Eingriff aussieht, hatte für die Halsbandleguane fatale Folgen. Denn das Feuer war für die Beschaffenheit ihrer Heimat von enormer Bedeutung, weil es die dort wachsenden Pflanzen in Schach hielt. Als die Brände ausblieben und die Vegetation sich in der Folge immer stärker ausbreitete, litten die Echsen gleich doppelt darunter: Einerseits wurden die wüstenähnlichen Inseln, auf denen die Echsen lebten, zunehmend überwuchert, wodurch das für die Tiere geeignete Habitat schrumpfte. Und zum anderen entstand in den Bereichen zwischen den Inseln dichter Wald mit viel Unterholz, weshalb die Tiere kaum noch von einer Insel zur anderen gelangen konnten.

Der Einfluss des Menschen hatte also die einstige Metapopulation der Leguane in eine Vielzahl winziger, genetisch nahezu vollständig voneinander isolierter Populationen unterteilt. Jede dieser Populationen, oftmals nur einige Dutzend Tiere, hatte aus den oben beschriebenen Gründen ein recht hohes Risiko auszusterben. Das hatte gravierende Konsequenzen für den gesamten Bestand. Denn während eine verwaiste Insel vor dem Einsetzen der Brandschutzmaßnahmen vermutlich rasch wieder durch zugewanderte Tiere besiedelt worden wäre, wurde dies nun durch die Barrieren aus dichtem Bewuchs verhindert. Mit jedem Aussterben einer Population verschwand also dauerhaft ein Teil der einstigen Metapopulation und die Gesamtzahl der Halsbandleguane nahm ab. Dieser Prozess verlief in rasantem Tempo: So schätzen Forschende, dass in den 1980er-Jahren bereits drei Viertel der ursprünglichen Populationen in den Ozarks ausgestorben waren.

Ein solches Phänomen, bei dem Populationen in einer fragmentierten Landschaft nach und nach ausgelöscht werden und unbesiedeltes Gebiet zurücklassen, wird in der Wissenschaft als «extinction ratchet» bezeichnet, also als eine Ratsche des Aussterbens. Wäre diese Ratsche bei den Halsbandleguanen nicht gestoppt worden, ist es gut möglich, dass die Art schließlich komplett aus den Ozarks verschwunden wäre. Dass dies nicht geschah, verdanken wir den Bemühungen des Wissenschaftlers Alan Templeton und der «Missouri Biodiversity Taskforce», die ein außergewöhnliches, aber erfolgreiches Schutzkonzept entwickelten. Die Forschungsergebnisse von Templeton sind gleichzeitig maßgeblich dafür verantwortlich, dass wir heute so viel über den Einfluss des Feuers auf den Lebensraum der Halsbandleguane wissen.

Das Team der Taskforce begann seinen Einsatz für die Reptilien mit einem Wiederansiedlungsprojekt am Stegall Mountain in Missouri, von wo die Halsbandleguane zuvor bereits völlig verschwunden waren. Die Forschenden befreiten in diesem Gebiet zunächst die wüstenähnlichen Inseln von der buschigen Vegetation. Anschließend setzten sie auf dreien davon jeweils einige der Echsen aus. Die Tiere hatten sie zuvor aus unterschiedlichen Populationen entnommen, damit sie ein möglichst hohes Maß an genetischer Diversität aufwiesen. Und tatsächlich brachte die Maßnahme einen gewissen Erfolg: Die drei vom Team begründeten Populationen konnten sich in den folgenden Jahren auf ihren Inseln halten. Allerdings stieg die Zahl der Tiere am Stegall Mountain nicht wie erhofft an, sondern stagnierte. Und darüber hinaus mussten die Forschenden um Templeton feststellen, dass die Leguane keinerlei neue Inseln besiedelten, selbst wenn diese in ihrer direkten Nachbarschaft lagen.

Dem Team wurde allmählich klar, dass es offenbar nicht ausreichte, lediglich die Inseln selbst von der Vegetation zu befreien. Vielmehr schien auch der starke Bewuchs *zwischen* den Inseln einer Wiederbesiedlung der Region im Wege zu stehen, weil er die Wanderbewegungen der Tiere unterband. Um dieses Hindernis zu beseitigen, griffen die Mitglieder der Taskforce schließlich zu einer außergewöhnlichen Managementmaßnahme: Sie ließen das in diesem Ökosystem einst übliche Feuer zurückkehren, indem sie regelmäßig kontrollierte Brände legten. Und wirklich brachte dieses Vorgehen für die Halsbandleguane die Wende. Nachdem das Unterholz zwischen den Inseln zurückgedrängt worden war, wuchs ihr Bestand rapide an, und sie begannen, nach und nach immer mehr Inseln zu besiedeln. Zwar konnte das Team in den Folgejahren durchaus auch beobachten, dass mitunter eine Population von einer Insel verschwand. Diese blieb jedoch nicht lange leer, sondern wurde schon bald von zuwandernden Tieren aus anderen Inseln wiederbesiedelt. Und nicht nur das: Untersuchungen belegten darüber hinaus, dass es zwischen den auf unterschiedlichen Inseln lebenden Leguanen dauerhaften genetischen Austausch gab. Offensichtlich war es den Forschenden mithilfe des Feuers gelungen, den ursprünglichen Zustand einer Metapopulation am Stegall Mountain wiederherzustellen.

Zugegeben: Der Fall der Halsbandleguane in den Ozarks ist hinsichtlich der Form der Habitat-Fragmentierung recht speziell. Doch er verdeutlicht exemplarisch, wie dramatisch sich das Schwinden und die Zerstückelung von Naturräumen und die daraus resultierende Isolation von Populationen auf die Überlebenschancen von Arten auswirken kann.

Eine Rolltreppe ins Verderben

Wie wir im vergangenen Kapitel gesehen haben, können Tiere sich auch durch eine Verschiebung ihrer Verbreitungsgebiete an Umweltveränderungen anpassen – ein Phänomen, das im Zuge der globalen Erwärmung von besonderer Bedeutung ist. Aber auch diese Form der Anpassung glückt nur unter ganz bestimmten Voraussetzungen. So müssen die Individuen der entsprechenden Art in der Lage sein, sich von Generation zu Generation so weit zu bewegen, dass sie mit der Klimaveränderung Schritt halten können. Und darüber hinaus muss es überhaupt für die Tiere erreichbare Gebiete geben, in denen die für sie geeigneten klimatischen Bedingungen herrschen.

Wenn man diesen letzten Aspekt durchdenkt und sich die geografischen Gegebenheiten auf der Erde vor Augen führt, wird klar: Einige Arten werden bei der Verschiebung ihrer Verbreitungsgebiete früher oder später ganz automatisch an unverrückbare Grenzen stoßen. Warum das der Fall ist und welche Folgen es hat, wenn es dazu kommt, verdeutlicht eine Studie von Forschenden um den Wissenschaftler Benjamin Freeman.

Freeman ist uns bereits im vorigen Kapitel begegnet. Er war maßgeblich an der Untersuchung beteiligt, die eine Verlagerung der Verbreitungsgebiete von Vögeln an einem Berg auf Neuguinea enthüllt hat. Wir erinnern uns: Auf dem Mount Karimui waren infolge der Verschiebung der Temperaturzonen viele Vogelarten nun in höheren Regionen anzutreffen als noch ein paar Jahrzehnte zuvor. 2017, nur wenige Jahre nach dieser Studie, führten Freeman und sein Team eine ganz ähnliche Untersuchung durch. Diesmal reisten die Forschenden nicht nach Neuguinea, sondern in den Südosten Perus. Auf dem Bergrücken Cerro de Pantiacolla sammelten sie Daten zur Verbreitung der dortigen Vögel und verglichen sie anschließend mit den Ergebnissen einer Erhebung, die dort im Jahr 1985 stattgefunden hatte.

Dabei stellten sie zunächst ein Muster fest, das im Großen und Ganzen dem auf dem Mount Karimui entsprach: Auch auf dem Cerro de Pantiacolla hatten sich die Verbreitungsgebiete der Vögel in den vergangenen Jahrzehnten deutlich nach oben verschoben. Darüber hinaus machte das Team eine weitere bemerkenswerte Entdeckung. So gab es 1985 insgesamt sechzehn Vogelarten, die vor allem im Bereich des Gipfels des 1415 Meter hohen Bergrückens vorkamen; doch von diesen Arten war 2017 nur noch die Hälfte übrig. Da Freeman und sein Team auf der Suche nach den Tieren einige Bemühungen anstellten, ist es ziemlich unwahrscheinlich, dass sie sämtliche Vertreter dieser Arten schlicht übersehen haben. Vielmehr dürfte zumindest ein großer Teil dieser Arten auf dem Cerro de Pantiacolla in der Zwischenzeit ausgestorben sein. Wie lässt sich das erklären?

Während die Arten in tieferen Regionen auf die steigenden Temperaturen reagierten, indem sie sich in höheren Lagen aufhielten, gab es diese Option nicht für die sechzehn Arten, die bereits auf dem Gipfel des Bergrückens lebten. Sie mussten, wenn sie auf dem Berg bestehen wollten, mit den sich verändernden klimatischen Bedingungen zurechtkommen. Einer Hälfte der Arten gelang dies bislang offensichtlich, der anderen Hälfte hingegen nicht – mit der Folge, dass sie vom Cerro de Pantiacolla verschwanden.

Vor dem Hintergrund ihrer Ergebnisse sprechen die Forschenden ziemlich zutreffend von einem «escalator to extinction», also einer «Rolltreppe zum Aussterben». Diese Rolltreppe könnte zukünftig noch vielen weiteren Arten zum Verhängnis werden, die in Gebirgsregionen leben. Denn sie können sich zwar zunächst an die Klimaerwärmung anpassen, indem sie nach und nach aus tieferen Lagen in höhere Regionen ausweichen. Doch irgendwann ist für sie unweigerlich das Ende der Fahnenstange erreicht – weil es nach dem Gipfel für sie nicht weitergeht.

Vor einem ähnlichen Problem stehen Arten, deren Verbreitungsgebiete sich in Richtung der Pole verlagern. Auch sie können leicht an Grenzen stoßen. Das betrifft nicht nur Tiere wie Eisbären, die bereits in polaren Regionen leben und für die es letztlich keine Ausweichmöglichkeit mehr gibt. Für landlebende Tiere reicht es aus, wenn sie auf eine Küstenlinie treffen. Sofern hinter dem Meer keine neue Landmasse beginnt, die sie beispielsweise im Flug erreichen können, haben auch solche Tiere die Endstation ihrer Reise erreicht. Konkret bedeutet das: Die Fläche des Gebiets, auf dem für sie geeignete klimatische Verhältnisse herrschen, schrumpft mit zunehmender Erderwärmung immer weiter – bis sie schließlich ganz verschwunden ist.

Wir haben uns nun ausführlich mit den Grenzen der Anpassung durch phänotypische Plastizität, durch Evolution oder durch einen Ortswechsel befasst. Doch wenn man verstehen möchte, warum die Lage für viele Wildtiere so ernst ist, muss man sich darüber hinaus die Komplexität der Herausforderungen im Anthropozän vor Augen führen. Mit drei in dieser Hinsicht entscheidenden Aspekte werden wir uns im letzten Teil dieses Kapitels befassen.

Wenn Belastungen sich summieren

Denken wir noch einmal zurück an die Erfolgsgeschichten aus den ersten Kapiteln dieses Buchs und lassen wir die zahlreichen Beispiele für Anpassungen an das Leben im Anthropozän Revue passieren. Dabei fällt auf, dass es für gewöhnlich um Reaktionen auf einen einzigen Umweltfaktor ging – sei es Verkehrslärm, eine Belastung durch Giftstoffe oder das Auftauchen einer bestimmten eingeschleppten Art. Doch oftmals müssen Tiere nicht bloß auf *eine* von uns Menschen verursachte Herausforderung reagieren, sondern auf eine ganze Reihe davon. So werden möglicherweise Teile des Waldes, in dem sie leben, abgeholzt, während sie zusätzlich bejagt werden und außerdem die Auswirkungen des Klimawandels immer mehr zu spüren bekommen. Erschwerend kommt hinzu, dass Tiere sich ja nicht nur den Bedrohungen stellen müssen, die direkt auf uns Menschen zurückgehen. Daneben gibt es schließlich noch zahlreiche natürliche Umweltfaktoren, die ihnen gefährlich werden können, wie Fressfeinde, Krankheitserreger oder Naturkatastrophen.

Das heißt, Tiere sind im Anthropozän mitunter einer ganzen Gemengelage aus unterschiedlichen Herausforderungen ausgesetzt. Das kann dazu beitragen, sie an die Grenzen ihrer Anpassungsfähigkeit zu bringen – und zwar selbst dann, wenn sie jede der Herausforderungen für sich genommen sogar bewältigt hätten. Was damit gemeint ist, lässt sich gut am Beispiel eines Experiments verdeutlichen, das die Wissenschaftler Rick Relyea und Nathan Mills bereits vor über zwanzig Jahren mit Kaulquappen des in Nordamerika heimischen Grauen Laubfroschs durchgeführt haben.

Für insgesamt 16 Tage hielten die Forschenden die Amphibienlarven im Labor unter unterschiedlichen Bedingungen: Bei einem Teil der Tiere fügten sie dem Wasser geringe Mengen des Insektizids Carbaryl hinzu, während der andere Teil in unbelastetem Wasser lebte. Diese beiden Gruppen unterteilten sie ein weiteres Mal. Bei manchen der Tiere setzten sie einen für Kaulquappen gefährlichen Flecken-Querzahnmolch in einen abgetrennten Bereich des Heimatkäfigs, bei anderen blieb dieser Bereich leer. Dabei stellten Löcher in der Abtrennung sicher, dass die kleinen Amphibien Duftstoffe ihres Fressfeinds wahrnehmen konnten, sofern dieser anwesend war.

Insgesamt ergaben sich dadurch vier unterschiedliche Bedingungen: Es gab Kaulquappen, die nur dem Insektizid ausgesetzt waren, Kaulquappen, die nur den Geruchsstoffen eines Querzahnmolchs ausgesetzt waren, Kaulquappen, die sowohl dem Insektizid als auch den Geruchsstoffen eines Querzahnmolchs ausgesetzt waren, und Kaulquappen, die weder dem Insektizid noch den Geruchsstoffen ausgesetzt waren. Die Frage hinter diesem Versuch: Wie würden sich die beiden Umwelteinflüsse – die giftige Substanz bzw. die Anwesenheit eines Fressfeinds – einzeln und in Kombination auf die Überlebenschancen der Tiere auswirken?

In den Behältnissen, die weder Geruchsstoffe eines Molchs noch das Insektizid enthielten, lebten nach Ablauf der 16 Tage noch 90 Prozent der Tiere. Vergleichbare Werte wurden auch in den Behältnissen erreicht, in denen die Kaulquappen ausschließlich den Geruchsstoffen der Querzahnmolche ausgesetzt waren – die Wahrnehmung der Fressfeinde alleine beeinträchtigte die Überlebenschancen der Tiere also nicht. Das Insektizid wiederum hatte zwar durchaus einen messbaren Einfluss auf die Sterberate, doch dieser war äußerst moderat: So lebten am Ende des Experiments im Durchschnitt immer noch 83 Prozent der Tiere. Bemerkenswert war jedoch, was die Wissenschaftler in den Behältnissen beobachteten, in denen die Kaulquappen sowohl dem Insektizid als auch den Geruchsstoffen eines Querzahnmolchs ausgesetzt waren: Hier lebten nach den 16 Tagen im Durchschnitt nur noch 32 Prozent der Tiere. Das heißt, während die Geruchsstoffe des Fressfeinds für sich genommen das Überleben der Kaulquappen gar nicht bedrohten und das Vorhandensein des Insektizids nur leicht, führten die beiden Faktoren gemeinsam bei einem Großteil der Tiere zum Tod.

Die Anpassung der anderen

In den vorangegangenen Kapiteln ging es um die Herausforderungen, denen sich *Wildtiere* im Anthropozän gegenübersehen. Darüber sollten wir aber nicht vergessen: Die Auswirkungen unserer Lebensweise stellen auch andere Organismen wie Pflanzen oder Pilze vor große Herausforderungen. Dass wir diesen Aspekt hier erwähnen, hat einen Grund: Tiere existieren nicht in einem luftleeren Raum, sondern sind eingebettet in Ökosysteme, in denen sie in komplexen Beziehungen mit unterschiedlichen Organismen stehen. Manche davon dienen ihnen als Nahrung, andere werden ihnen als Parasiten oder Fressfeinde gefährlich, und wieder andere konkurrieren mit ihnen um überlebenswichtige Ressourcen. Wenn sich eine Art eines Ökosystems anpasst oder dabei scheitert, dann betrifft das daher oftmals etliche weitere Arten. Aus der Sicht der Tiere bedeutet das: Sie sind im Anthropozän meist nicht nur den *direkten* Auswirkungen unserer Eingriffe in die Natur ausgesetzt, sondern darüber hinaus auch den *indirekten* Auswirkungen, die sich aus den Reaktionen der übrigen Lebewesen in ihrer Umwelt ergeben.

Einem Tier hilft es beispielsweise wenig, wenn es mit einer eingeschleppten Art, einem Giftstoff oder der zunehmenden Trockenheit in seiner Heimat zurechtkommt, wenn dies nicht auch für die Pflanze gilt, von der es sich hauptsächlich ernährt. Findet es keine alternative Nahrungsquelle, wird es an diesem Ort keine Zukunft haben. Und wenn dieses Tier in der Folge aus der Region verschwindet, dann betrifft das wiederum weitere Arten, die mit ihm in einer ökologischen Beziehung stehen. So kann selbst ein zunächst nicht besonders drastischer Eingriff in ein Ökosystem eine ganze Kaskade von Folgen für die ihm angehörenden Organismen auslösen. Einen eindrucksvollen Beleg dafür liefert eine im Jahr 2024 erschienene Studie.

In weiten Teilen der ostafrikanischen Savanne ist die Flötenakazie die dominierende Baumart. Sie lebt für gewöhnlich in einer Symbiose mit Ameisen, darunter insbesondere drei Arten aus der Gruppe der Knotenameisen. Die Flötenakazien bieten den Insekten sowohl Unterschlupf in den Hohlräumen ihrer voluminösen Dornen als auch Nahrung in Form von Nektar. Die Untermieter wiederum revanchieren sich, indem sie ihren Heimatbaum gegen Pflanzenfresser verteidigen. Und diese Verteidigung hat es in sich: Die wehrhaften Ameisen schaffen es mit ihren Bissen sogar, ausgewachsene Elefanten zu vertreiben. Diese können den Akazien besonders gefährlich werden, weil sie beim Fressen oftmals ihre Äste abbrechen oder sie gleich ganz umstoßen.

Während die Ameisen auf den Akazien also äußerst effektiv

dabei sind, Bedrohungen von ihren Heimatbäumen abzuwehren, sehen sie sich selbst seit einigen Jahrzehnten einem Feind ausgesetzt, dem sie nur wenig entgegenzusetzen haben: der eingeschleppten Dickkopfameise. Sie überfällt die heimischen Bewohner der Flötenakazien, tötet die erwachsenen Tiere, dringt in die Hohlräume der Dornen ein und frisst den sich dort befindenden Nachwuchs. Das ist zunächst einmal dramatisch für die Knotenameisen, hat aber gleichzeitig auch Folgen für die Bäume. Denn durch das Auftauchen der Dickkopfameisen verlieren sie ihre Beschützer. Die Konsequenz: Elefanten und andere große Pflanzenfresser haben leichtes Spiel mit den Bäumen – mit dem Ergebnis, dass sie nach und nach verschwinden.

Die Ausbreitung der eingeschleppten Ameisen verändert die Vegetation in der Savanne also merklich, mit entsprechenden Folgen für die dort lebenden Tiere. So stellten Forschende im Ol-Pejeta-Reservat in Kenia sogar fest: Die dort lebenden Löwen erlegten in Gebieten, in denen Dickkopfameisen vorkamen, deutlich weniger Steppenzebras – weil sie sich durch den großflächigen Rückgang der Flötenakazien offenbar schlechter an ihre Beute anpirschen konnten.

Das Beispiel der Dickkopfameisen verdeutlicht, wie eng das Schicksal unterschiedlicher Arten in einem Ökosystem miteinander verknüpft ist: Das Auftauchen einer einzigen Art kann eine Kettenreaktion auslösen, die in der Folge das Leben einer ganzen Reihe von Spezies verändert.

Nach der Anpassung ist vor der Anpassung

Zum Schluss wollen wir uns einen letzten wichtigen Aspekt ansehen, der es Tieren erschweren kann, im Anthropozän zu bestehen: So verändert der Mensch die Umwelt meist nicht nur *einmal*, sondern wiederholt – sodass sich Tiere immer wieder auf neue Bedingungen einstellen müssen. Welche Probleme mit solchen wiederholten Anpassungen einhergehen, haben die Forschenden Michael Singer und Camille Parmesan in langjährigen Untersuchungen an einer nordamerikanischen Schmetterlingsart gezeigt.

In den Bergen im Westen Nevadas liegt auf 1800 Metern Höhe eingerahmt von Nadelbäumen eine große Wiese. Bis vor einigen Jahren gehörte das Gelände der Familie Schneider, die darauf ihre Rinder grasen ließ. In den 1980er-Jahren weckte die Weidefläche das Interesse der Forschenden, die ihr von nun an regelmäßig Besuche abstatteten. Denn sie hatten festgestellt, dass auf dem Gelände eine isolierte Population des Scheckenfalters *Euphydryas editha* lebte, die in Bezug auf ihre Fortpflanzung eine Besonderheit zeigte. Die Schmetterlinge in dieser Region Nevadas legen ihre Eier für gewöhnlich auf der in Nordamerika heimischen Pflanze *Collinsia parviflora* ab, einer Art aus der Familie der Wegerichgewächse. Einige der Falter auf der Weide der Schneiders wichen jedoch von diesem Verhalten ab und entschieden sich für eine andere Spezies: den aus Europa eingeschleppten Spitzwegerich, der auf der von den Rindern abgefressenen Weide bestens gedieh.

Als die Forschenden untersuchten, wie es dem Nachwuchs der Schmetterlinge auf den gebietsfremden Pflanzen im Vergleich zu den einheimischen Pflanzen erging, machten sie eine erstaunliche Entdeckung: Die Raupen entwickelten sich auf dem Spitzwegerich zwar etwas langsamer, dafür hatten sie insgesamt aber deutlich bessere Überlebenschancen. Verantwortlich dafür war offenbar die Kurzlebigkeit der einheimischen *Collinsia parviflora*. Denn dadurch konnte es vorkommen, dass den Raupen auf dieser Pflanze frühzeitig ihre Nahrung ausging und sie verhungerten – ein Problem, das beim deutlich längerlebigen Spitzwegerich nicht auftrat.

Schmetterlinge, die sich für die eingeschleppte Pflanze als Eiablageort entschieden, profitierten im Endeffekt also deutlich von ihrer Wahl. Und das hatte Folgen: So breitete sich offenbar innerhalb kürzester Zeit eine genetisch bedingte Präferenz für den Spitzwegerich in der Schmetterlingspopulation aus. Während sich im Jahr 1982 noch weniger als zehn Prozent der Tiere in Wahlversuchen für diese Pflanzenart entschieden, war es 1990 bereits die Hälfte. Nur fünfzehn Jahre später hatte sich dieser Wert verdoppelt, das heißt, alle Schmetterlinge der Population legten nun ihre Eier auf dem Spitzwegerich ab.

Bis zu diesem Punkt klingt das Schicksal der Schmetterlinge auf der Weide der Schneiders wie eine Erfolgsgeschichte: Die Falter passten sich evolutionär an eine von Menschen eingeführte Pflanze an, die ihrem Nachwuchs vergleichsweise gute Überlebenschancen bot. Doch schon bald darauf mündete die zunächst vielversprechende Anpassung für die Tiere in einem Desaster.

Gegen Ende des Jahres 2005 wurde die Weidefläche nach einem Todesfall in der Familie Schneider verkauft. Anders als die Schneiders ließen die neuen Besitzer auf dem Gelände keine Rinder mehr grasen, wodurch die Vegetation in die Höhe schoss. Die Folge: Der Spitzwegerich auf der einstigen Weidefläche war nun umgeben von hohem Gras, das ihn beschattete. Das Mikroklima auf den Pflanzen, das für die Entwicklung der wärmeliebenden Schmetterlingsraupen entscheidend ist, veränderte sich dramatisch. Untersuchungen der Forschenden zufolge sank die Temperatur in den Bereichen, in denen die Schmetterlinge für gewöhnlich ihre Eier ablegen, im Durchschnitt um ganze 7 °C. Das war offenbar zu kalt für den Insektennachwuchs: Innerhalb weniger Jahre starb die gesamte Population auf der ehemaligen Weide der Schneiders aus. So konnten Singer und Parmesan dort bereits 2008 kein einziges Exemplar der Falter mehr entdecken. Die tragische Ironie dabei ist, dass der Population ihr Schicksal vermutlich erspart geblieben wäre, wenn zumindest einige der Schmetterlinge ihre Eier weiterhin auf der heimischen *Collinsia parviflora* abgelegt hätten. Denn im Gegensatz zum Spitzwegerich wuchs diese Pflanze vor allem am Rand der Weidefläche, wo sie auch nach dem Verschwinden der Rinder nicht von Gras überwuchert wurde.

Das Los der Falter verdeutlicht gut, wie durch die Anpassung an eine von Menschen veränderte Umwelt mitunter neue Abhängigkeiten entstehen, die für Tiere zum Problem werden können, wenn sich die Bedingungen dann abermals verändern. Dieses Problem betrifft beispielsweise etliche der Arten, die sich an die Agrarlandschaften Europas angepasst haben, welche über Jahrhunderte hinweg auf ähnliche Weise bewirtschaftet wurden. Als sich dieser Lebensraum durch das Aufkommen der intensiven Landwirtschaft drastisch veränderte, sanken die Bestände vieler Tiere rapide. Ein anderes Beispiel sind Vögel, die in Gebäudenischen brüten, beispielsweise der Mauersegler. Im Zuge der energetischen Sanierung der Häuser werden entsprechende Hohlräume heutzutage oft verschlossen, sodass die Tiere ihre Nistplätze verlieren, wenn nicht durch entsprechende Vorrichtungen ein Ausgleich geschaffen wird. Und wenn wir an die Mönchsgrasmücken zurückdenken, die aufgrund des üppigen Angebots an Vogelfutter vermehrt in Großbritannien überwintern, lässt sich leicht ausmalen, was es für sie für Folgen hätte, wenn die Menschen dort die Winterfütterung plötzlich einstellen würden.

Im Anthropozän ist es für Tiere also mit einer einmaligen Anpassung häufig nicht getan. Selbst wenn es nicht um so konkrete Abhängigkeiten wie in den obigen Beispielen geht: Dadurch, dass sich unsere Lebensweise und unsere Eingriffe in die Natur rasant verändern, sehen sich viele Arten immer wieder neuen Einflüssen ausgesetzt, auf die sie reagieren müssen. Insofern gilt im Zeitalter des Menschen oftmals: Nach der Anpassung ist vor der Anpassung.

Fazit

Trotz ihrer beeindruckenden Anpassungsfähigkeit kommen Tiere längst nicht mit jeder menschengemachten Umweltveränderung zurecht. Denn die unterschiedlichen Anpassungsmechanismen haben ihre Grenzen – und diese werden im Anthropozän häufig überschritten.

So erlaubt die phänotypische Plastizität es Tieren zwar, sich innerhalb eines gewissen Rahmens auf unterschiedliche Verhältnisse einzustellen. Extreme Veränderungen, wie sie im Zeitalter des Menschen auftreten, übersteigen jedoch oftmals ihre Kapazitäten. Hinzu kommt, dass Tiere auf Hinweise aus ihrer Umwelt angewiesen sind, um sich adäquat auf die vorherrschenden Bedingungen einzustellen, weshalb es zu Problemen kommen kann, wenn die Verlässlichkeit dieser Hinweise durch unsere Aktivitäten beeinträchtigt wird. Letztlich gibt es auch Fälle, in denen Tiere durch eine Umweltveränderung in ein regelrechtes Dilemma geraten – so wie im Fall der Stachelleguane in Mexiko, die sich durch den Rückzug in Erdlöcher oder Felsspalten vor großer Hitze schützen, währenddessen aber nicht auf Nahrungssuche gehen können.

Auch für das Gelingen einer evolutionären Anpassung gibt es bestimmte Voraussetzungen. Entscheidend ist dabei die folgende: Es muss in einer Population fortpflanzungsfähige Individuen mit einer vorteilhaften Veranlagung geben. Ist dies nicht der Fall, ist eine Anpassung mithilfe der Evolution schlicht nicht möglich. Insofern kommt der genetischen Vielfalt einer Population in Bezug auf ihr evolutionäres Anpassungspotenzial eine außerordentliche Bedeutung zu. Und ausgerechnet diese Vielfalt verringern wir häufig massiv durch die Reduktion von Tierbeständen und die Fragmentierung der Landschaft, die den Austausch zwischen den verbliebenen Populationen einer Art hemmt oder verhindert. Welche gravierenden Konsequenzen sich daraus ergeben können, haben wir am Beispiel der Halsbandleguane in den Ozarks gesehen.

Letztlich kann auch die Strategie des Ortswechsels scheitern, mit der sich viele Arten an die Auswirkungen des Klimawandels anpassen. So kann es dazu kommen, dass Populationen bei der Verschiebung ihre Verbreitungsgebiete an geografische Grenzen stoßen – wie die Vögel auf dem Gipfel des peruanischen Bergrückens, die keine Möglichkeit hatten, in höhere Regionen auszuweichen.

Wenn man verstehen möchte, warum die Lage für viele Wildtiere so ernst ist, muss man sich neben den Grenzen der einzelnen Anpassungsmechanismen auch die Komplexität der Herausforderungen im Anthropozän vor Augen führen. So sind Tiere häufig nicht bloß *einer* nachteiligen Veränderung ihrer Umwelt ausgesetzt, sondern einer ganzen Reihe davon. Dadurch erhöht sich die Wahrscheinlichkeit, dass sie an die Grenzen ihrer Anpassungsfähigkeit stoßen, beträchtlich.

Hinzu kommt, dass Tiere oftmals nicht nur *direkt* von menschlichen Eingriffen in ihren Lebensraum betroffen werden, sondern auch *indirekt*, indem diese sich auf das Schicksal anderer Lebewesen in ihrer Umgebung auswirken. Wir haben gesehen, wie das Auftauchen der eingeschleppten Dickkopfameise in der afrikanischen Savanne über ein Netzwerk von ökologischen Beziehungen letztlich weitreichende Folgen für viele dort lebende Arten hatte.

Und zu guter Letzt wird Wildtieren die Anpassung an das Leben im Anthropozän dadurch erschwert, dass wir die Umwelt immer wieder aufs Neue verändern. Dadurch müssen sie sich wieder und wieder auf andere Bedingungen einstellen – was jedes Mal das Risiko beinhaltet, dabei zu scheitern.

KAPITEL 8

Viele Verlierer, wenige Gewinner

Düstere Aussichten für Wildtiere

Blicken wir noch einmal zurück auf das, was wir bislang über das Schicksal der Wildtiere im Anthropozän erfahren haben. Wir haben gesehen: Umweltveränderungen an sich stellen in vielen Fällen kein großes Problem für sie dar, da sie über verschiedene Mechanismen verfügen, um sich daran anzupassen. Wir haben aber auch gesehen, dass diese Mechanismen ihre Grenzen haben und Tiere bei der Anpassung scheitern können – insbesondere, wenn sich ihre Lebensbedingungen so dramatisch verändern, wie das im Anthropozän der Fall ist. Das führt uns ganz unweigerlich zu einer entscheidenden Frage, die im Zentrum dieses Kapitels stehen soll: Wie steht es denn nun um die tierliche Vielfalt auf unserem Planeten? Die kurze und vermutlich wenig überraschende Antwort lautet: schlecht. Die Gründe für diese Einschätzung wollen wir im Folgenden näher erläutern.

Die drohende Gefahr eines Massenaussterbens

Kaum etwas verdeutlicht die dramatische Lage der Biodiversität auf der Erde so sehr wie die Warnung, dass wir am Beginn des sogenannten «sechsten Massenaussterbens» stehen könnten. Der Hinweis auf dieses bedrohliche Szenario hat in den vergangenen Jahren seinen Weg aus den wissenschaftlichen Studien in den öffentlichen Diskurs gefunden. Doch was genau ist mit dieser Aussage eigentlich gemeint, und auf welchen Erkenntnissen fußt sie?

Zunächst einmal muss man festhalten: Das Aussterben einzelner Arten ist vor dem Hintergrund der langen Geschichte des Lebens auf der Erde für sich genommen kein außergewöhnliches Ereignis. Im Verlauf der Evolution sind immer wieder einige Spezies verschwunden, während andere neu entstanden. Doch in den letzten 540 Millionen Jahren ist es mitunter auch vorgekommen, dass das Verhältnis zwischen dem Verschwinden und Entstehen von Arten dramatisch aus dem Gleichgewicht geraten ist. Und zwar so sehr, dass innerhalb eines erdgeschichtlich betrachtet kurzen Zeitraums mehr als 75 Prozent der Spezies ausgelöscht wurden. Zu solchen extremen Massenaussterben kam es dem gegenwärtigen Kenntnisstand zufolge bislang insgesamt fünfmal – und immer waren massive Veränderungen der Lebensbedingungen auf der Erde dafür verantwortlich. Das letzte und wohl bekannteste dieser Ereignisse fand vor etwa 66 Millionen Jahren statt, als infolge eines Asteroiden-Einschlags die Dinosaurier von der Erde verschwanden (mit Ausnahme der Vorfahren der heutigen Vögel). Tatsächlich gibt es derzeit deutliche Anzeichen dafür, dass unserem Planeten ein sechstes Massenaussterben drohen könnte. Nur würde es diesmal nicht wie in der Vergangenheit durch Katastrophenereignisse wie einen Asteroiden-Einschlag oder außerordentliche vulkanische Aktivität ausgelöst, sondern durch eine einzige Spezies: den Menschen.

Doch woher stammt die Sorge vor einem solch dramatischen Rückgang der biologischen Vielfalt auf der Erde? Wir haben zwar in den vergangenen Jahrhunderten bereits einige Arten für immer verloren, darunter beispielsweise der Beutelwolf und die Wandertaube. Doch bislang handelt es sich dabei schließlich noch immer nur um einen vergleichsweise geringen Anteil der insgesamt auf der Erde lebenden Spezies.

In diesem Zusammenhang ist es entscheidend, sich die Zeiträume genauer anzuschauen, innerhalb derer in der jüngeren und älteren Vergangenheit Arten von unserem Planeten verschwunden sind. Für die jüngere Vergangenheit können wir dabei auf direkt erhobene Daten zurückgreifen. In Bezug auf die ältere Vergangenheit helfen uns Fossilienfunde weiter. So starben wie erwähnt in der Erdgeschichte auch außerhalb der katastrophalen Biodiversitätseinbrüche regelmäßig Spezies aus. Und durch paläontologische Untersuchungen lässt sich ermitteln, wie häufig das in etwa der Fall war. Als Ergebnis erhält man eine sogenannte «Hintergrund-Aussterberate» – und diese Hintergrund-Aussterberate kann man mit der Geschwindigkeit des Artensterbens im Zeitalter des Menschen vergleichen.

Einen solchen Vergleich haben Forschende in einer Studie aus dem Jahr 2015 für die Gruppe der Wirbeltiere durchgeführt. Für die Erfassung der Aussterbeereignisse der jüngeren Vergangenheit zogen sie dabei die Angaben in der Roten Liste der IUCN (International Union for Conservation of Nature) heran. Als Hintergrund-Aussterberate verwendeten sie einen Wert, den ein Forschungsteam zuvor für die Gruppe der Säugetiere ermittelt hatte und der in etwa so auch für die übrigen Wirbeltiergruppen gelten dürfte.

Der Hintergrund-Aussterberate zufolge verschwand im Verlauf der Erdgeschichte im Durchschnitt alle hundert Jahre eine von 5000 Wirbeltier-Spezies. Bezogen auf die 40000 Arten, die zum Zeitpunkt der Studie in der Roten Liste erfasst wurden, würde das bedeuten, dass pro Jahrhundert etwa acht dieser Arten verloren gehen sollten. Doch der Vergleich mit den Daten der IUCN zeigte: Die Verluste in der jüngeren Vergangenheit waren deutlich höher. So wurden in der Roten Liste 198 Wirbeltierarten aufgeführt, die seit dem Jahr 1900 gesichert ausgestorben waren, von denen also sowohl in der freien Wildbahn als auch in zoologischen

Gärten kein einziges Exemplar mehr existierte. Wenn die Forschenden zusätzlich Arten mit einbezogen, die als «in der Natur ausgestorben» oder als «möglicherweise ausgestorben» eingestuft wurden, dann kamen sie sogar auf einen Wert von 477. Das heißt, die Frequenz, mit der Wirbeltierarten im Verlauf des 20. und frühen 21. Jahrhunderts von der Erde verschwunden sind, liegt um ein Vielfaches höher als die Hintergrund-Aussterberate.

Dieses beschleunigte Artensterben im Anthropozän, auf das die Ergebnisse dieser und weiterer Studien hinweisen, ist der Grund für die Sorge um die Vielfalt des Lebens auf der Erde. Denn auch wenn bislang noch der größte Teil davon vorhanden ist: Sollte die Aussterberate unverändert hoch bleiben oder sogar steigen, dann könnte sich das leicht ändern – mit dem Ergebnis, dass letztlich ähnlich viele Arten ausgelöscht werden wie bei den vergangenen fünf katastrophalen Aussterbeereignissen. Und derzeit weist wenig auf eine Trendumkehr hin, ganz im Gegenteil: Die Rote Liste der IUCN stuft aktuell 28 Prozent der insgesamt erfassten Arten als gefährdet ein, darunter 26 Prozent der Säugetiere, 41 Prozent der Amphibien und 37 Prozent der Haie und Rochen. Die Datenlage für die wirbellosen Tiere ist insgesamt zwar wesentlich dünner, aber viel spricht dafür, dass es für sie nicht besser aussieht.

Darüber hinaus könnte sich die Lage zukünftig noch dramatisch verschlechtern – und zwar unter anderem dann, wenn es uns nicht gelingt, die Erwärmung der Erde zu stoppen. So hat der Forscher Mark Urban im Jahr 2024 die Ergebnisse von fast 500 Studien analysiert und daraus Prognosen abgeleitet, wie viele Arten dem menschengemachten Klimawandel zum Opfer fallen könnten. Seinen im renommierten Fachmagazin *Science* veröffentlichten Ergebnissen zufolge droht einem beträchtlichen Teil der Spezies im Zuge einer fortschreitenden Erderwärmung die Auslöschung. Wie hoch die Verluste genau ausfallen, hängt dabei stark vom künftigen Emissionsszenario ab: Wird der Anstieg der Temperatur im Vergleich zum vorindustriellen Zeitalter auf 1,5 °C begrenzt, würde das laut Urbans Schätzungen bei knapp zwei Prozent der Arten auf der Erde zum Aussterben führen; steigen die Temperaturen jedoch um 2,7 °C, wären es bereits fünf Prozent; und ein Anstieg von 5,4 °C könnte sogar für knapp 30 Prozent der Arten das Aus bedeuten.

Defaunation: Die «Enttierung» der Erde

Das beschleunigte Artensterben und die Aussichten auf den drohenden Verlust zahlreicher Spezies sind ohne Zweifel ebenso erschütternd wie beängstigend. Denn schließlich bedeutet das Aussterben einer Tierart: Ein Teil der biologischen Vielfalt auf der Erde geht unwiederbringlich verloren. Doch durch den starken Fokus auf ein mögliches Verschwinden von Arten in der Zukunft besteht die Gefahr, dass eine andere Begleiterscheinung des Anthropozäns in den Hintergrund rückt, die bereits in der Gegenwart in vollem Gange ist: das massive Schrumpfen von Tierbeständen und die Auslöschung ganzer Populationen. So sind manche Arten zwar bislang nicht ausgestorben und auch nicht unmittelbar vom Aussterben bedroht; sie kommen aber wesentlich seltener oder nur noch in einem winzigen Rest ihres einstigen Verbreitungsgebietes vor. In der englischsprachigen wissenschaftlichen Literatur ist bereits von einer «defaunation», also einer «Enttierung», des Planeten die Rede. Der Begriff führt auf bedrückende Weise vor Augen, wie schlecht es um viele Wildtiere steht – und dass ihre Anpassungsfähigkeit ganz offensichtlich vielfach nicht ausreicht, um die immensen Herausforderungen des Überlebens im Anthropozän zu meistern.

Nun könnte man einwenden, dass dies keineswegs für alle Arten gilt. Schließlich gibt es im Anthropozän nicht nur Verlierer, deren Bestände schrumpfen, sondern auch Tiere, denen die Anpassung gelingt oder die von Schutzmaßnahmen profitieren und deren Bestände stabil bleiben. Und nicht nur das: Es finden sich sogar regelrechte Gewinner – also Spezies, die von den gegenwärtigen Bedingungen profitieren und deren Bestände wachsen. Das ist zweifelsohne richtig. Doch hier kann es hilfreich sein, sich auf der Grundlage aktueller Daten einmal die Verhältnisse zwischen diesen Gruppen vor Augen zu führen. So haben Forschende im Rahmen einer Studie aus dem Jahr 2023 die Bestandsentwicklung einer Vielzahl von Wirbeltieren und Insekten analysiert. Dabei bezogen sie alle Arten ein, für die in der Roten Liste der IUCN eine ausreichende Datenbasis bestand.

Die Ergebnisse der Untersuchung waren ernüchternd. Insgesamt waren bei lediglich 49 Prozent der untersuchten Tierarten die Bestände stabil. Bei einem fast genauso großen Anteil von 48 Prozent zeigte der Trend hingegen klar nach unten – und dem gegenüber stand nur ein bescheidener Anteil von drei Prozent der Arten, bei denen eine Zunahme der Bestände zu verzeichnen war. Betrachteten die Forschenden die unterschiedlichen Tiergruppen getrennt, hatten die Amphibien mit 63 Prozent den größten Anteil von Arten mit negativer Bestandsentwicklung, gefolgt von den Säugetieren mit 56 Prozent, den Insekten mit 54 Prozent, den Vögeln mit 53 Prozent, den Fischen mit 41 Prozent und den Reptilien mit 28 Prozent. Bei den Vögeln wiederum gab es mit sechs Prozent den größten Anteil von Arten mit positiver Bestandsentwicklung, während dieser bei den übrigen Gruppen lediglich bei zwei Prozent oder sogar nur bei einem Prozent lag. Trotz der leichten Unterschiede zwischen den einzelnen Tiergruppen ergibt die Studie insgesamt also ein klares Bild, das die Forschenden im Titel ihrer Veröffentlichung treffend mit den Worten «More losers than winners» zusammenfassen: Im Anthropozän sind die Verlierer unter den Tieren gegenüber den Gewinnern ganz eindeutig in der Überzahl.

Fazit

Es steht schlecht um das Schicksal der Wildtiere im Anthropozän: Die Bestände vieler Tiere schrumpfen dramatisch, ein großer Teil der Arten ist gefährdet, und einige von ihnen haben wir in den letzten Jahrzehnten bereits für immer verloren. Dabei erscheint die Zahl der tatsächlich ausgestorbenen Tiere bislang zwar noch überschaubar. Doch bezogen auf den kurzen Zeitraum ist sie besorgniserregend hoch – und zwar so hoch, dass sie das Szenario eines Massenaussterbens realistisch erscheinen lässt, wie es in der langen Geschichte des Lebens auf der Erde erst fünfmal vorgekommen ist.

Das zeigt: Die Anpassungsfähigkeit vieler Wildtiere reicht nicht aus, um den enormen Herausforderungen im Anthropozän etwas entgegenzusetzen. Wenn wir nicht wollen, dass sich die «Enttierung» der Erde fortsetzt und letztlich ein großer Teil der Arten den von uns verursachten Umweltveränderungen zum Opfer fällt, müssen wir radikal umsteuern. Was es dafür zu tun gilt, ist eine Frage, auf die wir im letzten Teil dieses Buchs eingehen werden.

TEIL II Haustiere

KAPITEL 9

Vom Wildtier zum Haustier

Die Geschichte der Domestikation: Wie sich Tiere über Jahrtausende an den Menschen und seine Umgebung angepasst haben

Bisher haben wir über das Schicksal von wilden Tieren im Anthropozän gesprochen: welchen Herausforderungen sie sich gegenübersehen, mit welch erstaunlichen Strategien sie diesen begegnen und warum sie bei der Anpassung immer häufiger scheitern. Doch daneben gibt es noch eine andere Gruppe von Tieren: solche, die vom Menschen domestiziert, das heißt zu Haustieren gemacht wurden.

Als unsere Vorfahren vor Tausenden von Jahren begannen, Schafe, Rinder, Ziegen sowie Schweine für die Landwirtschaft zu domestizieren, lebten nur etwa zehn Millionen Menschen auf der Erde. Die Zahl der domestizierten Tiere war für lange Zeit noch sehr überschaubar und nahm nur ganz allmählich zu. Heute ist die Situation völlig anders: Es gibt etwa acht Milliarden Menschen auf unserem Planeten, und die Zahl der domestizierten Tiere ist ins Unvorstellbare gewachsen. Die Konsequenz: Wir und die in unserer Obhut lebenden Tiere haben den wild lebenden Säugetieren mittlerweile deutlich den Rang abgelaufen, was die schiere Masse betrifft.

Das illustriert sehr anschaulich eine Studie, die ein israelisches Forschungsteam um Lior Greenspoon und Ron Milo im Jahre 2023 in der Fachzeitschrift *Proceedings of the National Academy of Sciences* veröffentlichte. Hierin schätzten die Forschenden die Biomasse von allen wilden und allen domestizierten Säugetieren und kamen zu dem Ergebnis: Stellt man alle wilden Säugetiere, die an Land leben, auf eine riesige Waage, dann zeigt das Display circa 22 Millionen Tonnen an. Der Großteil entfällt auf große pflanzenfressende Tiere, darunter Weißwedelhirsche und afrikanische Elefanten. Die Biomasse aller Säugetiere, die im Wasser leben, beläuft sich auf ungefähr 39 Millionen Tonnen; den Löwenanteil hier haben Finn- und Pottwale. Insgesamt beträgt die Biomasse aller wilden Säugetiere etwa 61 Millionen Tonnen.

Im Vergleich dazu wird die Biomasse aller domestizierten Säugetiere, die weltweit in menschlicher Obhut leben, auf mehr als das Zehnfache geschätzt: ungefähr 650 Millionen Tonnen. Hiervon machen Hausrinder etwa 416 Millionen Tonnen und Büffel, Schafe und Ziegen zusammen etwa 139 Millionen Tonnen aus. Hausschweine bringen etwa 38 Millionen Tonnen auf die Waage. Pack- oder Tragtiere wie Pferd, Kamel oder Esel schlagen mit 33 Millionen Tonnen zu Buche.

Auch Heimtiere wie Hunde und Katzen tragen signifikant zur Biomasse der domestizierten Säugetiere bei. Hunde kommen auf etwa 22 Millionen Tonnen, was nahezu der Biomasse aller an Land lebenden wilden Säugetiere entspricht. Selbst domestizierte Katzen haben eine Biomasse von zwei Millionen Tonnen – mehr als alle frei lebenden Elefanten zusammen.

Wir Menschen kommen auf eine geschätzte Biomasse von 390 Millionen Tonnen. Das ist fast zwanzigmal so viel wie die Biomasse aller wilden, an Land lebenden Säugetiere. Andererseits macht es aber nur etwa gut 60 Prozent der Biomasse aller domestizierten Säugetiere aus. Anders ausgedrückt: Betrachten wir alle auf unserem Planeten lebenden Säugetiere, dann beträgt die Biomasse der Wildtiere nur noch etwa sechs Prozent, die der Menschen etwa 36 Prozent und die der domestizierten Tiere unglaubliche 58 Prozent.

Doch was zeichnet domestizierte Tiere eigentlich aus? Wie unterscheiden sie sich von ihren wilden Verwandten? Und wie ergeht es ihnen im Anthropozän? Mit diesen Fragen werden wir uns in diesem und in den folgenden fünf Kapiteln beschäftigen. Zunächst wollen wir uns dabei anschauen, was die Wissenschaft heute über die Geschichte der Domestikation weiß – also darüber, wie überhaupt aus Wildtieren Haustiere wurden.

Wann, wo und wozu domestizierte Tiere entstanden

Seit Urzeiten lebten unsere Vorfahren als Sammler und Jäger, die den großen Tierherden folgten. Vor etwa 12 000 Jahren setzte die neolithische Revolution ein, die den Eintritt in die Jungsteinzeit markierte und mit einer drastischen Veränderung der Lebensweise einherging. In einem als Fruchtbarer Halbmond bezeichneten Gebiet in Vorderasien, das von Euphrat und Tigris durchzogen sowie vom Mittelmeer begrenzt wird, wurden die Menschen sesshaft und betrieben Ackerbau und Viehzucht.

Dieser Wandel wird in der Geschichtswissenschaft als einer der großen Wendepunkte der Menschheitsgeschichte betrachtet. Gleichzeitig kann er auch als ein Meilenstein in der Evolution der Pflanzen und Tiere angesehen werden. Denn die Menschen, die zu einer sesshaften Lebensweise übergingen, begannen Tiere und Pflanzen zu verändern: sie zu domestizieren. So wurden aus Wildpflanzen Kulturpflanzen und aus Wildtieren Haustiere, die an den Menschen und die von ihm geschaffene Umwelt angepasst sind.

Zunächst entstanden im Fruchtbaren Halbmond vor etwa 9000 Jahren domestizierte Schafe, Rinder, Ziegen und Schweine, die fortan als wichtige, relativ leicht verfügbare Nahrungsquelle dienten. Sie gingen aus wilden Mufflons, Auerochsen, Bezoarziegen und Wildschweinen hervor, die in der Nähe der menschlichen Siedlungen lebten. Einige Zeit später fand die Domestikation von Tieren auch in anderen Gebieten statt: In Ostafrika entstanden aus Afrikanischen Eseln Hausesel, in Südostasien aus Bankivahühnern Haushühner, in Südamerika aus Guanakos Lamas und in Mittelamerika aus wilden Truthühnern Puten.

Heute gibt es mehrere Dutzend domestizierte Tierarten. Die überwiegende Zahl von ihnen gehört zu den Säugetieren, darunter vor allem Huftiere wie neben den bereits genannten Schafen, Rindern, Ziegen, Schweinen und Lamas auch Pferde, Alpakas, Wasserbüffel, Rentiere oder Dromedare. Ferner wurden auch Nagetiere, Hasenartige und Fleischfresser domestiziert; als Ergebnis haben wir heute das Hausmeerschweinchen, das Hauskaninchen, die Katze, den Hund und das Frettchen. Auch unter den Vögeln und Fischen gibt es domestizierte Tiere, so das Huhn, die Gans, die Taube oder den Goldfisch und den Karpfen. Letztlich belegt ein Schmetterling, der Seidenspinner: Auch Insekten wurden domestiziert.

Warum begannen Menschen in der Jungsteinzeit überhaupt, aus Wildtieren Haustiere zu formen? Welche Funktionen hatten sie? Wie heute dienten Rinder, Schweine, Ziegen und Schafe der Erzeugung von Nahrungsmitteln wie Fleisch oder Milch und lieferten Naturstoffe wie Leder oder Wolle. Darüber hinaus unterstützten Pferde, Esel oder Kamele den Menschen als Zug- oder Lastentier bei der Arbeit. Hunde dienten als Wächter, Hüter oder Jagdhelfer, und Katzen hielten Mäuse von Nahrungsvorräten in den menschlichen Behausungen fern.

Manche domestizierten Tiere haben im Laufe der Zeit allerdings auch einen gravierenden Funktionswandel erfahren: Im Anthropozän wurden Hunde und Katzen mehr und mehr zu Sozialpartnern des Menschen und nehmen heute mitunter die Rolle vollwertiger Familienmitglieder ein. Pferde fungieren als Sport- oder Freizeittiere, und einige Arten kommen bei der tiergestützten Therapie zum Einsatz.

Einige Tierarten wurden überhaupt erst in jüngerer Zeit domestiziert. So entstanden vor gut 100 Jahren Labormäuse und Laborratten aus Hausmäusen bzw. Wanderratten. Sie werden vor allem in der Grundlagenforschung eingesetzt, um biologische Vorgänge zu entschlüsseln, Krankheiten zu verstehen und Medikamente zu entwickeln.

Bevor wir näher darauf eingehen, wie die Domestikation der Tiere konkret ablief, soll noch ein weitverbreitetes Missverständnis ausgeräumt werden: Domestikation ist nicht gleichbedeutend mit Zähmung. Beides sind vollkommen unterschiedliche Vorgänge. Domestikation erfolgt über viele Generationen und bezieht sich auf ganze Zuchtlinien. Sie ist immer mit genetischen Veränderungen verbunden. Im Gegensatz dazu bezieht sich die Zähmung auf Individuen, in der Regel Wildtiere. Sie lernen während der individuellen Lebensgeschichte, ihre natürliche Vorsicht abzubauen und sich an den Menschen zu gewöhnen. Dieser Prozess kann durch Belohnungen, wie zum Beispiel Futter, unterstützt werden. Letztlich handelt es sich bei der Zähmung also um eine konditionierte Veränderung des Verhaltens, die jedoch nicht weitervererbt wird. Wildtiere können zahm sein, wie von Hand aufgezogene Tiger oder Geparden, und dennoch sind sie nicht domestiziert. Domestizierte Tiere können wild sein, wie spanische Kampfstiere. Das macht sie aber nicht zu den wilden Auerochsen, von denen sie abstammen.

Domestikation: ein evolutionärer Prozess

Alle domestizierten Tiere stammen von Wildtieren ab. In einem Prozess, der über viele Generationen, Jahrhunderte und Jahrtausende dauerte, kam es zur allmählichen Umwandlung der Wildtiere hin zu ihrer domestizierten Form. Entscheidender Faktor war dabei der Mensch: Er veränderte die Umwelt und kontrollierte weitgehend die Fortpflanzung der Tiere, er übernahm in den meisten Fällen ihren Schutz und ihre Pflege und sorgte für ihre Ernährung. Als Folge passten sich die ursprünglich wilden Tiere an den Menschen und die von ihm vorgegebenen Bedingungen an.

Biologisch betrachtet, ist die Domestikation ein evolutiver Prozess. Er ist dadurch charakterisiert, dass Wildtiere in menschlicher Obhut anderen Selektionsbedingungen ausgesetzt waren als in ihrem natürlichen Lebensraum. Dabei waren drei Faktoren von besonderer Bedeutung: Erstens sahen sich die Tiere in menschlicher Obhut in Bezug auf manche Merkmale einer *abgeschwächten Selektion* («relaxed selection») gegenüber. Sie mussten nicht mehr so sehr auf Fressfeinde achten, ihnen aus dem Weg gehen oder sie abwehren. Sie mussten sich nicht mehr so intensiv um die Nahrungsbeschaffung kümmern. Sie mussten nicht mehr so vehement um Paarungspartner konkurrieren. Als Folge veränderte sich allmählich ihr Verhalten: Sie wurden unaufmerksamer gegenüber ihrer Umwelt, verhielten sich weniger neugierig und erkundungsfreudig und waren nicht mehr so kompetitiv. Denn es war weniger wichtig für ihre Überlebenschancen und ihren Fortpflanzungserfolg, diese Merkmale auszubilden.

Zweitens wirkte die *natürliche Selektion* («natural selection») weiterhin auf die Tiere ein. Dabei waren in menschlicher Obhut aber ganz andere Faktoren entscheidend. So sahen sich die Tiere dort neuen Herausforderungen gegenüber, die sie in ihrem natürlichen Lebensraum nicht kannten. Dazu zählen: die permanente Nähe des Menschen; eine zum Teil künstliche Umwelt, verbunden mit einem deutlich geringeren Platzangebot und eingeschränkter Bewegungsfreiheit; eine veränderte Nahrung; eine hohe Anzahl von Artgenossen auf engstem Raum, was häufig mit einer erhöhten Anzahl an Parasiten und Krankheitserregern einherging. Tiere, die aufgrund ihrer genetischen Veranlagung besser mit diesen Bedingungen klarkamen, ein besseres Immunsystem hatten oder die sozialen Fähigkeiten besaßen, sich mit Artgenossen unter diesen Bedingungen zu arrangieren, hatten deutliche Vorteile. Sie waren resilienter und fielen seltener Krankheiten zum Opfer. Die natürliche Selektion entschied also nach wie vor mit darüber, wer unter diesen Bedingungen überlebte und wer nicht.

Der dritte und in den meisten Fällen entscheidende Faktor war die vom Menschen gesteuerte *künstliche Selektion* («artificial selection»). Letztlich bestimmte er darüber, welche Tiere sich fortpflanzten, und damit auch, welche Gene im Genpool der domestizierten Tiere erhalten blieben. Das ist ein wesentlicher Unterschied zu den Wildtieren in freier Natur. So konnte der Mensch Tiere auf bestimmte Merkmale hin züchten: auf einen hohen Fleischertrag, auf eine gesteigerte Milch- oder Legeleistung, auf eine gute Wollproduktion oder auf eine hohe Fruchtbarkeit. Auch Merkmale des Verhaltens spielten eine Rolle: Vermutlich wurden zahme Tiere gegenüber aggressiven favorisiert, weil es einfacher war, sie zu handhaben. Ebenso könnten auch ästhetische Merkmale, wie ein besonders schön gefärbtes Fell, von Bedeutung gewesen sein.

Domestizierte Tiere entstanden also, indem die künstliche Selektion, die natürliche Selektion und die abgeschwächte Selektion auf sie einwirkten. Je nach Tierart konnten diese drei Faktoren aber von unterschiedlicher Bedeutung sein. Im Folgenden wollen wir uns exemplarisch die Domestikationsgeschichte von Tieren in der Landwirtschaft sowie von Hunden und Katzen genauer anschauen. Dabei werden wir sehen: Bei Ersteren hat die künstliche Selektion eine wesentlich stärkere Rolle bei der Haustierwerdung gespielt als bei Letzteren.

Die Domestikationsgeschichte von Tieren in der Landwirtschaft

Beginnen wir mit Tieren in der Landwirtschaft. Diejenigen Auerochsen, Mufflons oder Bezoarziegen, die sich in der Nähe der ersten menschlichen Siedlungen aufhielten, wurden vermutlich in Treibjagden in zum Teil riesige Gehege getrieben und dort gefangen gehalten. So waren sie als Nahrungsquelle für die Menschen in der Jungsteinzeit leicht verfügbar. Zu dieser Zeit bestand wahrscheinlich noch nicht die Absicht, diese Tiere durch gezielte Zucht auf bestimmte Merkmale wie einen höheren Fleischertrag hin zu verändern. Manche Forschende, wie der Oxforder Zoologe David McDonald, sprechen in dieser Phase deshalb von einer *schwachen künstlichen Selektion*. Der Mensch verpaarte zu diesem Zeitpunkt vermutlich nicht bestimmte Tiere miteinander, sondern entschied nur, in welchem Alter welche Individuen getötet wurden; sei es, weil sie gerade als Nahrung benötigt wurden, oder auch, weil sie zu aggressiv oder krank waren. Die Selektion erfolgte in diesem Fall also erst *nach* der Fortpflanzung oder, biologisch ausgedrückt, postzygotisch: nach der Befruchtung der Eizelle, bei der die Zygote entsteht.

Zu einer *starken künstlichen Selektion* kam es zum Teil erst viele Jahrhunderte später. Charakteristisch für eine starke künstliche Selektion ist, dass sie nicht nur postzygotisch, sondern auch *präzygotisch* erfolgt. Das heißt: Der Mensch bestimmte nicht nur, welche Tiere wann getötet wurden, sondern übernahm auch die Kontrolle über die Fortpflanzung. Er entschied, welche Männchen und welche Weibchen miteinander Nachkommen zeugten, damit diese bestimmte von ihm erwünschte Merkmale aufwiesen. Zum Beispiel könnte er bei Auerochsen immer wieder gezielt die Söhne und Töchter von solchen Müttern miteinander verpaart haben, die eine besonders hohe Milchleistung erbrachten. Erst diese starke künstliche Selektion mit ihrer prä- und postzygotischen Komponente führte zu einem dramatisch beschleunigten evolutiven Prozess, der letztlich in der Herausbildung der domestizierten Tiere in der Landwirtschaft mündete.

Die Domestikationsgeschichte des Hundes

Die Domestikation des Hundes verlief höchstwahrscheinlich nach einem anderen Muster. Viele Forschende gehen davon aus, dass sie in zwei unterschiedlichen, miteinander verwobenen Schritten erfolgte. Der erste Schritt wird durch die sogenannte «Annäherungshypothese» beschrieben. Demnach sollen sich bereits vor etwa 40000 Jahren wenig ängstliche Wölfe den Menschen von sich aus angenähert haben, weil sie sich gut von den Essensresten und Abfällen in der Nähe ihrer Lager ernähren konnten oder von verletzten Tieren, die den Menschen während der Jagd entkamen.

Über Generationen verloren die Wölfe so mehr und mehr die Scheu vor den menschlichen Nachbarn. Die Jäger und Sammler wiederum erkannten, dass die Wölfe wertvolle Wächter waren, die gefährliche Tiere oder rivalisierende Nomaden früher als sie selbst bemerkten und vor ihnen warnten. So begannen die Menschen, diese Tiere zu schätzen, sie zu füttern und bevorzugt zu behandeln. Als Folge entwickelten sich zwei unterschiedliche Populationen von Wölfen: Die einen hatten zunehmend engen Kontakt zum Menschen, die anderen mieden ihn. In der wissenschaftlichen Literatur wird die «Annäherungshypothese» auch als «Domestikation durch Kommensalismus» («commensal scavenger hypothesis») bezeichnet, denn in der Biologie bedeutet Kommensalismus, dass eine Art von einer anderen profitiert, ohne ihr dabei zu schaden.

Aber wie wurden aus Wölfen mit engem Kontakt zum Menschen am Ende Hunde? In einem zweiten Schritt, der durch die «Adoptionshypothese» beschrieben wird, sollen die Jäger und Sammler Wolfswelpen aus der Natur entnommen, sie per Hand aufgezogen und als Haustiere gehalten haben. Deshalb wird in der Literatur in diesem Zusammenhang alternativ auch von der «Heimtierhaltungs-Hypothese» («pet keeping hypothesis») gesprochen.

Vermutlich fütterten die Frauen die Welpen sogar an ihrer Brust, wie es auch heute noch in Jäger-und-Sammler-Gemeinschaften beobachtet werden kann. Nur so konnte eine echte Vertrautheit zwischen Mensch und Wolf entstehen, die allein durch die Gewöhnung der Wölfe an den Menschen nicht zu erklären wäre. Wie der österreichische Wolfsforscher Kurt Kotrschal schreibt, neigt die Mehrheit der Forschenden mit direkter Wolfserfahrung heute zu der Ansicht: Die wirklich enge Beziehung zwischen Mensch und Wolf muss mit noch blinden und tauben Welpen begonnen haben, die von Jägern mit nach Hause gebracht wurden. Dies war auch die Voraussetzung dafür, dass Menschen gemeinsam mit zahmen Wölfen auf die Mammutjagd gehen konnten.

Die meisten der handaufgezogenen, zahmen Wölfe werden das Lager der Nomaden als Erwachsene verlassen haben. Es ist aber gut vorstellbar, dass manche Wölfe länger geblieben sind, möglicherweise ein Leben lang, und sich dort auch fortgepflanzt haben. Über mehrere Generationen kam es so zu einer immer größeren Annäherung und Anpassung der Wölfe an den Menschen und die von ihm geschaffene Nische. Die Wölfe domestizierten sich – zumindest zum Teil – selbst. Gleichzeitig übernahmen die Jäger und Sammler immer mehr die Kontrolle über die Reproduktion dieser Tiere und selektierten sie auf die von ihnen gewünschten Merkmale hin: wie gut sie zu zähmen und trainieren waren oder wie sozial sie sich gegenüber dem Menschen verhielten. Als Folge begannen sich die Genome von Wölfen und Hunden vor etwa 35 000 Jahren allmählich zu unterscheiden, wie neuere Untersuchungen zeigen. Damit kam es zur Domestikation des Wolfes bereits, Jahrtausende bevor die Menschen sesshaft wurden. Der Hund ist somit das mit Abstand älteste domestizierte Tier.

Die Domestikationsgeschichte der Katze

Betrachten wir abschließend die Entstehung der Hauskatze. Sicher ist: Sie stammt von der Falbkatze ab, einer Wildkatze, die heute im nördlichen und mittleren Afrika sowie im Nahen Osten lebt. Untersuchungen legen nahe: Ihre Domestikation erfolgte vor fast 10000 Jahren im Nahen Osten, in genau der Region, in der Menschen erstmals sesshaft wurden. Neuere Studien zeigen darüber hinaus: Ein paar tausend Jahre später kam es auch in Ägypten zur Umwandlung der Falbkatze zur Hauskatze. Und so lassen sich im Genom der heutigen Hauskatzen sowohl Anteile von Falbkatzen aus dem Nahen Osten zur Zeit der Jungsteinzeit als auch von solchen aus dem alten Ägypten nachweisen.

Die wilden Stammformen der meisten domestizierten Tiere leben – anders als die Falbkatze – in ihrem natürlichen Habitat nicht allein, sondern in Sozialverbänden: Wölfe im Rudel, Wildschweine in der Rotte oder Wildpferde im Harem. Mit einer solchen Lebensweise geht ein differenziertes Sozialverhalten gegenüber den Gruppenmitgliedern einher. Diese Merkmale werden als wichtige Voraussetzung betrachtet, um eine Tierart überhaupt domestizieren zu können.

Vor diesem Hintergrund erscheint die Falbkatze völlig ungeeignet zur Domestikation. Denn in ihrem natürlichen Habitat lebt sie solitär und territorial. Sie ist eine Einzelgängerin, die vehement die Grenzen ihres Reviers verteidigt. Darüber hinaus scheint sie auf den ersten Blick wenig Nutzen für die Menschen der Steinzeit gehabt zu haben: Falbkatzen taugen nicht als Jagdgefährten und warnen nicht vor Feinden wie die Wölfe, sie eignen sich auch nicht als Nahrung oder Lieferanten für wichtige Produkte wie die Tiere in der Landwirtschaft. Wie also hat man sich den Domestikationsprozess vorzustellen?

Die meisten Forschenden gehen heute von folgendem Szenario aus: Als die Menschen in der Jungsteinzeit sesshaft wurden, begannen sie, ihre Felder mit Getreidesorten wie Emmer, Einkorn, Dinkel oder Gerste zu bestellen. Hierdurch wurden Nagetiere angezogen, die sich bald in großer Zahl in der Nähe der menschlichen Gemeinschaften aufhielten. Die Falbkatzen folgten den Mäusen und Ratten, weil sie so während des ganzen Jahres leichte Beute machen konnten, und kamen dadurch in die Nähe der menschlichen Siedlungen. Vermutlich wurden sie hier vor allem deshalb toleriert, weil sie eben die Nager dezimierten, die ganz sicher als Nahrungsschädlinge betrachtet wurden.

Es werden sich nicht alle Falbkatzen der Population an die menschlichen Siedlungen angenähert haben, sondern nur solche, die aufgrund ihrer genetischen Veranlagung eine geringe Ängstlichkeit und Fluchtdistanz gegenüber dem Menschen aufwiesen. Wenn sich so veranlagte Männchen und Weibchen paarten, zeugten sie Nachkommen, die ebenfalls wenig ängstlich gegenüber dem Menschen waren. Lief dieser Prozess über viele Generationen, dann entwickelten sich automatisch Katzen, die immer besser mit der Nähe des Menschen und ihren Siedlungen zurechtkamen.

Gleichzeitig veränderte sich das Sozialverhalten der Falbkatzen. Es werden sich vor allem diejenigen Individuen in der Nähe der menschlichen Siedlungen dauerhaft angesiedelt haben, die sich mit ihren Artgenossen besonders gut sozial arrangieren konnten. Tiere mit einer stärkeren Disposition für eine einzelgängerische und territoriale Lebensweise werden in dieser ökologischen Nische hingegen weniger gut klargekommen sein. In den menschlichen Siedlungen haben sich daher Männchen und Weibchen miteinander verpaart, die vergleichsweise verträglich gegenüber ihren Artgenossen waren und diese Veranlagung an ihren Nachwuchs weitergaben. Indem sich dieser Prozess über viele Generationen fortsetzte, entwickelten sich schließlich Katzen, die in ihrem Verhalten deutlich sozialer waren als die Falbkatzen, die fernab der menschlichen Siedlungen lebten.

Nach allem, was wir wissen, haben die sesshaft gewordenen

Menschen der Frühsteinzeit also keine Falbkatzen eingefangen oder adoptiert und sie später auf bestimmte Merkmale hin gezüchtet. Anders als bei den anderen domestizierten Tieren sorgten sie auch nicht für deren Schutz und Ernährung – das erledigten die Tiere selber. Sie entschieden auch selbst, mit wem sie sich paarten. Und wie bei allen Tieren, die der natürlichen Selektion unterliegen, zeugten diejenigen Individuen die meisten Nachkommen, die am besten an die vom Menschen geschaffene Umwelt angepasst waren, und gaben Kopien ihrer Gene mit maximaler Effizienz in die nächste Generation weiter. Zusammengefasst scheinen Hauskatzen also über Jahrtausende hinweg keiner künstlichen Selektion durch den Menschen ausgesetzt gewesen zu sein, sondern könnten vor allem durch das Wirken der natürlichen Selektion entstanden sein. Man könnte auch sagen: Sie haben sich weitestgehend selbst domestiziert.

Aktuelle Untersuchungen zeigen, dass sich Hauskatzen zudem jahrtausendelang immer wieder mit Wildkatzen der Umgebung verpaart haben. Dabei kam es in erheblichem Umfang zum Austausch von genetischem Material. Deshalb finden sich bis heute tatsächlich nur geringe genetische Unterschiede zwischen Haus- und Wildkatzen. Neben dem langen Ausbleiben einer künstlichen Selektion dürfte dies maßgeblich dazu beigetragen haben, dass die Wild- und die Haustierform über Jahrtausende hinweg auch optisch kaum voneinander zu unterscheiden waren.

Die vielen heutigen Katzenrassen sind erst innerhalb der letzten 200 Jahre entstanden, als der Mensch wie bei den anderen domestizierten Tieren die Kontrolle über die Zucht übernahm. Durch die künstliche Selektion auf die von ihm erwünschten Eigenschaften entstanden dann zum Beispiel Perserkatzen mit flauschigem, weichem Fell und Siamkatzen mit hellem Fell und dunkler Zeichnung.

Übrigens lässt sich am Beispiel von Hund und Katze hervorragend verdeutlichen, wie uns die Kenntnis der Domestikationsgeschichte dabei helfen kann, die Bedürfnisse unserer Haustiere besser zu verstehen. Denn diese werden noch immer durch das gemeinsame Erbe mit der wilden Stammform beeinflusst.

Angenommen, eine Familie fährt in Urlaub – wofür würden sich Hund oder Katze entscheiden, wenn sie wählen dürften: mitgenommen zu werden oder zu Hause zu bleiben? Blicken wir noch einmal auf die wilden Vorfahren der beiden Tiere. Der Hund stammt vom Wolf ab, der in Gruppen lebt und enge soziale Bindungen zu seinen Gruppenmitgliedern ausbildet. Deshalb braucht der Hund für sein Wohlergehen eine enge Bindung an einen oder mehrere Sozialpartner, bei denen es sich aufgrund der Domestikation bevorzugt um Menschen handelt. Die Hauskatze wiederum stammt von der Falbkatze ab, die strikt einzelgängerisch lebt, auf ihr Territorium angewiesen ist und dieses vehement verteidigt. Das Wichtigste im Leben der Falbkatze ist der vertraute Raum, Sozialpartner werden nur zur Paarung gebraucht. Zwar haben sich Katzen aufgrund der Selbstdomestikation zu wesentlich sozialverträglicheren Wesen entwickelt als ihre Stammform. Aber räumlich stabile Verhältnisse sind nach wie vor von überragender Bedeutung für ihr Wohlergehen.

Daraus können wir ableiten, dass für die meisten Hunde und Katzen die Antwort auf die gestellte Frage eindeutig ausfallen dürfte: Erstere würden wohl am liebsten mitkommen in den Urlaub, trotz stressiger Autofahrt und unbekannter Umgebung. Hauptsache, die bekannten Bezugspersonen sind da. Letztere hingegen sähen das mit ziemlicher Sicherheit anders. Hätten sie die freie Wahl, würden sie wohl lieber zu Hause bleiben – vorausgesetzt, die Ernährung ist gesichert. Denn die vertraute Umgebung ist ihnen in der Regel wichtiger als die Nähe der vertrauten Menschen.

Neue Erkenntnisse durch die Paläogenetik

In den vergangenen zehn Jahren hat sich die wissenschaftliche Sicht auf den Domestikationsprozess in einigen Aspekten deutlich verändert. Dies ist vor allem den Erkenntnissen einer neuen Wissenschaftsdisziplin zu verdanken: der Paläogenetik. In diesem Gebiet wurden Methoden entwickelt, mit deren Hilfe sogenannte «alte DNA» («ancient DNA») aus zum Teil jahrtausendealten Fossilfunden – wie Knochen und Zähnen – gewonnen und analysiert werden kann. Es sind diese neuen Techniken, durch die wir beispielsweise wissen, dass sich die Genome von Hunden und Wölfen schon vor 35 000 Jahren voneinander getrennt haben. In einem Übersichtsartikel in der Zeitschrift *Nature Review Genetics* fasste ein Forschungsteam um Laurent Frantz und Ludovic Orlando im Jahr 2020 anschaulich zusammen, wie paläogenetische Methoden zu neuen Erkenntnissen über die Domestikation der Tiere geführt haben.

So galt jahrzehntelang als eine in Stein gemeißelte Überzeugung: Domestizierte Tiere sind von den Wildtieren reproduktiv getrennt. Das heißt: In der Wissenschaft nahm man an, dass sich beide Formen immer nur untereinander, aber nicht miteinander gepaart haben, sodass es zu keinem Genfluss von der Wild- zur Haustierform kam. Aufgrund neuer paläogenetischer Untersuchungen hat sich diese scheinbare Gewissheit jedoch als falsch erwiesen.

So liegen sowohl vom Hausrind als auch von seiner Stammform, dem Auerochsen, Fossilfunde aus unterschiedlichen Zeitphasen seit seiner Domestizierung vor, die – wie wir bereits gehört haben – vor etwa 9000 Jahren stattfand. Die neuen paläogenetischen Methoden machen es möglich, hieraus die Genome der Haus- und der Wildtierform zu rekonstruieren und sie miteinander zu vergleichen. Sie können außerdem den Genomen der heute lebenden Rinder gegenübergestellt werden. Ein Vergleich mit heute lebenden Auerochsen ist leider nicht mehr möglich, da diese Tiere im 17. Jahrhundert ausgerottet wurden.

Die Untersuchungen zeigen eindeutig: Auch nachdem der Domestikationsprozess abgeschlossen war, ist es immer wieder zu Paarungen von Rindern mit Auerochsen aus lokalen Wildpopulationen gekommen. Das konnte für Gebiete in Nordafrika, Kontinentaleuropa und auf den Britischen Inseln nachgewiesen werden. Auf diese Weise fand langfristig ein erheblicher Genfluss von den Wildtieren hin zu den domestizierten Tieren statt.

Dasselbe gilt für Schweine: Sie wurden ebenfalls vor etwa 9000 Jahren domestiziert und gelangten rund 1500 Jahre später durch den Menschen von Vorderasien nach Europa. Wiederum einige Tausend Jahre später hatten die Hausschweine in Europa wesentliche genetische Merkmale der ursprünglichen Hausschweinpopulation in Vorderasien verloren. Stattdessen fanden sich im Genom deutliche Hinweise darauf, dass sich die Hausschweine immer wieder mit Wildschweinen in Europa gepaart hatten. Auch für Ziegen, Pferde und – wie bereits erwähnt – Katzen liegen mittlerweile vergleichbare Ergebnisse vor.

Die Erkenntnis, dass sich domestizierte Tiere immer wieder mit Tieren der Wildform fortgepflanzt haben, erklärt auch, warum es bei ihnen über Tausende von Jahren zu keiner wesentlichen Verringerung der genetischen Diversität gekommen ist. Oder anders ausgedrückt: warum sie über lange Zeiträume nicht stärker ingezüchtet waren als die Wildtiere, von denen sie abstammten. Genau das aber war seit Beginn der Domestikationsforschung vor über hundert Jahren fälschlicherweise angenommen worden.

Tatsächlich findet man heute bei einer Reihe domestizierter Tiere – insbesondere hochgezüchteten Hühner-, Schweine-, Rinder-, Pferde-, Hunde- oder Katzenrassen – durchaus eine stark verringerte genetische Diversität (wir werden darauf noch in Kapitel 14 zu sprechen kommen, wenn es um die Reinrassigkeit von Hunden und Katzen geht). Nach den Erkenntnissen der Paläogenetik ist sie aber nicht notwendigerweise in den frühen Phasen der Domestikation entstanden. Vielmehr dürfte der substanzielle Rückgang der genetischen Vielfalt auf neue Zuchtmethoden zurückgehen, die erst im 19. und 20. Jahrhundert entstanden, wie die künstliche Besamung.

Wie die Paläogenetik sicher geglaubte Erkenntnisse erschüttert, lässt sich auch am Beispiel der Przewalski-Pferde zeigen. Diese Tiere galten lange als die letzten Vertreter der eurasischen Wildpferde und sind deshalb ein Flaggschiff der Tiergartenbiologie und des Naturschutzes. Eine 2018 erschienene Studie von Forschenden um Charleen Gaunitz spricht aber dafür, dass es sich bei diesen Tieren gar nicht um Wildpferde handelt. Vielmehr scheinen die Przewalski-Pferde die Nachkommen von Hauspferden zu sein, die vor etwa 5000 Jahren in Asien aus Wildpferden domestiziert wurden. Das heißt nicht, dass diese Tiere nicht schützenswert wären – aber die letzten eurasischen Wildpferde sind sie höchstwahrscheinlich nicht.

Fazit

Als Menschen in der Jungsteinzeit im Fruchtbaren Halbmond sesshaft wurden, begannen sie Schafe, Rinder, Ziegen und Schweine zu domestizieren. Das älteste Haustier ist allerdings der Hund, der bereits viele Tausend Jahre zuvor aus dem Wolf entstand. Heute kennen wir mehrere Dutzend domestizierte Arten, die aus Wildtieren hervorgegangen sind.

Domestikation ist ein evolutionärer Prozess, in dem ursprüngliche Wildtiere über viele Generationen an den Menschen und die von ihm geschaffene Umwelt angepasst wurden. Er ist dadurch charakterisiert, dass Wildtiere in menschlicher Obhut anderen Selektionsbedingungen ausgesetzt waren als in ihrem natürlichen Lebensraum. Dabei waren drei Faktoren von besonderer Bedeutung: erstens eine *abgeschwächte Selektion* auf bestimmte Merkmale hin wie Feindvermeidung oder Nahrungserwerb; zweitens die *natürliche Selektion* auf Resistenz und Überleben in der vom Menschen zur Verfügung gestellten Nische; drittens die *künstliche Selektion* durch den Menschen auf bestimmte Merkmale wie Produktivität, Fruchtbarkeit oder Zahmheit, verbunden mit seiner Kontrolle über die Fortpflanzung.

Dabei ist die Domestikation in ihren frühen Phasen nicht gleichförmig verlaufen. So wurden Tiere in der Landwirtschaft zunächst wahrscheinlich in großen Gehegen gehalten, wo sie nur einer schwachen künstlichen Selektion unterlagen, die erst allmählich in eine starke künstliche Selektion überging. Die Domestikation des Wolfes dürfte nach derzeitigem Kenntnisstand von den Tieren selbst ausgegangen sein, indem sich diese menschlichen Siedlungen annäherten. Erst später griff der Mensch ein, indem er Welpen mit der Hand aufzog und die Tiere schließlich auch auf bestimmte Merkmale hin züchtete. Letztlich scheinen Hauskatzen über Jahrtausende keiner künstlichen Selektion ausgesetzt gewesen zu sein, sondern sich weitestgehend selbst domestiziert zu haben.

Die Anwendung neuerer paläogenetischer Methoden, bei denen DNA aus uralten Fossilfunden analysiert wird, führt aktuell zu spektakulären neuen Erkenntnissen. So hat bei Tieren in der Landwirtschaft – anders als lange angenommen – zum Teil über Jahrtausende ein erheblicher Genfluss von der Wildform zu den domestizierten Tieren stattgefunden. Und Przewalski-Pferde sind offenbar nicht die letzten Wildpferde, sondern Nachkommen von Hauspferden, die vor einigen Tausend Jahren in Asien domestiziert wurden.

KAPITEL 10

Schlappohren und Ringelschwanz

Wie domestizierte Tiere sich von ihren wilden Verwandten unterscheiden

Wir haben nun gesehen, wie in den letzten Jahrtausenden durch den Einfluss des Menschen aus wilden Tieren Haustiere entstanden sind. In diesem Kapitel wollen wir uns näher mit der Frage beschäftigen: Was macht domestizierte Tiere eigentlich aus? Wie unterscheiden sie sich von ihren wilden Stammformen? Und wie lassen sich diese Unterschiede erklären?

Das Domestikations-Syndrom

Schon Charles Darwin zeigte großes wissenschaftliches Interesse an der Domestikation von Pflanzen und Tieren und veröffentlichte hierzu 1868 ein Buch unter dem Titel «The Variation of Animals and Plants Under Domestication». Ihm war aufgefallen, dass der Domestikationsprozess bei Tieren zu erblichen Veränderungen im Aussehen, in der Physiologie und im Verhalten geführt hat. Dabei wies er bereits auf einen wichtigen Aspekt hin: Einerseits sind diese Veränderungen spezifisch für jede Art. So geben Kühe mehr Milch als Auerochsen, und Hauskatzen versorgen auch

Menschen mit toten Mäusen, was Wildkatzen niemals in den Sinn käme. Andererseits gibt es aber auch bestimmte Merkmale, die ein Großteil aller domestizierten Tiere aufweist – unabhängig davon, um welche Art es sich handelt.

Das Ensemble dieser allgemeinen Merkmale wird bei Säugetieren als «Domestikations-Syndrom» bezeichnet. Was sich dahinter verbirgt, wollen wir uns im Folgenden genauer ansehen. Dabei ist es wichtig, im Hinterkopf zu behalten: Nicht jede der besprochenen Eigenschaften kommt immer und in exakt derselben Weise bei allen Haustieren vor. Doch in ihrer Gesamtheit kann man sie als einen Mix aus Charakteristika betrachten, durch den sich domestizierte Tiere grundsätzlich von ihren wilden Verwandten unterscheiden.

So finden sich bei vielen domestizierten Säugetieren körperliche Merkmale, die bei ihren wilden Stammformen nicht auftreten, darunter ein geschecktes Fell, Schlappohren oder ein geringelter Schwanz. Gleichzeitig weisen Haustiere insgesamt eine deutlich erhöhte Variabilität bezüglich ihrer Körpergröße, Körpergestalt und Färbung auf. Dies lässt sich sehr gut am Beispiel von Wölfen und Hunden erläutern. Wenn wir alle Wölfe dieser Erde betrachten, dann unterscheiden sie sich durchaus in ihrem Aussehen. Diese Variabilität ist aber sehr gering im Vergleich zu jener, die wir finden, wenn wir uns verschiedene Hunderassen ansehen, Doggen, Chihuahuas, Möpse oder Dalmatiner zum Beispiel.

Dass die domestizierten Tiere in ihrer äußeren Erscheinung wesentlich variabler sind als ihre wilden Verwandten, hat vor allem zwei Gründe: Zum einen hat der Mensch sie in manchen Fällen genau auf diese Merkmale hin gezüchtet. So konnten beispielsweise kleine Jagdhunde mit kurzen Beinen besser in Fuchs- und Dachsbauten kriechen; als man vor Jahrhunderten begann, auf diesen Körperbau hin zu selektieren, entstanden die Dackel. Zum anderen unterliegen domestizierte Tiere, wie wir bereits gesehen haben, in Bezug auf einige Merkmale einer abgeschwächten natürlichen Selektion: Der Mensch sorgt für Schutz und Nahrung;

deshalb können auch Individuen mit körperlichen Eigenschaften, mit denen sie in freier Natur kaum überlebensfähig wären, in der Obhut des Menschen existieren.

Neben diesen körperlichen Veränderungen finden sich typische Domestikationsmerkmale auch im Verhalten. In der Regel ist es nicht zum Verlust von Verhaltensweisen der Wildform gekommen, und es sind auch keine neuen Verhaltensweisen entstanden. Entsprechend ist das Verhaltensrepertoire der domestizierten Tiere weitestgehend identisch mit dem ihrer jeweiligen Stammform; ein Hausmeerschweinchen zeigt genau dieselben Verhaltensweisen wie ein Wildmeerschweinchen, ein Wildschwein unterscheidet sich hier nicht vom Hausschwein und ein Hund im Prinzip auch nicht vom Wolf.

Allerdings gibt es eine Ausnahme: Hunde können uns mit einen «Dackelblick» anschauen, Wölfe aber nicht. Dieser unwiderstehliche Gesichtsausdruck entsteht, wenn Hunde die innere Augenbraue stark anheben, was bei vielen Menschen eine positive Gefühlstönung hervorruft. Eine Studie von Forschenden um Juliane Kaminski zeigt: Der hierfür verantwortliche Muskel ist erst im Laufe der Domestikation entstanden. Wölfe besitzen ihn nicht.

Während also beim Hund im Zuge der Haustierwerdung tatsächlich eine neue Verhaltensweise aufgetreten ist, entstehen die allermeisten Unterschiede im Verhalten zwischen Haus- und Wildtieren auf anderem Wege: und zwar dadurch, dass sich die *Häufigkeit* verändert, mit der Verhaltensweisen ausgeführt werden.

So zeigen nahezu alle Haustiere eine Hypersexualisierung des Verhaltens. Das heißt: Haustiere sind sexuell aktiver; sie werben und paaren sich deutlich häufiger als ihre wilden Artgenossen. Diese Veränderungen sind insofern nachvollziehbar, als die meisten Tiere im Laufe der Domestikation auf eine höhere Fortpflanzung hin gezüchtet wurden. Dadurch ist es vermutlich auch dazu gekommen, dass sich die Reproduktionsrate vieler domestizierter Tiere im Vergleich zu ihren wilden Stammformen verändert hat. Letztere paaren sich in aller Regel saisonal und bringen ihre

Jungen dann zur Welt, wenn die ökologischen Bedingungen zum Überleben geeignet sind. Bei Ersteren hingegen ist die Fortpflanzung wesentlich weniger an eine bestimmte Jahreszeit gebunden. Weibliche Wölfe sind nur einmal pro Jahr im späten Winter bzw. frühen Frühling empfängnisbereit, weibliche Hunde werden im Durchschnitt zweimal pro Jahr läufig – und der Zeitpunkt ist wesentlich flexibler.

Eine weitere charakteristische Eigenschaft domestizierter Tiere: Sie geben meist deutlich mehr Laute von sich als ihre wilden Verwandten. Hausmeerschweinchen vokalisieren zum Beispiel wesentlich häufiger als Wildmeerschweinchen, auch wenn sie unter den gleichen Bedingungen gehalten werden. Erstere gurren, purren und pfeifen, Letztere sind in der Regel still. Auch diese Unterschiede sind leicht zu verstehen: In ihrem natürlichen Habitat in Südamerika sind Wildmeerschweinchen einem enormen Druck von Fressfeinden ausgesetzt; Greifvögel, Raubtiere und andere Prädatoren sind ständig in großer Zahl vorhanden. Ein Wildmeerschweinchen, das vokalisieren würde wie seine domestizierten Artgenossen, könnte in dieser Umwelt wohl nicht lange überleben.

Auf ähnliche Weise lässt sich erklären, dass domestizierte Tiere häufig erheblich weniger aufmerksam gegenüber den Geschehnissen in ihrer Umwelt sind als ihre wilden Artgenossen. Generell scheinen unerwartete und unbekannte Sinneseindrücke, ganz gleich, ob optischer, akustischer oder geruchlicher Art, von Wildtieren früher wahrgenommen und mit dem passenden Verhalten beantwortet zu werden. So führt ein unbekanntes Geräusch nicht unbedingt dazu, dass ein fressendes Hausmeerschweinchen seine Nahrungsaufnahme unterbricht. Ein Wildmeerschweinchen wird hingegen auf denselben Reiz hin sofort alle Aktivitäten stoppen und in absolute Bewegungslosigkeit verfallen – ein Verhaltensmuster, das es in der südamerikanischen Pampa davor schützen würde, von Fressfeinden bemerkt zu werden. Auch hier zeigen sich die Auswirkungen einer abgeschwächten natürlichen Selektion beim Haustier, das im Normalfall keinem Druck durch Fressfeinde mehr ausgesetzt ist.

Was ebenfalls auffällt, wenn man domestizierte Tiere mit ihren wilden Vorfahren vergleicht: Sie gehen oftmals freundlicher miteinander um und sind weniger aggressiv gegen ihre Artgenossen, selbst wenn diese ihnen fremd sind. Dies führt unter anderem dazu, dass domestizierte Tiere in menschlicher Obhut bei deutlich höheren Dichten gehalten werden können als ihre Wildformen (worauf wir im nächsten Kapitel noch ausführlich eingehen werden). Und ganz offensichtlich verhalten sich domestizierte Tiere auch gegenüber dem Menschen friedfertiger als ihre wilden Artgenossen. Dies verwundert nicht – denn während der Domestikation hat der Mensch vor allem die Tiere weitergezüchtet, die gut handhabbar waren.

Letztlich ist es im Laufe der Domestikation häufig auch dazu gekommen, dass Auslösemechanismen für bestimmte Verhaltensweisen an Selektivität verloren haben. So säugen Wildmeerschweinchen ausschließlich den eigenen Nachwuchs, einem Hausmeerschweinchen dagegen kann man auch nicht verwandte Jungtiere unterschieben – sie werden mitgesäugt. Und ein Wolf richtet sein sexuelles Verhalten ausschließlich auf den Artgenossen, während viele Hundehalter dieses kennen dürften: Mitunter klemmt sich ein Rüde an die Wade eines Menschen und beginnt zu kopulieren. In diese typischen Friktionsbewegungen verfällt er womöglich sogar bei einem Tischbein.

Kluge Wildtiere, dumme Haustiere?

Schauen wir uns nun noch ein weiteres Merkmal des Domestikations-Syndroms etwas genauer an. Wie wir vor allem aus Untersuchungen der Zoologen Wolf Herre und Manfred Röhrs wissen, lässt sich bei vielen Haustieren Folgendes feststellen: Ihre Gehirne sind deutlich leichter als die ihrer wilden Vorfahren. So weisen

Hausmeerschweinchen etwa 13 Prozent leichtere Gehirne auf als Wildmeerschweinchen; bei Lamas und Alpakas beträgt die Differenz zu den wilden Stammformen etwa 18 Prozent, und Schafe haben etwa 24 Prozent leichtere Gehirne als mitteleuropäische Mufflons. Bei der Hauskatze ist es ebenfalls zu einer Reduktion von etwa 24 Prozent gekommen und beim Hund um etwa 29 Prozent. Die stärkste Hirngewichtsabnahme gegenüber der wilden Stammform fand man beim Hausschwein: Sie beträgt stolze 34 Prozent.

Lange wurden die kleineren Gehirne der Haustiere mit einer abgeschwächten Selektion auf kognitive Leistungen hin erklärt. In einer durch den Menschen geprägten Umwelt sei es nicht mehr so wichtig, Intelligenz einzusetzen, um Paarungspartner, Futter oder Schutz zu finden oder Feinden zu entgehen, so die Annahme. Entsprechend wurde gefolgert, Haustiere seien «dümmer» als ihre wilden Vorfahren. Diese Sicht hat sich mittlerweile allerdings fundamental verändert.

Im Jahr 2023 veröffentlichte ein Team um Per Jensen und Vitor Hugo Bessa Ferreira eine Übersichtsarbeit in der Fachzeitschrift *Neuroscience & Biobehavioral Reviews*. Darin fassten die Forschenden die Ergebnisse von insgesamt 88 Studien zusammen, in denen die kognitiven Fähigkeiten von Haustieren und ihren wilden Vorfahren verglichen wurden. Es zeigte sich: In etwa 30 Prozent der Studien erwies sich tatsächlich die Wildform als intelligenter; in genauso vielen Studien waren jedoch die Haustiere «schlauer» – und in etwa 40 Prozent der Studien ergab sich kein Unterschied zwischen Haus- und Wildtieren.

Momentan kann zwar nicht schlüssig beantwortet werden, warum sich in Untersuchungen mal die Wildform und mal die Haustierform als intelligenter herausstellt und häufig sogar kein Unterschied zu erkennen ist. Allerdings zeigt die Analyse klar: Einen generellen Trend hin zu verminderten kognitiven Leistungen bei Haustieren gibt es nicht! Die Abnahme der Hirngröße hat bei den domestizierten Tieren also offenbar nicht zu einer geringeren Intelligenz geführt. Dies stimmt gut mit aktuellen Befunden der Neurowissenschaften überein, die für unterschiedlichste Spezies zeigen: Kognitive Leistungen hängen eher mit der Anzahl an Neuronen in spezifischen Hirnarealen und deren Verknüpfungsgrad zusammen als mit der Größe des Gehirns.

Was erklärt aber die Abnahme der Hirnmasse bei den domestizierten Tieren? Eine häufig genannte Hypothese besagt, dass die Selektion auf eine erhöhte Reproduktionsleistung oder einen höheren Fleischertrag den Stoffwechsel signifikant verändert haben könnte. Als Folge «investiere» der Organismus während der Entwicklung vor allem in diese Bereiche und entsprechend weniger in die Entwicklung des Gehirns. Tatsächlich stützen experimentelle Studien diese Annahme: Werden Hühner künstlich auf eine höhere Legeleistung hin selektiert, dann entwickeln sie leichtere Gehirne. Umgekehrt zeigte sich in einer Studie an Guppys: Wenn man die Fische auf größere Gehirne hin züchtet, dann produzieren sie weniger Nachkommen und bilden einen kleineren Verdauungstrakt aus.

Belyaevs freundliche Füchse

Wir haben gesehen: Domestizierte Säugetiere weisen bestimmte charakteristische Merkmale auf, die sie von ihren wilden Vorfahren unterscheiden. Diese parallelen Veränderungen im Zuge der Haustierwerdung lassen sich durch die Anpassung an das Leben in Menschenhand erklären, wo die unterschiedlichen Arten in gewisser Hinsicht sehr ähnlichen Einflüssen ausgesetzt waren: So war es für die Tiere weniger wichtig, um Paarungspartner zu konkurrieren, nach Nahrung zu suchen oder sich vor Fressfeinden in Acht zu nehmen; dafür mussten sie aber mit den beengten Verhältnissen und der hohen Zahl an Sozialpartnern zurechtkommen. Zusätzlich hatten vermutlich besonders zu Beginn der Domestikation solche Individuen einen Vorteil, die die geringste

Scheu vor Menschen besaßen und sich gegen sie am wenigsten aggressiv verhielten – die also besonders zahm waren.

Interessanterweise gibt es Hinweise darauf, dass eine starke Selektion auf die Zahmheit gegenüber dem Menschen im Zuge der Haustierwerdung eine besondere Rolle gespielt haben könnte. Demzufolge könnte sie allein bereits zum Auftreten einiger weiterer Domestikationsmerkmale geführt haben. Was genau damit gemeint ist, wollen wir uns im Folgenden ausführlich ansehen.

Mitte des letzten Jahrhunderts startete der russische Biologe Dmitry Belyaev ein Experiment mit Silberfüchsen, das heute als die umfassendste und bekannteste Untersuchung zur Domestikation von Tieren gilt. Die Studie wurde nach seinem Tod von seiner Mitarbeiterin Lyudmila Trut weitergeführt und läuft mittlerweile über mehr als sechs Jahrzehnte.

Silberfüchse sind eine Farbvariante des Rotfuchses. Seit Ende des 19. Jahrhunderts werden diese Füchse von der Pelzindustrie in kommerziellen Farmen gezüchtet. Im Jahr 1959 bezog Belyaev von einer solchen Farm 30 Rüden und 100 Fähen, mit denen er sein Experiment begann. Sein Vorhaben: Er wollte untersuchen, wie sich eine starke Zucht auf Zahmheit über Generationen hinweg auf die Tiere auswirkt.

Belyaev ließ die Füchse Nachwuchs zeugen und testete alle geborenen Tiere rigoros auf ihr Verhalten gegenüber dem Menschen. Die 4 bis 5 Prozent der zahmsten Rüden verpaarte er später mit den etwa 20 Prozent der zahmsten Fähen. Bei dem Nachwuchs dieser Paare ging er genauso vor wie bei der ersten Generation der bei ihm geborenen Tiere – und so ging es immer weiter.

Wie sah ein solcher Test auf Zahmheit aus? Ganz einfach: Wenn die Welpen einen Monat alt waren, bot ihnen eine Person per Hand etwas zu fressen an und versuchte, sie anzufassen und zu streicheln. Anschließend wurde notiert, wie die Füchse darauf reagierten. Der Test wurde monatlich wiederholt, bis die Füchse ein Alter von sieben bis acht Monaten erreicht hatten. Anhand ihrer Reaktion teilte Belyaev die Tiere grob in drei Klassen ein:

Tiere der Klasse 3 mieden den Menschen, und wenn er versuchte, sie anzufassen, bissen sie. Füchse der Klasse 2 ließen sich zwar anfassen und streicheln; nichts wies aber darauf hin, dass ihnen das auch gefiel. Letztlich gab es die Tiere der Klasse 1: Sie wedelten mit dem Schwanz, und ihre Lautäußerungen verrieten, dass sie sich über den Menschen freuten.

Nachdem die Forschenden sechs Generationen lang immer wieder die zahmsten Rüden und Fähen miteinander verpaart hatten, stellten sie fest: Die Freundlichkeit gegenüber dem Menschen hatte sich insgesamt so sehr verstärkt, dass sie eine vierte Klasse hinzufügen mussten, wie Trut 1999 im *American Scientist* berichtete. Sie nannten sie die «domestizierte Elite». Diese Tiere nahmen begierig Kontakt zu Menschen auf, winselten, um ihre Aufmerksamkeit zu erregen, und beschnupperten und leckten ihre Hände, ganz so, wie es Hunde tun. Und der Anteil dieser Tiere wuchs rasant: Nach zehn Generationen gehörten bereits 18 Prozent der Füchse zur «domestizierten Elite», nach 20 Generationen 35 Prozent – und nach etwa 40 Generationen bereits 70 bis 80 Prozent.

Vierzig Jahre rigorose Zucht auf Freundlichkeit gegenüber dem Menschen hatte also eine Population von sanftmütigen Füchsen erzeugt, die sich dem Menschen gegenüber gefällig verhielten und unverkennbar domestiziert waren. Wirklich verblüffend war allerdings, was Belyaev und sein Team in ihrer Untersuchung darüber hinaus feststellten: Die Tiere wiesen neben der wachsenden Zahmheit auch weitere Merkmale des Domestikations-Syndroms auf.

So kam es bereits bei Tieren der achten bis zehnten Generation zu Veränderungen in der Fellfarbe: Bedingt durch einen Verlust an Pigmenten, entwickelten manche von ihnen gescheckte Felle. Als Nächstes tauchten Individuen mit Schlappohren und Ringelschwänzen auf. Nach 15 bis 20 Generationen gab es Tiere mit kürzeren Beinen. Und schließlich veränderte sich bei einzelnen Tieren auch die Kopf- und Gesichtsform: Die Schnauzen wurden kürzer und breiter. Manche der Füchse waren von Hunden kaum mehr zu unterscheiden.

Hinsichtlich der Fortpflanzung traten ebenfalls Veränderungen auf: Im Lauf der Zeit wurden die «domestizierten Füchse» etwa einen Monat eher geschlechtsreif als ihre wilden Artgenossen und brachten durchschnittlich ein Junges mehr zur Welt. Die Fähen paarten sich nicht mehr so strikt saisonal, und einige wenige waren nicht mehr nur einmal im Jahr, sondern mehrmals empfängnisbereit.

Letztlich beobachteten die Forschenden auch ein verändertes Timing in der Entwicklung. So schienen die zahmen Tiere bis zu einem deutlich höheren Alter verspielt zu sein. Und die Phase, in der eine ausgeprägte Furcht gegenüber Neuem auftrat, begann bei ihnen erst in der neunten Lebenswoche – ganze drei Wochen später als bei wilden Füchsen.

Eine mögliche Schlüsselrolle der Neuralleiste

Die rigorose künstliche Selektion auf Zahmheit hatte offenbar dazu geführt, dass die Silberfüchse in Belyaevs Experiment auch eine ganze Reihe anderer typischer Domestikationsmerkmale entwickelten, die auf den ersten Blick in keinem Zusammenhang mit der Freundlichkeit der Tiere stehen. Wie lässt sich dieses erstaunliche Ergebnis erklären?

Im Jahr 2014 veröffentlichte ein internationales Team um Adam Wilkins eine viel beachtete Hypothese, die eine mögliche Antwort auf diese Frage beinhaltet: die «Neuralleisten-Hypothese» («neural crest hypothesis») oder, wie sie heute auch heißt, die «Neuralleisten-Domestikations-Syndrom-Hypothese». Ihre Grundaussage: Die starke Selektion auf Zahmheit führt zu Veränderungen der Neuralleiste, der in der Embryonalentwicklung eine bedeutende Rolle zukommt. Diese Veränderungen haben letztlich nicht nur weniger Scheu und Aggression gegenüber dem

Menschen zur Folge, sondern auch das Auftreten weiterer Domestikationsmerkmale. Schauen wir uns diesen Gedanken einmal genauer an.

Säugetier-Embryos bilden früh in der Entwicklung eine Neuralleiste aus. Sie besteht aus sogenannten «multipotenten» Stammzellen, aus denen sich unterschiedlichste Gewebe bilden können. Diese Zellen wandern schließlich in den Rumpf und Kopf des sich entwickelnden Organismus ein und sind unter anderem an der Ausbildung des Schädels, des Knorpels der Ohren, der Pigmentzellen der Haut und des Nebennierenmarks beteiligt. Letzteres ist ein Teil der Nebenniere, die maßgeblich für die Furcht- und Stressreaktionen des Organismus verantwortlich ist (darüber werden wir im nächsten Kapitel noch mehr erfahren).

Das Team um Wilkins überlegte: Weisen Tiere einen Mangel an Neuralleistenzellen auf, könnte dies zu einer verminderten Aktivität ihrer Nebennieren führen. Dies wiederum könnte zur Folge haben, dass sie im Kontakt mit Menschen geringere Furcht- und Stressreaktionen zeigen und zahmer sind. Wenn Menschen dann mit solchen Tieren weiterzüchteten, würde nach und nach eine Population mit einem Neuralleistenzellendefizit entstehen. Und tatsächlich wiesen die zahmen Füchse in Belyaevs Experiment schon nach wenigen Generationen deutlich geringere Ausschüttungen von Stresshormonen aus den Nebennieren auf.

Wenn Tiere aber über einen solchen Mangel an Neuralleistenzellen verfügen, überlegte das Team weiter, dürfte das noch mehr Konsequenzen haben. Denn wie erwähnt beeinflussen diese Zellen eine ganze Reihe von Entwicklungsprozessen – darunter auch einige, die mit klassischen Domestikationsmerkmalen in Verbindung stehen. Durch die vielseitige Rolle der Neuralleistenzellen ließe sich erklären, warum als Nebenprodukt von Belyaevs starker Selektion auf die Zahmheit am Ende auch Phänomene wie ein geschecktes Fell, Schlappohren oder eine verkürzte Schnauze aufgetreten sind.

Wilkens und Co. sehen in ihrer Hypothese nicht nur eine Erklärung für die Ergebnisse der einflussreichen Silberfuchs-Studie. Sie vermuten vielmehr, dass die Neuralleiste eine entscheidende Rolle in der frühen Phase der Domestikation vieler Säugetierarten gespielt haben könnte. Ihrer Annahme zufolge wäre es zu Beginn der Haustierwerdung stets durch eine starke Selektion auf Zahmheit zu einem genetisch bedingten Mangel an Neuralleistenzellen gekommen. Dieser Mangel hätte dann die Ausprägung weiterer charakteristischer Domestikationsmerkmale zur Folge gehabt – auf die dann das Ensemble aus natürlicher, abgeschwächter und künstlicher Selektion weiter einwirken konnte.

Doch obwohl die Neuralleisten-Hypothese einleuchtend klingt und es bereits Untersuchungen gibt, die zu ihren Vorhersagen passen: Sie bleibt vorerst eine Hypothese. Und erwähnt werden sollte auch: Es gibt durchaus Kritik an der Sichtweise des Teams um Wilkins. So konstatieren manche Forschende zwar, dass den Neuralleistenzellen eine Bedeutung bei der Ausbildung der Domestikationsmerkmale zukommt – schlicht, weil sie eine Vielzahl an körperlichen Prozessen beeinflussen. Sie teilen aber nicht die Ansicht, dass die Selektion auf Zahmheit das Auftreten eines Großteils der Domestikationsmerkmale erklärt. Vielmehr machen sie dafür einen ganzen Mix aus veränderten Selektionsdrücken verantwortlich, den das Leben in Menschenhand mit sich brachte.

Was aber ist mit Belyaevs Füchsen? Zumindest bei ihnen sieht ja schließlich alles danach aus, als hätte allein die Züchtung auf Zahmheit zu einem Auftreten von Merkmalen des Domestikations-Syndroms geführt. Prinzipiell stimmt das zwar. Aber auch bei diesem eindrucksvollen Experiment muss man mit der Interpretation der Ergebnisse vorsichtig sein. Was von Belyaev und Trut klar in ihren Veröffentlichungen benannt wurde, in der Folge aber häufig unerwähnt bleibt: Die 130 Füchse, mit denen das Experiment begann, waren wie beschrieben keine echten Wildtiere. Vielmehr handelte es sich um Nachfahren von Füchsen aus kanadischen Pelztierfarmen. Ein Team um Kathryn Lord von der Universität Harvard hat die Geschichte dieser Silberfüchse recherchiert und kommt in einem 2020 veröffentlichten Artikel zu dem Schluss: Die Belyaev-Füchse stammten von ungewöhnlich freundlichen kanadischen Füchsen ab, die eine jahrzehntelange Historie der Käfighaltung hinter sich hatten. Das heißt: Bereits zu Beginn des Experiments waren sie zahmer als echte Wildfüchse. Belyaevs Experiment bildet also nicht den gesamten Domestikationsprozess ab. Seine frühen Phasen, in denen die Füchse aus der Natur entnommen, von ihren Artgenossen isoliert und fortan in Käfigen gehalten wurden, hatten bereits ihre Spuren im Genom und Verhalten hinterlassen, als das Experiment 1959 begann.

Das Team um Kathryn Lord weist deshalb zu Recht auf Folgendes hin: Aus dem Belyaev-Experiment kann nicht unzweifelhaft geschlossen werden, dass es einzig und allein die Selektion auf Zahmheit war, die das Ensemble aus weiteren Domestikationsmerkmalen hervorgebracht hat. Es könnten auch weitere Faktoren an diesem Prozess beteiligt gewesen sein, die möglicherweise auf die Anfangsphase der Silberfuchshaltung in Kanada lange vor Belyaevs Untersuchung zurückgehen. Zudem gilt es zu bedenken, dass die Silberfüchse während des Experiments nicht nur der Selektion auf Zahmheit ausgesetzt waren – sondern dem gesamten Einfluss des Lebens in Menschenhand.

Insofern können wir abschließend festhalten: Trotz der eindrucksvollen Ergebnisse von Belyaevs Experiment lässt sich nicht eindeutig sagen, ob es wirklich ausschließlich die starke künstliche Auslese auf das freundliche Verhalten gegenüber dem Menschen war, die bei den Füchsen zum Auftreten der übrigen Haustiermerkmale geführt hat. Ebenso erscheint eine Rolle der Neuralleistenzellen beim Zustandekommen verschiedener Aspekte des Domestikations-Syndroms zwar plausibel; doch ob ihr tatsächlich die vom Team um Wilkins postulierte Schlüsselrolle zukommt, lässt sich aufgrund der aktuellen Datenlage noch nicht entscheiden. Das zeigt: Auch wenn wir heute bereits viel über die Verwandlung der Wildtiere in Haustiere wissen – es gibt durchaus noch so manches Rätsel zu lösen.

Fazit

Im Zuge der Domestikation der Säugetiere entstanden durch das Wirken der künstlichen, natürlichen und abgeschwächten Selektion charakteristische Merkmale, die sie von ihren wilden Stammformen unterscheiden. Darunter finden sich eine verstärkte Variabilität bezüglich Größe, Form, Farbe; eine Abnahme des Hirnvolumens; eine höhere Fortpflanzungsleistung; eine Reduktion der Aggressivität und der Aufmerksamkeit; eine Zunahme des Sexualverhaltens, der sozialen Verträglichkeit und der Vokalisation. Wie wir gesehen haben, kam es während der Domestikation aber in der Regel nicht zum Verlust oder Neuerwerb von Verhaltensweisen. Gravierende Änderungen betreffen vielmehr die Verhaltenshäufigkeiten sowie die Schwellen ihrer Auslösbarkeit. Die Gesamtheit der typischen Haustiermerkmale wird auch als «Domestikations-Syndrom» bezeichnet.

Mitte des letzten Jahrhunderts begann Dmitry Belyaev ein Experiment an Silberfüchsen, das bis heute läuft: Es zeigt, dass die rigorose künstliche Selektion auf Zahmheit innerhalb weniger Generationen zu Tieren führen kann, die dem Menschen freundlich begegnen und Kontakt zu ihm suchen. Gleichzeitig legt es nahe, dass eine solche Zucht auf mangelnde Scheu vor dem Menschen zum Auftreten weiterer Merkmale des Domestikations-Syndroms führen kann, wie Schlappohren oder ein geschecktes Fell. Erklären ließe sich dieser Befund mit der sogenannten «Neuralleisten-Domestikations-Syndrom-Hypothese». Hiernach würden sich Tiere, die dem Menschen gegenüber wenig Scheu und Aggression zeigen, durch einen Mangel an Zellen der Neuralleiste während der Embryonalentwicklung auszeichnen. Da diese Zellen sich jedoch auf viele körperliche Prozesse auswirken, könnte ein solcher Mangel auch das Auftreten weiterer Domestikationsmerkmale erklären. Insofern wird in der Wissenschaft diskutiert, ob diesem Mechanismus in der Anfangsphase der Haustierwerdung der Säugetiere möglicherweise eine Schlüsselrolle zugekommen ist. Noch sind aber viele Fragen offen – und erst die zukünftige Forschung wird zeigen, ob diese Hypothese tatsächlich belegt werden kann.

KAPITEL 11

Gestresstes Wildmeerschweinchen, relaxtes Hausmeerschweinchen

Verträglichkeit und Gelassenheit: Anpassungen an das Leben in menschlicher Obhut

In den vergangenen beiden Kapiteln haben wir darüber gesprochen, wie sich Tiere im Zuge der Domestikation verändert haben – sowohl in Bezug auf ihr Aussehen als auch hinsichtlich ihrer Physiologie und ihres Verhaltens. Eine Konsequenz dieser Veränderungen ist, dass Haustiere wesentlich besser an ein Leben in menschlicher Obhut angepasst sind als ihre wilden Vorfahren. Einige der dabei relevanten Aspekte wollen wir uns in diesem Kapitel anhand einer Tierart anschauen, die diesbezüglich wissenschaftlich besonders gut untersucht ist: das Meerschweinchen.

Meerschweinchen wurden vor ungefähr 4500 Jahren in der Andenregion domestiziert. Sie stammen von einer Unterart des Gewöhnlichen Wildmeerschweinchens ab, das in Südamerika weitverbreitet vorkommt. Mitte des 16. Jahrhunderts brachten Spanier die ersten Exemplare der Nager mit nach Europa. Heute gehören Hausmeerschweinchen zu den beliebtesten Heimtieren: Im Jahr

2022 lebten in Deutschland mehr als eine Million der Tiere in Privathaushalten, und realistische Schätzungen gehen weltweit von deutlich über 20 Millionen Individuen aus. In der Andenregion werden sie darüber hinaus auch als Delikatesse der traditionellen Küche betrachtet. So landen in Peru jedes Jahr mehr als 50 Millionen Meerschweinchen im Kochtopf oder auf dem Grill.

Während der letzten Jahrzehnte hat ein Forschungsteam an der Universität Münster intensiv untersucht, wie sich Haus- und Wildmeerschweinchen in ihrem Verhalten und ihren Stressreaktionen unterscheiden. Maßgeblich daran beteiligt waren Christine Künzl, Sylvia Kaiser und Norbert Sachser – einer der beiden Autoren dieses Buches. Im weiteren Verlauf dieses Kapitels gibt er einen Einblick in die Erkenntnisse, die er und sein Team gewonnen haben.

«Soziale Intelligenz» als Anpassungsstrategie

In unserem Institut in Münster lebten über viele Jahre sowohl Hausmeerschweinchen als auch Wildmeerschweinchen. Die Hausmeerschweinchen gingen auf eine heterogene Population von Tieren zurück, die ursprünglich von einem kommerziellen Züchter erworben wurden; die Wildmeerschweinchen stammten von Tieren ab, die vor Jahrzehnten in Südamerika gefangen und seitdem in Tiergärten und Forschungsinstituten weitergezüchtet worden waren.

Die Hausmeerschweinchen wiesen die klassischen Merkmale von domestizierten Tieren auf und waren schon auf den ersten Blick von ihren wilden Verwandten zu unterscheiden: hier unterschiedliche Farbvarianten, dort ein einheitliches schwarz-graues Fell; hier ein plumper, rundlicher Körperbau und kurze, breite Gesichter, dort eine gestreckt-elegante Gestalt und schmale Schnauzen. Trotz dieser offensichtlichen Unterschiede stellte sich aber schnell heraus: Haus- und Wildmeerschweinchen konnten problemlos Nachkommen miteinander zeugen, die ihrerseits auch fortpflanzungsfähig waren.

Das gilt übrigens auch für alle anderen domestizierten Tiere und ihre wilden Verwandten. Deshalb zählt man in der Biologie das Haustier und seine jeweilige Stammform zur selben Art. Haus- und Wildmeerschweinchen werden also nicht als zwei verschiedene Spezies betrachtet, sondern als eine, genauso wie Hund und Wolf, Haus- und Wildschwein, Frettchen und Iltis oder Lama und Guanako.

Zu Beginn unserer Untersuchungen gab es in unserem Institut zahlreiche Gruppen von Haus- und Wildmeerschweinchen, in denen jeweils ein Männchen zusammen mit zwei Weibchen in großen, reich strukturierten Gehegen lebten. Um zu erfahren, wie die Tiere miteinander umgingen, zeichneten wir ihr Verhalten für mehrere hundert Stunden auf. Anschließend wurden die Aufnahmen mithilfe einer anspruchsvollen Software ausgewertet: Welche Verhaltensweisen traten bei den Hausmeerschweinchen auf, welche bei den Wildmeerschweinchen? Wer verhielt sich aggressiv? Wer war eher freundlich? Wer balzte wie oft mit dem für Meerschweinchen typischen Rumba-Tanz? Wer richtete sich auf, um die Umgebung auf Veränderungen hin zu überprüfen?

Wie die Ergebnisse zeigten, unterschieden sich die Hausmeerschweinchen klar von ihren wilden Verwandten und wiesen wesentliche Verhaltensmerkmale des Domestikations-Syndroms auf. So war ihre Aufmerksamkeit gegenüber der Umwelt drastisch reduziert. Während sich die Wildmeerschweinchen alle paar Minuten aufrichteten, um die Umwelt außerhalb des Geheges zu betrachten, interessierte das die Hausmeerschweinchen kaum. Was das Werbe- und Sexualverhalten betraf, waren die männlichen Hausmeerschweinchen sexuell erheblich aktiver als die Wildmeerschweinchen und umwarben ihre Weibchen viel häufiger mit intensivem Analschnuppern, Rumba-Tanz und purrenden Lauten. Dies ging mit deutlich erhöhten Konzentrationen des Sexualhormons Testosteron einher.

Die Hausmeerschweinchen gingen auch freundlicher miteinander um als die Wildmeerschweinchen. Sie ruhten häufig mit anderen Mitgliedern ihrer Gruppe bei Körperkontakt und beknabberten deren Fell und Ohren. Auch waren sie wesentlich weniger aggressiv: Angriffe, Beißereien oder Verjagen kamen zwischen ihnen so gut wie gar nicht vor. Im Gegensatz dazu gab es zwischen den Wildmeerschweinchen kaum ein soziopositives, das heißt freundliches, Verhalten – und vor allem zwischen den Weibchen kam es immer wieder zu Reibereien.

Weitere dramatische Unterschiede im Sozialverhalten wurden sichtbar, als sich die Tiere fortpflanzten und die Gruppen größer wurden. Kamen bei den Wildmeerschweinchen Töchter zur Welt und wuchsen heran, so integrierten sie sich nach der Geschlechtsreife in die Dominanzhierarchie der vorhandenen Weibchen. Je älter und schwerer ein Weibchen war, desto höher stand es in der Hierarchie. Die Töchter stellten sich entsprechend hinten an. Ganz anders sah das bei den Söhnen aus. Bis zum Erreichen der Geschlechtsreife wurden sie in den Gruppen toleriert. Danach griff der Vater sie erbarmungslos an, und sie mussten aus den Gruppen entfernt werden.

Bei den Hausmeerschweinchen sah das vollkommen anders aus: Sowohl Töchtern als auch Söhnen gelang es, sich mit Erreichen der Geschlechtsreife problemlos in ihre Gruppe zu integrieren. Hier konnten in vergleichbaren Gehegen nicht nur einige wenige, sondern auch Dutzende von männlichen und weiblichen Tieren relativ friedlich und stressfrei zusammenleben. Das warf die Frage auf: Wie ist es möglich, dass die Tiere so perfekt mit den beengten Bedingungen in menschlicher Obhut zurechtkommen und sich sowohl in kleinen als auch in großen Gruppen miteinander arrangieren? Die Antwort lautet: weil Hausmeerschweinchen im Zuge der Domestikation verträglicher geworden sind und sie darüber hinaus ihre soziale Organisation flexibel an sich verändernde Bedingungen anpassen können. Was genau ist mit diesem letzten Punkt gemeint?

Wenn nur wenige männliche und weibliche Hausmeerschweinchen zusammen in einem Gehege leben, dann bilden die Männchen eine lineare Dominanzhierarchie aus. Das ranghöchste Männchen dominiert anschließend das gesamte soziale Geschehen. Da die Kräfteverhältnisse geklärt sind, werden die meisten Konflikte auf nicht eskalierende Weise gelöst: Drohverhalten tritt nur selten auf, Kämpfe gibt es so gut wie nie.

Wächst die Anzahl der geschlechtsreifen Tiere auf ein Dutzend und mehr, kommt es zu einem Wechsel in der sozialen Organisation: Die gesamte Gruppe splittet sich in Untergruppen auf, und die ranghöchsten Männchen jeder Untergruppe, die sogenannten Alphas, bilden langfristige soziale Bindungen zu den Weibchen ihrer Untergruppen aus. Diese sind äußerst stabil und bleiben teils über Jahre bestehen.

Bemerkenswerterweise kümmern sich die Alphas nur um die Weibchen ihrer eigenen Untergruppe und respektieren die sozialen Bindungen der anderen Alphas. Als Folge konkurrieren die stärksten Männchen der gesamten Kolonie nicht um dieselben Weibchen – und es gibt keinen Grund für eskalierte Auseinandersetzungen.

Der Wechsel von der einen Form der sozialen Organisation zur anderen erlaubt es Hausmeerschweinchen, sich in menschlicher Obhut sowohl an niedrige als auch hohe Tierzahlen bestens anzupassen. Immer ist das Leben durch eine klare soziale Orientierung, ein geringes Maß an Aggression und eine hohe soziale Stabilität charakterisiert. In der wissenschaftlichen Literatur ist treffend von der «sozialen Intelligenz» der Hausmeerschweinchen die Rede, die diese erstaunliche Anpassungsleistung an die vom Menschen vorgegebenen Bedingungen erlaubt.

Damit erwachsene Tiere in großen Gruppen von Artgenossen zurechtkommen, ist allerdings noch ein weiterer Faktor von ausschlaggebender Bedeutung: das Erlernen sozialer Regeln während der Pubertät. Nur wenn junge männliche Hausmeerschweinchen in diesem Lebensabschnitt gemeinsam mit älteren, dominanten

Männchen groß werden, lernen sie, wie man sich im weiteren Leben ohne Aggression mit Konkurrenten arrangiert.

Was Stress mit Anpassung zu tun hat

Was uns neben dem Verhalten der Meerschweinchen brennend interessierte, waren ihre hormonellen Stressreaktionen. Denn diese sagen viel darüber aus, ob und wie gut Tiere mit der Situation zurechtkommen, in der sie leben. Warum ist das so? Für alle Wirbeltiere – ganz gleich, ob Fische, Vögel oder Säugetiere – gilt: Im Laufe der Evolution haben sich physiologische Anpassungssysteme entwickelt, die dem Organismus ermöglichen, mit bedrohlichen oder belastenden Situationen umzugehen. In diesem Zusammenhang spielt das Hormonsystem eine große Rolle, insbesondere die Nebenniere.

Die Nebenniere ist eine Hormondrüse, die beidseits jeweils auf den Nieren aufsitzt. Sie besteht aus zwei Teilen: der äußeren Nebennierenrinde und dem inneren Nebennierenmark. Die Nebennierenrinde produziert vor allem Cortisol, das Nebennierenmark Adrenalin und Noradrenalin. Werden diese Hormone ausgeschüttet, setzen sie Prozesse in Gang, die den Organismus mit Energie versorgen, damit er auf Belastungen aller Art reagieren kann. Und es ist ganz gleich, ob es sich dabei um widrige Wetterbedingungen, Nahrungsknappheit, das plötzliche Erscheinen eines Fressfeindes oder sozialen Stress mit Artgenossen handelt. Deshalb werden Cortisol, Adrenalin und Noradrenalin auch als Stresshormone bezeichnet.

Erkennt das Gehirn eine akute Gefahr, so aktiviert es das sympathische Nervensystem, das direkt mit dem Nebennierenmark verbunden ist. In Sekundenschnelle werden dann Adrenalin und Noradrenalin in das Blut ausgeschüttet, was letztlich dazu führt, dass der Organismus adäquat auf die Situation reagieren kann: fliehen oder kämpfen. Die Aktivierung des Sympathikus-Nebennierenmark-Systems ermöglicht somit die rasche körperliche Anpassung von Wirbeltieren an bedrohliche Situationen. Der Entdecker dieser Stressreaktion, der Amerikaner Walter Cannon, nannte sie deshalb «Kampf-oder-Flucht-Reaktion» («fight or flight syndrome»).

Wenige Minuten nach der Ausschüttung von Adrenalin beginnt auch die Nebennierenrinde, «ihr» Stresshormon Cortisol in den Blutstrom abzugeben. Diese Reaktion setzt erst etwas später ein, weil ein Teil des Gehirns, der Hypothalamus, bei Belastung oder Gefahr zunächst eine Anweisung an die Hypophyse, die Hirnanhangsdrüse, gibt. Diese sondert dann ein Hormon in den Blutstrom ab, das zur Nebennierenrinde gelangt und dort den Befehl erteilt: Cortisol ausschütten! Das Cortisol hat eine ähnliche Wirkung wie das Adrenalin: Es setzt Prozesse in Gang, die Energie bereitstellen und den Organismus handlungsfähig machen. Gleichzeitig macht es ihn stressresistenter und schmerzunempfindlicher. So kann der Organismus sich auch mittelfristig an belastende Situationen anpassen.

Der Entdecker dieser Reaktion, der Kanadier Hans Selye, prägte hierfür den Begriff «Allgemeines Anpassungs-Syndrom» («general adaptation syndrome»). Damit wird zu Recht suggeriert, dass es sich um eine für den Organismus sehr sinnvolle Reaktion handelt, die es ihm ermöglicht, sich an belastende Situationen anzupassen. Dies sollte aber keinesfalls darüber hinwegtäuschen, dass eine langfristige, zu starke Aktivierung jedes der beiden Stress-Systeme mit schweren Krankheitserscheinungen verbunden sein kann – insbesondere des Herz-Kreislauf- und Immunsystems.

Zusammengefasst können wir bei Wirbeltieren also zwei Stress-Systeme unterscheiden: das Sympathikus-Nebennierenmark-System mit den Hormonen Adrenalin und Noradrenalin sowie das Hypothalamus-Hypophysen-Nebennierenrinden-System mit dem Hormon Cortisol. Ersteres ist vor allem für kurzfristige Anpassungsreaktionen zuständig, Letzteres für kurz- und mittelfristige. Die Messung, ob und, wenn ja, wie stark diese Hormone ausgeschüttet werden, erlaubt deshalb Aussagen darüber, wie gut sich Wirbeltiere an ihre Umwelt anpassen können.

Verminderte Stressreaktionen und wenig Erkundungsfreude

Was haben wir in unseren Untersuchungen über die Stressreaktionen bei Haus- und Wildmeerschweinchen erfahren? Nachdem die Tiere monatelang unter denselben Bedingungen in unserem Institut gelebt hatten, waren die Werte des Cortisols nahezu identisch. Das heißt: Unter ungestörten Bedingungen unterschieden sich Haus- und Wildmeerschweinchen nicht in der Aktivität ihrer Nebennierenrinden. Im Gegensatz dazu stellten wir aber fest: Die Aktivität des für die Produktion von Adrenalin verantwortlichen *Nebennierenmarks* war bei den Wildmeerschweinchen mehr als doppelt so hoch wie bei ihren domestizierten Artgenossen.

Deutliche Unterschiede in beiden Stress-Systemen ergaben sich zudem dann, wenn die Haus- und Wildmeerschweinchen sich einer neuen Herausforderung gegenübersahen. Dies zeigte sich, wenn wir sie aus ihrer gewohnten Gruppe nahmen und allein in ein fremdes Gehege setzten. Zwar aktivierten alle Tiere umgehend das Sympathikus-Nebennierenmark-System und schütteten unverzüglich Adrenalin und Noradrenalin aus. Doch die Wildmeerschweinchen reagierten deutlich stärker als die Hausmeerschweinchen, was etwa zehnmal so hohe Adrenalin- und dreimal so hohe Noradrenalin-Werte belegten. Einige Minuten später kam es dann zur Aktivierung des Hypophysen-Nebennierenrinden-Systems: Bei allen Tieren stiegen die Cortisol-Werte im Blut an. Und auch hier ergab sich ein deutlicher Unterschied: Nach einer Stunde war der Cortisol-Spiegel bei den Wildmeerschweinchen etwa 75 Prozent höher als bei den Hausmeerschweinchen.

Der Domestikationsprozess hat bei den Hausmeerschweinchen also zu stark verminderten Reaktionen beider Stress-Systeme geführt: In herausfordernden Situationen schütten sie wesentlich weniger Adrenalin, Noradrenalin und Cortisol aus als ihre wilden Verwandten. Und wie oben beschrieben weisen sie auch unter ungestörten Bedingungen eine deutlich geringere Aktivität des Sympathikus-Nebennierenmark-Systems auf. Vereinfacht gesagt lässt sich also festhalten: Die Domestikation hat aus gestressten Wildmeerschweinchen relaxte Hausmeerschweinchen gemacht.

Diese Ergebnisse sind nicht nur für die Haustierwerdung der Meerschweinchen von Bedeutung, sondern weit darüber hinaus. Denn eine solche verminderte Reaktivität der Stress-Systeme wird als physiologische Basis dafür betrachtet, dass Haustiere grundsätzlich gut an das Leben in Menschenhand angepasst sind. Mit Artgenossen auf engstem Raum zu leben, von Menschen angefasst, gemolken, geschoren oder von A nach B transportiert zu werden: Je geringer die Stressreaktionen, desto besser dürften Haustiere mit solchen Situationen zurechtkommen.

Für Wildtiere in ihrem natürlichen Habitat stellt sich die Situation völlig anders dar. Sie sehen sich ständig neuen Herausforderungen gegenüber: widrige Wetterbedingungen, Nahrungsmangel, Fressfeinde sowie die Konkurrenz um Paarungspartner, Territorien, Nistplätze. Um hierauf reagieren zu können, muss dem Organismus schnell und bei Bedarf dauerhaft Energie zur Verfügung gestellt werden. Und genau das geschieht durch die Aktivierung der beiden Stress-Systeme. Kurz gesagt: Während die Wildtiere in Bezug auf ihre Stressphysiologie an das herausfordernde Leben in freier Natur angepasst sind, hat der Domestikationsprozess bei den Haustieren zu einer Anpassung an das Leben in menschlicher Obhut geführt.

Beim Vergleich von Haus- und Wildmeerschweinchen ergab sich ein weiterer Unterschied: Hausmeerschweinchen besaßen eine drastisch verminderte Neugier, Erkundungsfreude und Risikobereitschaft. Das wurde offensichtlich, als wir eine Studie zum Explorationsverhalten durchführten. Die Apparatur, in der wir die

Tiere untersuchten, bestand aus einem kleinen Gehege und einem sich daran anschließenden Gang von 380 cm Länge und 25 cm Breite. Der Gang zweigte zweimal in einem rechten Winkel ab, sodasss sein Ende vom Start aus nicht eingesehen werden konnte.

Wir setzten die Tiere abends um 18 Uhr jeweils einzeln in das Gehege. Dabei war der Zugang zum Gang noch durch eine Schiebetür versperrt. Am nächsten Morgen um 8 Uhr öffneten wir dann die Schiebetür und registrierten über Lichtschranken, wie lange die Tiere jeweils brauchten, um das unbekannte Gangsystem zu erkunden. Spätestens neun Stunden nach dem Öffnen beendeten wir den jeweiligen Test.

Die Unterschiede zwischen der Haus- und Wildtierform waren gravierend: Die Wildmeerschweinchen betraten das unbekannte Terrain innerhalb weniger Minuten, und es dauerte maximal etwa eine Dreiviertelstunde, bis sie am Ende des Gangsystems angekommen waren. Im Gegensatz dazu verließ nur ein einziges Hausmeerschweinchen überhaupt sein Gehege und betrat nach etwa einer Stunde das Gangsystem, wo es dann jedoch verharrte und die unbekannte Umgebung nicht weiter erkundete.

Auch diese Ergebnisse zeigen sehr deutlich: Die Anforderungen an das Verhalten sind für Wildtiere völlig andere als für ihre domestizierten Verwandten. Ein Wildmeerschweinchen muss in seinem natürlichen Habitat erkundungsbereit sein. Nur so lernt es sein Terrain kennen und weiß, wo sich die Nahrungsquellen befinden und welche Versteck- und Fluchtmöglichkeiten es bei Gefahr gibt: Diese Neugier hat eine genetische Grundlage und zeigt sich auch dann, wenn es in Menschenhand wie ein Hausmeerschweinchen gehalten wird.

Hausmeerschweinchen hingegen haben sich über Tausende von Generationen an das Leben in menschlicher Obhut angepasst. Herausfordernden und gefährlichen Umwelteinflüssen sind sie kaum noch ausgesetzt. Unter diesen Bedingungen lag über lange Zeiträume kein Selektionsdruck darauf, neugierig, explorativ und risikofreudig zu sein. Sich so zu verhalten wie ihre wilden Verwandten, wäre reine Energieverschwendung und brächte keinerlei Vorteil.

Ist ein Wildtier in Menschenhand noch ein Wildtier?

Letztlich haben unsere Vergleiche von Haus- und Wildmeerschweinchen auch zur Klärung einer weiteren häufig diskutierten Frage beigetragen: Ist ein Wildtier, das sich lange in menschlicher Obhut befindet, überhaupt noch ein Wildtier? Oder setzt die Domestikation automatisch ein, und es wird allmählich zum Haustier?

Die Wildmeerschweinchen, die wir in den zuvor beschriebenen Studien mit Hausmeerschweinchen verglichen haben, gingen wie erwähnt auf wild lebende Tiere zurück. Diese stammten aus der Umgebung von Buenos Aires und waren für etwa 30 Generationen in Europa gezüchtet worden. Dann bot sich uns die Möglichkeit, wild lebende Tiere aus derselben Gegend in Argentinien zu importieren. Dies erlaubte uns, Wildmeerschweinchen, die über viele Generationen in Menschenhand gehalten worden waren (wir nannten sie «Generation 30»), mit gerade erst der Natur entnommenen Wildmeerschweinchen sowie deren Jungtieren zu vergleichen (wir nannten sie «Generation 1»). Die Frage, die wir uns stellten: Würden sich die Tiere der Generation 30 genauso verhalten wie die der Generation 1? Oder waren sie bereits auf dem Weg der Domestikation? Um in Bezug auf diesen letzten Punkt mehr zu erfahren, bezogen wir zusätzlich auch die Hausmeerschweinchen mit in unsere Untersuchung ein.

Ähnlich wie in den oben bereits beschriebenen Studien hielten wir die Tiere in kleinen Gruppen, die aus jeweils einem Männchen und zwei Weibchen bestanden, und filmten ihr Verhalten. Darüber hinaus bestimmten wir ihre Stressreaktionen, wenn sie in ein fremdes Gehege eingesetzt wurden, und testeten sie in der Apparatur mit dem langen Gang.

In Übereinstimmung mit unserer vorherigen Studie fanden wir erneut riesige Unterschiede zwischen den Haus- und Wildmeerschweinchen in Bezug auf ihr Verhalten und ihre Stressreaktionen. Doch wie sah es innerhalb der Wildmeerschweinchen aus? Unterschieden sich die Tiere der Generation 30 und der Generation 1?

Das Ergebnis war völlig überraschend: Obwohl sie seit Dutzenden von Generationen in menschlicher Obhut gelebt hatten, unterschieden sich die Tiere der Generation 30 nicht signifikant von ihren Artgenossen, die noch kurz zuvor in freier Wildbahn heimisch gewesen waren. Wir fanden keine Unterschiede im Sozialverhalten, in der Aufmerksamkeit gegenüber der Umgebung und in Bezug auf die Erkundungsfreude. Selbst die Stressreaktionen waren nahezu identisch: Nach einer Stunde im unbekannten Terrain zeigten die Konzentrationen des Cortisols fast denselben Mittelwert an – und auch die Konzentrationen des Adrenalins und Noradrenalins unterschieden sich zwischen den Tieren nur minimal.

Die wichtige Erkenntnis aus dieser Untersuchung lautet: Auch nach 30 Generationen in menschlicher Obhut wiesen die Wildmeerschweinchen keinerlei Domestikationsmerkmale auf. Auf den ersten Blick mag dieses Ergebnis erstaunlich erscheinen, denn wesentliche Selektionsdrücke wirkten seit Jahrzehnten nicht mehr auf die Tiere ein: Fressfeinde waren nicht mehr vorhanden, und Nahrung stand immer zur Verfügung. Der entscheidende Faktor scheint gewesen zu sein: Anders als in Belyaevs Fuchsstudie fand während der gesamten Zeit in menschlicher Obhut keine künstliche Selektion auf bestimmte Merkmale hin statt. Die Tiere wurden weder auf Verhaltensattribute wie Zahmheit gegenüber dem Menschen noch auf Aspekte ihrer äußeren Erscheinung wie ein prächtiges Fell hin gezüchtet. Es gab nur ein einziges Kriterium: Die genetische Vielfalt sollte möglichst erhalten bleiben. Deshalb wurde so weit wie möglich versucht, alle vorhandenen Tiere mit in die Zucht einzubeziehen. Diese Vorgehensweise scheint tatsächlich dazu geführt zu haben, dass die Wildmeerschweinchen auch in Gefangenschaft Wildtiere blieben. Und das macht für einen wichtigen Aspekt des Artenschutzes Hoffnung.

Denn wenn zoologische Gärten argumentieren: Wir züchten und halten gefährdete Tierarten, um sie später in geeigneten Habitaten wieder aussiedeln zu können, dann entgegnen Kritikerinnen und Kritiker häufig: Wildtiere in menschlicher Obhut sind bereits nach wenigen Generationen zu Haustieren geworden und für eine erfolgreiche Wiederansiedlung in freier Natur nicht mehr geeignet. Unsere Untersuchungen an Haus- und Wildmeerschweinchen zeigen aber: Wenn das Augenmerk ausschließlich und stringent auf dem Erhalt der genetischen Vielfalt liegt, dann können Wildtiere in menschlicher Obhut sehr wohl viele Generationen lang Wildtiere bleiben – und bei entsprechender Vorbereitung auch wieder ausgewildert werden.

Fazit

In diesem Kapitel haben wir gesehen, wie die Haustierwerdung bei Meerschweinchen zu typischen Domestikationsmerkmalen geführt hat, durch die sie hervorragend an das Leben in Menschenhand angepasst sind: Ihre Neugier und Aufmerksamkeit gegenüber der Umwelt sind drastisch reduziert; gleichzeitig sind sie wesentlich sozialer, toleranter und verträglicher gegenüber Artgenossen als ihre wilden Vorfahren. Darüber hinaus verfügen Hausmeerschweinchen über effektive Strategien, um ihre soziale Organisation flexibel an eine variierende Zahl von Sozialpartnern anzupassen – zumindest dann, wenn sie in frühen Lebensphasen die dafür nötigen Erfahrungen sammeln konnten. Letztlich ist es auch auf der hormonellen Ebene zu Veränderungen gekommen: So besitzen Hausmeerschweinchen verminderte Stressreaktionen, und die Aktivität ihres Sympathikus-Nebennierenmark-Systems ist dauerhaft reduziert. Eine solche verminderte Reaktivität der

Stress-Systeme wird auch bei anderen Haustieren als entscheidende physiologische Grundlage für die Anpassung an das Leben in Menschenhand betrachtet.

Deutlich wurde am Beispiel der Meerschweinchen auch: Das Leben in menschlicher Obhut führt nicht automatisch zur Domestikation. Wenn ausschließlich auf den Erhalt der genetischen Vielfalt hin selektiert wird, können Wildtiere in Menschenhand auch über viele Generationen hinweg noch immer Wildtiere bleiben.

KAPITEL 12

Wie Hunde unsere besten Freunde wurden

Ein besonderes Gespür für Zweibeiner: Anpassungen an den engen Kontakt mit Menschen

Im vorigen Kapitel haben wir am Beispiel der Meerschweinchen gesehen, wie sich Wildtiere durch die Domestikation in ihrem Sozialverhalten und ihren Stressreaktionen verändert haben und deshalb nun perfekt an ein Leben in menschlicher Obhut angepasst sind. Eine gewisse Rolle spielte dabei auch der regelmäßige Umgang mit dem Menschen. Für einen Großteil der domestizierten Tiere beschränkt sich dieser Kontakt allerdings auf vereinzelte Begegnungen – die meiste Zeit verbringen sie stattdessen mit ihren Artgenossen.

Anders sieht es für viele Hunde aus: Sie leben als Sozialpartner eng mit Menschen zusammen und sind sowohl innerhalb als auch außerhalb ihres Zuhauses mit ihnen unterwegs. Diese Besonderheit hat dazu geführt, dass sie sich im Zuge ihrer Domestikationsgeschichte erstaunlich gut an den Umgang mit uns Zweibeinern angepasst haben. Woran sich das unter anderem festmachen lässt, wollen wir uns im Folgenden ausführlich anschauen.

Der Wolf ist auf den Wolf fixiert, der Hund auf den Menschen

Das Wolf Science Center der Veterinärmedizinischen Universität Wien wurde im Jahr 2008 von Friederike Range, Zsófia Virányi und Kurt Kotrschal gegründet. Es bietet einzigartige Möglichkeiten, um zu erforschen, wie sich Wölfe durch die Domestikation verändert haben und welche Rolle der Mensch dabei spielte. Denn dort werden sowohl nordamerikanische Grauwölfe als auch Mischlingshunde gehalten, was es den Forschenden ermöglicht, die Tiere direkt miteinander zu vergleichen. Dabei ist ein Aspekt entscheidend: Wie wir bereits an anderen Stellen dieses Buchs gesehen haben, können sich Erfahrungen, die Tiere im Laufe des Lebens machen, gravierend auf ihre Entwicklung auswirken. Entsprechend lassen sich Unterschiede im Verhalten oder der Physiologie zwischen Hunden und Wölfen nur dann auf eine zugrunde liegende genetische Veranlagung zurückführen, wenn alle Tiere auf vergleichbare Weise groß geworden sind, den gleichen Kontakt zum Menschen gehabt haben und unter ähnlichen Bedingungen leben.

Genau das ist im Wolf Science Center der Fall: Sowohl die Wölfe als auch die Hunde werden in Gruppen in großen Gehegen gehalten. Zudem werden alle Tiere bereits im Welpenalter mit ihresgleichen und mit Menschen sozialisiert. Das bedeutet auch, dass jeder Wolf und jeder Hund mit der Hand aufgezogen wird. Dies wäre zwar nicht erforderlich, um einen vertrauensvollen Hund heranzuziehen. Menschen wissen aber vermutlich seit der Steinzeit: Wölfe werden nur dann zahm und bilden ein Vertrauensverhältnis zum Menschen aus, wenn sie in Handaufzucht groß geworden sind. Erst diese frühe Sozialisierung macht es möglich, dass die Tiere ein stressarmes Leben im Umfeld des Menschen führen können, und erlaubt eine direkte Zusammenarbeit im Rahmen wissenschaftlicher Untersuchungen.

Was genau haben die Forschenden durch ihre Studien herausgefunden? Eine wichtige und zunächst vielleicht verblüffende Erkenntnis lautet: Die Unterschiede zwischen Wölfen und Hunden sind gar nicht so groß, wie man denkt. Die Verhaltensweisen und das Ausdrucksverhalten der Tiere ähneln einander sehr. Und das gilt auch für ihre Trainierbarkeit. Dies veranschaulicht der Forscher Kurt Kotrschal anschaulich in seinem Buch «Der Wolf und wir»: So lernen sowohl Hunde als auch Wölfe problemlos Kommandos wie «Sitz» und «Platz» und machen bei Trainingseinheiten eifrig mit. Auch folgen beide der Anweisung, sich niederzulegen – sogar auf Distanz. Allerdings hält sich der Wolf – im Gegensatz zum Hund – nur so lange an die Anweisung, wie ein Blickkontakt zum Trainer besteht.

Doch wie beim Vergleich anderer domestizierter Tiere mit ihrer wilden Stammform zeigt sich auch bei Hunden und Wölfen: Bestimmte Verhaltensweisen werden von Ersteren mit anderer Häufigkeit und in anderen Kontexten eingesetzt als von Letzteren. So bellen Wölfe selten, und wenn, dann um ihre aggressive Stimmung gegenüber Nachbarn auszudrücken. Hunde hingegen bellen in den unterschiedlichsten Situationen und teilen so dem Menschen mit, was sie möchten oder wie sie sich fühlen. Zwar setzen sie das Gebell auch in der Kommunikation mit anderen Hunden ein. Die Forschenden gehen aber davon aus: Die Art und Weise, wie Hunde sich durch Bellen verständlich machen, ist im Laufe der Domestikation als Anpassung an das Zusammenleben mit Menschen entstanden.

Auch im Sozialverhalten von Wölfen und Hunden stießen die Forschenden auf Unterschiede. Sie zeigten sich beispielsweise in einem Versuch, bei dem Gruppen von drei bis fünf Tieren jeweils Zugang zu einem toten Reh erhielten. Bemerkenswerterweise monopolisierten die ranghöchsten Wölfe die begehrte Nahrung nicht, sondern tolerierten die niederrangigen Tiere – und alle Mitglieder des Rudels fraßen gemeinsam am Kadaver. Die Niederrangigen zollten den Höherrangigen wenig Respekt und verbrachten dort genauso viel Zeit wie sie. Im Gegensatz dazu verhielten sich etablierte Hundegruppen in der gleichen Situation völlig anders. Hier fraß das ranghöchste Tier so lange allein am Reh, bis es satt war. Erst dann hatten die rangniederen Tiere des Rudels Zugang zu dem begehrten Leckerbissen. Hier war von Toleranz der dominanten Tiere gegenüber den niederrangigen wenig zu sehen – und Letztere hielten von sich aus gebührenden Abstand.

Wölfe und Hunde unterschieden sich zudem deutlich, wenn es darum ging, miteinander zu kooperieren. Dies zeigten eindrucksvoll sogenannte Seilzieh-Tests («string-pulling tasks»). Hierbei befindet sich Futter – zum Beispiel ein Stück Fleisch – auf einer Plattform außerhalb des Geheges. Um die Plattform herum führt ein Seil, dessen beide Enden im Gehege zu liegen kommen. Nur dann, wenn gleichzeitig an beiden Seilenden gezogen wird, bewegt sich die Plattform auf das Gehege zu und ermöglicht den Zugriff auf die Belohnung. Wird gar nicht oder nur an einem Ende des Seils gezogen, bewegt sich nichts; das Futter bleibt unerreichbar.

Die Forschenden testeten mehrere Paare von jeweils zwei Wölfen oder zwei Hunden. Obwohl alle Tiere gleichermaßen motiviert waren, bei der Aufgabe mitzumachen, erwiesen sich die Wölfe als wesentlich erfolgreicher. Sie koordinierten ihre Aktivitäten so, dass sie simultan an den Enden des Seils zogen und damit Zugang zur Futterbelohnung erhielten. Ganz anders die Hunde: Sie zogen zwar auch am Seil – allerdings nie gleichzeitig, weshalb sie das ersehnte Stückchen Fleisch niemals erreichten.

Warum waren die Wölfe so erfolgreich? Waren die Hunde etwa zu dumm, um zusammenzuarbeiten und die Aufgabe zu lösen? Nein, das war nicht der Grund, wie eine Folgestudie klar zeigte. Im Rahmen dieser Untersuchung führten die Forschenden einen weiteren Seilzieh-Test durch. Diesmal sollten die Tiere nicht mit einem Artgenossen zusammenarbeiten, sondern mit einem Menschen, den sie gut kannten. Es zeigte sich: In dieser Konstellation waren Wölfe und Hunde beim Ergattern des Futters gleichermaßen erfolgreich. Die Hunde wussten also anscheinend sehr wohl, was zu tun war – die Kooperation klappte bei ihnen jedoch nur mit dem Menschen.

Interessanterweise ergab sich allerdings auch in diesem zweiten Experiment ein Unterschied – und zwar in der Art und Weise, wie die Tiere mit dem Menschen kooperierten. So ergriffen die Wölfe sofort die Initiative, liefen zum einen Ende des Seiles und warteten auf den Menschen, bis er das andere Ende nahm. Dann zogen beide gleichzeitig. Ganz anders die Hunde. Sie warteten so lange, bis der Mensch das Seilende ergriffen hatte, und fassten es erst dann mit der Schnauze, um gemeinsam mit ihm zu ziehen. Das Forschungsteam um Friederike Range brachte die Ergebnisse dieser Untersuchung im Titel einer Publikation treffend auf den Punkt: «Wölfe führen und Hunde folgen, aber beide kooperieren mit Menschen» («Wolves lead and dogs follow, but they both cooperate with humans»).

Welche generellen Schlüsse kann man aus diesen Untersuchungen ziehen? Hunde haben nicht erst im Laufe der Domestikation die Fähigkeit erworben zu kooperieren. Dies ist ein altes Erbe der Wölfe. Kein Wolfsrudel könnte ohne ein hohes Maß an Zusammenarbeit und Abstimmung überleben. Was sich aber verändert hat, ist die Art und Weise, wie mit Partnern umgegangen wird. Während Wölfe eine große Toleranz gegenüber vertrauten Wölfen zeigen – wie in den Tests zur Nahrungskonkurrenz –, sind Hunde untereinander wesentlich weniger verträglich. Die Forschenden vom Wolf Science Center vermuten sogar, dass dies auch der wesentliche Grund für ihren Misserfolg im Seilzieh-Test mit anderen Hunden ist: Das höherrangige Tier zeigt wenig Toleranz gegenüber dem rangniederen und monopolisiert die Testapparatur; gleichzeitig vermeidet das rangniedere Tier, ihm zu nahe zu kommen. Das ist keine gute Voraussetzung, um erfolgreich zusammenzuarbeiten!

Wie lässt sich diese Erkenntnis der Forschenden mit dem in Einklang bringen, was wir im vorigen Kapitel über die Domestikation der Meerschweinchen erfahren haben? Sie sind im Zuge der Haustierwerdung schließlich wesentlich verträglicher gegenüber ihren Artgenossen geworden. Wichtig zu beachten ist: Hausmeerschweinchen leben in Menschenhand häufig – wie viele andere Haustiere auch – in wesentlich größeren Dichten als ihre wilden Verwandten in freier Natur. An diese Bedingungen haben sie sich im Laufe ihrer Domestikationsgeschichte angepasst. Für die Hunde gilt das nicht. Sie werden für gewöhnlich nicht mit vielen Artgenossen auf engem Raum gehalten, sondern leben einzeln oder mit wenigen Artgenossen als Teil einer menschlichen Gemeinschaft.

Zusammengefasst lässt sich also festhalten: Im Laufe der Domestikation hat sich das Sozialverhalten von Hunden als Anpassung an das Zusammenleben mit dem Menschen deutlich verändert. Wölfe kooperieren mit anderen Wölfen und mit ihnen vertrauten Personen gleichberechtigt und übernehmen dabei gern die Führung. Im Gegensatz dazu gelingt Hunden die Kooperation mit Menschen besser als mit anderen Hunden. Dabei scheint eine Rolle zu spielen, dass sie mit deutlich hierarchischen Vorstellungen zur Welt kommen und sich bereitwillig unterordnen. Kurt Kotrschal spricht in diesem Zusammenhang von einer stark ausgeprägten «Obrigkeitshörigkeit», die im Zusammenleben mit dem Menschen entstand – und die einen der markantesten Unterschiede zu den Wölfen darstellt.

Gleichzeitig führte der Domestikationsprozess dazu, dass die Fokussierung auf den Menschen Teil der Hunde-DNA wurde. Hunde müssen nicht mit der Flasche aufgezogen werden, damit eine soziale Bindung zum Menschen entsteht, Wölfe schon. Und auch wenn Hunde- und Wolfswelpen das gleiche Maß an Sozialisation und Fürsorge durch den Menschen erfahren, scheint die Bindung von Hunden an den Menschen doch deutlich stärker und inniger zu sein als die der Wölfe.

In diesem Zusammenhang ist allerdings wichtig, sich klarzumachen: Das differenzierte Sozialverhalten der Hunde und ihre hohe soziale Kompetenz sind nicht erst im Laufe der Domestikation entstanden. Diese Eigenschaften fanden sich bereits zuvor bei den Wölfen; ohne sie wäre das komplexe soziale Miteinander im Rudel nicht möglich. Verändert hat sich aber die Fokussierung des gesamten sozialen Geschehens: Sie ist beim Wolf auf den Wolf, beim Hund jedoch auf den Menschen gerichtet.

Von hilfreichen Fingerzeigen und Suchfehlern

Als Folge der Anpassung an das enge Zusammenleben mit Menschen verstehen Hunde unsere Gesten ganz ausgezeichnet. Ein berühmter Versuch, mit dem sich diese Fähigkeit untersuchen lässt, geht so: Unter einem von mehreren undurchsichtigen Bechern befindet sich ein attraktives Objekt, zum Beispiel ein Leckerli. Wenn der Mensch hierauf zeigt, weiß bereits ein Hundewelpe, dass er hier zu suchen hat. Das ist keineswegs trivial: Menschenbabys verstehen diese Geste erst etwa ab dem 14. Lebensmonat, und erwachsene Wölfe und selbst die uns so ähnlichen Schimpansen haben erhebliche Schwierigkeiten, sie als Hilfestellung zu deuten – es sei denn, sie haben eine intensive Sozialisation durch den Menschen erfahren. Doch auch dann, wenn Wolfswelpen mit der Hand aufgezogen werden, verstehen sie die Gesten des Menschen längst nicht so gut wie Hunde.

Übrigens wissen Hunde nicht nur dann, wo sie zu suchen haben, wenn der Mensch in die entsprechende Richtung *zeigt*; es genügt auch, wenn er nur dorthin starrt oder nickt. Und selbst wenn der Mensch auf den falschen Behälter zugeht, dabei aber auf den richtigen zeigt, wissen Hunde immer noch, wo sie hinzulaufen haben.

Interessanterweise gibt es in diesem Zusammenhang allerdings Situationen, in denen Hunde – nicht aber Wölfe – einen Fehler begehen. Dies zeigte vor einigen Jahren der Versuch eines Teams um József Topál und Adám Miklósi. Im Labor hatten die

Forschenden zwei identische Wände aufgebaut, bezeichnet als Wand A und Wand B. Zunächst nahm eine Person einen Gummiball vom Boden auf und versteckte ihn hinter der nahe gelegenen Wand A. Dabei kommunizierte sie permanent mit dem jeweiligen Hund, rief seinen Namen und die Worte «Schau mal!» und untermalte das Geschehen mit Blicken und Gesten. Anschließend lief sie mit leeren Händen hinter Wand B her zurück zum Ausgangspunkt. Das gesamte Prozedere wiederholte sie mehrmals. Wie nicht anders zu erwarten, liefen die Hunde zuverlässig hinter Wand A, um den Ball zu holen.

Dann aber änderte sich das Vorgehen leicht: Nun legte die Person den Ball nicht hinter Wand A ab, sondern nahm ihn – für die Tiere gut sichtbar – von dort wieder mit und platzierte ihn hinter Wand B, allerdings ohne dabei etwas zu sagen. Wie würden sich die Hunde nun verhalten? Das erstaunliche Ergebnis: Sie liefen überwiegend nicht zur Wand B, sondern suchten den Ball hinter Wand A.

Ein völlig anderes Resultat erhielten die Forschenden jedoch, als sie die Testbedingungen leicht abwandelten: Der Versuchsablauf war derselbe wie zuvor. Diesmal kommunizierte die Person aber nicht mit dem Hund – weder durch Blicke oder Gesten noch durch Worte –, sondern stand einfach nur neben ihm. Der Gummiball war an einer für den Hund unsichtbaren Schnur befestigt und wurde so hinter die Wände A bzw. B gezogen. Die Hunde beobachteten den Vorgang – und hatten diesmal kein Problem, das Spielzeug am richtigen Ort zu finden. Prinzipiell waren sie also sehr wohl in der Lage wahrzunehmen, wo sich das Objekt der Begierde befand; den Suchfehler machten sie nur dann, wenn die Person zunächst laut mit ihnen sprach und sich dabei demonstrativ zur Wand A bewegte. Sie ließen sich von den kommunikativen Signalen also offenbar in die Irre führen und suchten deshalb an der falschen Stelle.

In einem nächsten Schritt verglichen die Forschenden Hunde mit Wölfen, die von Menschen mit der Hand aufgezogen worden waren. Der Versuchsablauf entsprach im Wesentlichen den vorherigen Experimenten. Diesmal wurde jedoch kein Gummiball, sondern leckeres Futter versteckt. Die Hunde verhielten sich wieder wie zuvor: Gab der Mensch kommunikative Signale von sich, trat der Suchfehler auf, wenn das Futter hinter Wand B versteckt wurde. Ganz anders die Wölfe: Sie ignorierten die kommunikativen Signale des Menschen, trauten dem, was sie sahen – und suchten das Futter zuverlässig an der richtigen Stelle.

Was kann aus diesen Untersuchungen geschlossen werden? Offenbar kommen Hunde mit einer starken Fixierung auf den Menschen zur Welt und sind ausgesprochen empfänglich für seine Signale. Das kann wie in den beschriebenen Versuchen auch schon mal zu Suchfehlern führen. Wölfe zeigen diese strikte Bezogenheit auf den Menschen nicht, schenken seinen kommunikativen Signalen keine so große Bedeutung und begehen entsprechend auch keine Suchfehler – selbst dann, wenn sie handaufgezogen und von Menschen sozialisiert sind.

«Ball» heißt Ball und «Lamm» heißt Lamm

Vor rund 25 Jahren brachte der fünfjährige Border-Collie «Rico» in der Fernsehsendung «Wetten, dass…?» ein Millionenpublikum zum Staunen: Aus 77 unterschiedlichen Spielzeugen fand er genau das heraus, dessen Bezeichnung ihm seine Halterin zurief, nachdem der Moderator es ausgewählt hatte. Wenn sie sagte: «Rico, wo ist denn der Schneemann? Such! Such!», machte Rico sich auf den Weg, begutachtete die Gegenstände der Reihe nach. Auf den Schneemann treffend, nahm er ihn sofort in die Schnauze und brachte ihn zu seinem Frauchen. Auch in einem zweiten, dritten und vierten Durchgang fand er treffsicher den zugerufenen Gegenstand.

Dieser Auftritt legte nahe: Rico kannte alle seine Spielzeuge beim Namen. Die Geschichte der Verhaltensforschung mahnt allerdings zur Vorsicht, wenn es um die Einschätzung kognitiver Leistungen von Tieren geht. Deshalb beschloss ein Forschungsteam um Juliane Kaminski und Julia Fischer, in einem Experiment unter kontrollierten Bedingungen zu überprüfen, ob der Border-Collie tatsächlich so gut Bescheid wusste – oder ob er nicht womöglich doch auf eine unbewusste Hilfestellung der anwesenden Personen reagierte.

Das Ergebnis war eindeutig: Rico war auch dann in der Lage, ein bestimmtes Spielzeug auf Zuruf aus mehreren herauszusuchen, wenn dabei niemand im Raum war, der die Lösung kannte. Er hatte tatsächlich gelernt, Dutzenden Gegenständen die richtige Benennung zuzuordnen. Dabei beherrschte er letztlich nicht nur 77 Wörter, sondern ganze 200, wie die Forschenden in der Fachzeitschrift *Science* berichteten.

Besonders erstaunlich war, dass Rico sogar im Ausschlussverfahren neue Wörter lernen konnte. Die Forschenden platzierten acht Gegenstände in einem Nebenraum, von denen Rico sieben mit Namen kannte und einen nicht. Dann nannten sie ihm ein völlig unbekanntes Wort und forderten ihn auf, genau diesen Gegenstand zu holen: «Rico! Wo ist der Soundso?» Rico lief daraufhin in den benachbarten Raum, sah sich alle acht Objekte an, wählte das unbekannte aus und brachte es. Offensichtlich konnte er das neue Wort mit dem unbekannten Objekt verknüpfen: Das Objekt, welches er nicht kannte, musste wohl dasjenige sein, welches seine Halterin benannte. Und nicht nur das: Er war sogar – zumindest in der Hälfte der durchgeführten Tests – in der Lage, sich diese Bezeichnung zu merken und sie auch vier Wochen später noch dem entsprechenden Objekt zuzuordnen. Damit lag seine Erfolgsquote genau in jenem Bereich, der in der Entwicklungspsychologie für dreijährige Kinder ermittelt wurde. Ricos Lernleistungen waren also keineswegs das Resultat einer einfachen Dressur. Vielmehr wandte der Border-Collie eine raffinierte Lernmethode an, von der man lange geglaubt hatte, dass sie nur der Mensch beherrsche: das «fast mapping», das schnelle Zuordnen.

Und Rico ist mit seiner Begabung offenbar nicht allein: Sieben Jahre nach dem Erscheinen der Studie über seine Leistungen veröffentlichten die Forschenden John Pilley und Alliston Reid eine Untersuchung über das Verhalten der Border-Collie-Hündin «Chaser». Sie konnte sogar noch mehr Objekte anhand ihrer Namen identifizieren: So umfasste ihr Repertoire insgesamt 1022 Wörter. Und Chaser konnte sogar unterschiedliche Verhaltensweisen mit der Bezeichnung der Gegenstände verknüpfen: Auf die Aufforderung «Nimm Lamm» nahm sie beispielsweise das Stofflamm ins Maul, und auf die Aufforderung «Nase Lippen» stupste sie mit der Schnauze ein Paar Stofflippen an.

Die beeindruckenden Leistungen von Rico und Chaser legen nahe: Hunde verstehen, dass manche Wörter, die wir Menschen äußern, sich auf bestimmte Objekte beziehen. Und tatsächlich gelang es einem Forschungsteam um Marianna Boros und Attila Andics in einer vor Kurzem erschienenen Studie, diese Annahme erstmals mit neurowissenschaftlichen Methoden zu belegen.

Die Forschenden wählten für ihre Untersuchung ein Verfahren, das in ähnlicher Weise bereits bei Studien mit Kleinkindern eingesetzt wurde. Der Ablauf: Eine Bezugsperson zeigte ihrem Hund bestimmte vertraute Gegenstände. Kurz davor wurde eine Tonaufnahme eingespielt, in der diese Person entweder das gezeigte Objekt oder ein anderes benannte. Es erklang also beispielsweise der Satz «Schau mal, der Ball!», und direkt danach hielt die Person entweder den Ball oder aber ein anderes Spielzeug hoch. Damit sie den Hund nicht durch ihr eigenes Verhalten unbewusst beeinflusste, trug sie schalldichte Kopfhörer – sie wusste also nicht, welche Aufnahme gerade abgespielt worden war und ob das Spielzeug richtig oder falsch benannt wurde.

Während der Studie wurde mit einem EEG-Gerät die elektrische Aktivität im Gehirn der Hunde erfasst. Die Auswertung der Daten von insgesamt 18 Tieren zeigte: Wenn das abgespielte Wort nicht zum gezeigten Gegenstand passte, war die Hirnaktivität der Hunde anders, als wenn Wort und Gegenstand übereinstimmten.

Und dieser Unterschied zeigte sich insbesondere dann, wenn den Tieren die genannte Bezeichnung gut vertraut war. Das erlaubt den Schluss: Sie hatten tatsächlich eine Vorstellung davon, auf welche Objekte sich die bekannten Wörter bezogen.

Bist du glücklich oder wütend?

Ein weiteres beeindruckendes Ergebnis der jüngeren verhaltensbiologischen Forschung lautet: Hunde verstehen nicht nur, was ihre Menschen sagen – sie haben auch ein Gespür für ihre Emotionen. Auch das ist keineswegs trivial. Denn bis vor etwa zehn Jahren gab es zu keiner einzigen Tierart einen wissenschaftlichen Beleg dafür, dass ihre Vertreter den Gefühlszustand von Individuen anderer Arten lesen könnten. Dies wurde erst 2015 von einem Forschungsteam um Ludwig Huber und Corsin Müller nachgewiesen – und zwar für Hunde.

Die Forschenden überprüften in einem Experiment, ob die Tiere in der Lage waren, allein anhand des Gesichtsausdrucks menschliche Emotionen zu unterscheiden. Dazu zeigten sie Hunden zunächst 15 verschiedene Fotopaare. Beide Fotos eines solchen Paars zeigten jeweils entweder die obere oder untere Hälfte des Gesichts einer Person. Der einzige Unterschied: Auf einem der Fotos schaute die Person glücklich drein, auf dem anderen wütend. Für die Hunde galt es nun – je nach Versuchsgruppe –, entweder stets den glücklichen oder stets den wütenden Gesichtsausdruck auszuwählen, um eine Belohnung zu erhalten.

Nachdem die Tiere dies gelernt hatten, begann der eigentliche Test. Nun zeigten die Forschenden ihnen neue Fotos. Auf ihnen waren beispielsweise die anderen Gesichtshälften der Personen aus der ersten Phase zu sehen oder Ausschnitte von Gesichtern bislang völlig unbekannter Personen. Das Ergebnis: Die Hunde wählten zuverlässig das Bild mit der Emotion aus, für die sie zuvor belohnt worden waren. Das lässt darauf schließen: Die Hunde hatten nicht bloß gelernt, die konkreten Bilder zu unterscheiden, die sie sahen. Sie verstanden offenbar, dass es darum ging, glückliche bzw. wütende Gesichtsausdrücke auszuwählen – und dies gelang ihnen selbst mit Fotos von Personen, die sie zuvor noch nie gesehen hatten.

Ein Jahr später zeigte ein Forschungsteam um Natalia Albuquerque und Kun Guo darüber hinaus: Hunde können sogar verschiedene Sinneseindrücke verknüpfen, um die Emotionen von Menschen zu lesen. Die Forschenden präsentierten den Tieren auf einem Bildschirm wiederum glückliche oder wütende menschliche Gesichter. Sie kombinierten die visuelle Information aber mit einem akustischen Input: Aus einem Lautsprecher wurde entweder eine glücklich oder eine wütend klingende Lautäußerung eingespielt.

Interessanterweise bemerkten die Hunde sofort, wenn der Gesichtsausdruck nicht zur Vokalisation passte. Stimmten beide überein, schauten sie sich das Gesicht wesentlich länger an, als wenn die unterschiedlichen Sinneseindrücke nicht zueinanderpassten. Hunde können also Informationen über verschiedene Sinneskanäle beziehen und diese zu einer kohärenten Wahrnehmung menschlicher Emotion integrieren.

Wir können festhalten: Hunde sind in der Lage, verschiedene Emotionen von Menschen anhand ihrer Gesichtsausdrücke und Äußerungen zu unterscheiden. Das bedeutet aber noch nicht, dass sie ein Gespür dafür haben, was ein Mensch in einer bestimmten Situation fühlt. Doch auch darauf gibt es mittlerweile tatsächlich erste Hinweise.

So spielte ein Team um Ludwig Huber Hunden aus einem Lautsprecher entweder menschliches Lachen oder Weinen vor – also Lautäußerungen, die einen fröhlichen bzw. traurigen Gemütszustand widerspiegeln. Es zeigte sich: Erklang das Weinen, reagierten die Hunde wesentlich häufiger mit Anzeichen für eine hohe Erregung und negative Emotionen wie Winseln oder Lefzenlecken. Das heißt: Das Weinen eines offensichtlich traurigen

Menschen rief bei den Hunden eine ganz ähnliche Gefühlsregung hervor. Dieses Phänomen wird wissenschaftlich auch als emotionale Ansteckung («emotional contagion») bezeichnet – und gilt bei Mensch und Tier als wichtige Voraussetzung für empathisches Verhalten.

Erst kürzlich bestätigten Forschende die Ergebnisse dieses Experiments mit Untersuchungen an Familienhunden in Ungarn, Kolumbien, Mexiko, Spanien, der Schweiz und den USA, bei denen sie auf die Beteiligung der Halterinnen und Halter setzten. Auch hier reagierten die Hunde auf menschliches Weinen aus dem Lautsprecher gestresst – und neigten zudem dazu, ihren vertrauten Menschen aufzusuchen und zu berühren. Kamen menschliche Summtöne aus dem Lautsprecher, interessierte das die Tiere hingegen deutlich weniger.

Übrigens untersuchten die Forschenden in dieser Studie noch eine andere Gruppe domestizierter Tiere: Minischweine. Sie verhielten sich vollkommen anders als die Hunde und reagierten deutlich stärker auf das Summen als auf das menschliche Weinen. Eine emotionale Ansteckung durch die negative menschliche Lautäußerung konnte bei ihnen nicht festgestellt werden. Das legt nahe: Die Fähigkeit, menschliche Emotionen mitzufühlen, ist kein generelles Merkmal domestizierter Tiere.

Die Blickkontakt-Oxytocin-Rückkopplungsschleife

Wir haben gesehen: Hunde sind stark auf uns Menschen bezogen. Sie können unsere Gesten, Blicke und Worte verstehen, unsere Emotionen lesen und mit uns fühlen. Und wir? Wir bilden enge soziale Bindungen zu ihnen aus, empfinden echte Freundschaft ihnen gegenüber und sogar Liebe. Wie konnte sich diese innige wechselseitige Beziehung entwickeln? 2015 veröffentlichte ein Forschungsteam um Miho Nagasawa und Takefumi Kikusui eine Studie, die uns darüber einiges verrät.

Die Forschenden gingen von einer seit Langem bekannten Tatsache aus: Wenn es zwischen Artgenossen zur Ausbildung von sozialen Bindungen kommt, dann geht dies bei Säugetieren mit der Ausschüttung eines bestimmten Botenstoffs einher – dem Oxytocin, das populärwissenschaftlich auch als Kuschel- oder Liebeshormon bezeichnet wird. Das ist beispielsweise bei der Entstehung der Mutter-Kind-Bindung von Schafen der Fall oder der Paarbindung von monogamen Präriewühlmäusen. Die Rolle des Oxytocins ist aber auch bei Menschen sehr gut belegt, insbesondere bei der Ausbildung der Mutter-Kind-Bindung kurz nach der Geburt.

Diese besondere Bindung zeigt sich vor allem in einem wechselseitigen Blickkontakt von Mutter und Kind. Dabei ist der Oxytocin-Spiegel der Mutter umso höher, je länger sie Blickkontakt mit ihrem Baby hat. Ein höherer Oxytocin-Spiegel wiederum führt Studien zufolge dazu, dass sie sich umso intensiver um ihren Nachwuchs kümmert. Das wiederum führt zu einem Anstieg des Oxytocin-Spiegels beim Baby – was dieses dazu veranlasst, sich verstärkt der Mutter zuzuwenden.

Ausgehend von diesen Befunden, fragte sich das Team um Nagasawa: Könnte ein solcher Rückkopplungsmechanismus aus Zuwendung und Oxytocin-Ausschüttung auch die gegenseitige Bindung von Mensch und Hund erleichtern – das heißt über die Artgrenze hinweg?

Um dies zu überprüfen, führten die Forschenden zwei Experimente durch. Im ersten Versuch beobachteten sie 30 Halterinnen und Halter eine halbe Stunde lang, wie sie mit ihren Hunden interagierten, das heißt: wie oft sie diese anschauten, mit ihnen sprachen und sie berührten. Ferner notierten sie, wie lange die Hunde ihre jeweiligen Bezugspersonen anschauten. Sowohl vor als auch nach den 30 Minuten wurden zudem die Konzentrationen des Oxytocins im Urin der Hunde und Menschen bestimmt. Die Ergebnisse zeigten klar: Schauten Hunde ihre Bezugsperson lange an, dann stieg die Oxytocin-Konzentration bei Herrchen und Frauchen deutlich an. Gab es nur wenig Blickkontakt, war dies hingegen nicht der Fall. Bemerkenswerterweise zeigten sich entsprechende Veränderungen auch bei den Hunden: Je mehr das Oxytocin bei ihrer Bezugsperson anstieg, desto stärker schoss es auch bei ihnen in die Höhe.

Dass tatsächlich eine kausale Beziehung zwischen dem Blickkontakt und der Ausschüttung des Oxytocins besteht, bestätigten die Forschenden im zweiten Experiment. In dessen Rahmen erhöhten sie den Oxytocin-Spiegel einiger Hunde künstlich, indem sie ihnen eine Dosis des Botenstoffs in die Nase sprühten. Tieren einer Kontrollgruppe verabreichten sie stattdessen nur eine Kochsalzlösung. Anschließend interagierten alle Hunde wieder 30 Minuten lang mit ihren Bezugspersonen, die angehalten wurden, von sich aus möglichst wenig Kontakt mit den Hunden aufzunehmen. Es zeigte sich: Die mit Oxytocin behandelten Hunde blickten wesentlich länger zu ihren Herrchen oder Frauchen. Als Folge stiegen die Oxytocin-Werte auch bei diesen deutlich an. Die Hunde aus der Kontrollgruppe nahmen hingegen deutlich weniger Blickkontakt mit ihren Bezugspersonen auf – und tatsächlich kam es bei diesen auch zu keinen nennenswerten Veränderungen der Oxytocin-Konzentration.

Was wir bislang noch nicht erwähnt haben: Im ersten Experiment hatten die Forschenden nicht nur Hunde, sondern außerdem auch Wölfe untersucht, die von ihren Bezugspersonen mit der Hand aufgezogen worden waren. Das Vorgehen war gleich, die Ergebnisse jedoch vollkommen anders: Die Wölfe vermieden weitgehend den Blickkontakt mit ihren Bezugspersonen, obwohl diese sie während der 30-minütigen Versuchszeit fast so häufig berührten und mit ihnen sprachen, wie es die Personen mit ihren Hunden taten. Und was geschah mit den Oxytocin-Werten? Sie stiegen weder bei den Wölfen noch bei ihren Bezugspersonen an.

Das Team um Nagasawa und Kikusui erklärt die Ergebnisse so: Anders als Hunde kommunizieren Wölfe mit dem Menschen nicht primär über Blickkontakte. Das verwundert nicht, denn gegenüber

Artgenossen setzen sie dieses Verhalten vor allem als Drohgebärde ein. Dass Hunde ihre Bezugspersonen anblicken und dies als wesentliches Mittel der sozialen Kommunikation mit dem Menschen einsetzen, hat sich demnach erst im Laufe der Domestikation entwickelt. Die Konsequenzen dieser Entwicklung sind weitreichend: Denn dieser Blickkontakt aktiviert einen neuro-endokrinen Mechanismus, der im Gehirn des Menschen seit Urzeiten verankert ist und unter anderem an der Ausbildung der Mutter-Kind-Bindung beteiligt ist. Die Forschenden Evan MacLean und Brian Hare formulieren es in einem Begleitartikel zur Studie treffend so: Die Hunde kapern dieses für enge soziale Beziehungen zuständige neurobiologische Bindungssystem mit ihren Blicken.

Schaut ein Hund seine Bezugsperson an, wird bei dieser Oxytocin ausgeschüttet, was dazu führt, dass sie vermehrt mit ihm interagiert und kommuniziert. Das wiederum führt zur Aktivierung des Oxytocin-Systems beim Hund und damit zu einer noch stärkeren Hinwendung zu seiner Bezugsperson. Die Forschenden sprechen von einer positiven Blickkontakt-Oxytocin-Rückkopplungsschleife. Dieses Phänomen ist offenbar erst im Laufe der Haustierwerdung des Hundes entstanden – und dürfte eine entscheidende Rolle für die Ausbildung der einzigartigen Beziehung zwischen Hunden und Menschen spielen.

Fazit

Obwohl sich Hunde bereits vor Zehntausenden von Jahren aus Wölfen entwickelt haben, zeigen vergleichende Studien: Die Unterschiede zwischen den Tieren sind gar nicht so groß, wie häufig angenommen wird. Wölfe und Hunde stimmen in ihren Verhaltensweisen und ihrem Ausdrucksverhalten weitestgehend überein. Ein differenziertes soziales Verhalten, eine hohe soziale Kompetenz und die Fähigkeit zur Kooperation sind bei Hunden und Wölfen gleichermaßen vorhanden.

Im Laufe der Domestikation hat sich allerdings die Art und Weise verändert, in der die Tiere mit Sozialpartnern umgehen. Wölfe kooperieren mit anderen Wölfen und mit vertrauten Menschen eher auf Augenhöhe. Hunde scheinen hingegen mit hierarchischen Vorstellungen zur Welt zu kommen und ordnen sich bereitwillig unter. Verschoben hat sich auch die Fokussierung des sozialen Lebens: Es ist beim Wolf auf den Wolf, beim Hund auf den Menschen gerichtet. Als Folge verstehen Hunde unsere Gesten, Blicke und Worte; sie können unsere Emotionen lesen und fühlen mit uns. Aufgrund ihrer Domestikationsgeschichte sind Hunde hervorragend an das enge Zusammenleben mit dem Menschen angepasst. Das zeigt auch ein weiterer Aspekt: So entwickelte sich der Blickkontakt zu einem wesentlichen Mittel der Kommunikation zwischen Hund und Mensch. Er aktiviert ein neurobiologisches Bindungssystem, das bei Vertretern beider Arten zur Ausschüttung von Oxytocin führt – und so die gegenseitige Bindung über Artgrenzen hinweg stärkt.

KAPITEL 13

Empathische Schweine und stubenreine Kühe

Die unterschätzten sozialen, emotionalen und kognitiven Fähigkeiten von domestizierten Tieren in der Landwirtschaft

Aus dem Wolf wurde der beste Freund des Menschen, aus der Falbkatze der geliebte Stubentiger. Hunde und Katzen können sogar vollwertige Familienmitglieder sein – und auch andere domestizierte Tiere fungieren heute immer häufiger als Sozialpartner. Diese hoch geschätzten Haustiere haben ein durchweg positives Image. Niemand käme auf die Idee, sie als degenerierte Mängelwesen zu betrachten.

Ganz anders ergeht es den domestizierten Tieren in der Landwirtschaft: Redensarten wie «blöde Kuh» oder «dummes Huhn» verweisen auf die Eigenschaften, die der Volksmund diesen Tieren zuordnet, und haben als Beleidigung Eingang in den menschlichen Wortschatz gefunden. Die sogenannten «Nutztiere» werden eher als minderwertige Wesen betrachtet, und Domestikation wird in diesem Zusammenhang als ein degenerativer Prozess verstanden, der zu dummen, emotional abgestumpften und sozial inkompetenten Tieren führt. Konrad Lorenz, einer der Begründer der Verhaltensforschung, dürfte an diesem Negativimage nicht ganz unschuldig sein – warnte er doch immer wieder eindringlich vor der «Verhausschweinung» des Menschen. Im Folgenden werden wir uns beispielhaft das Sozialverhalten sowie die emotionalen und kognitiven Fähigkeiten von domestizierten Schweinen, Rindern und Hühnern genauer anschauen, um mit diesen Vorurteilen aufzuräumen.

Borstentiere auf Rettungsmission

In der Nacht vom 28. auf den 29. Januar 2020 wurden in einem Landschaftsschutzgebiet östlich von Prag zwei junge Wildschweine aus einer Falle befreit. Dass Wildschweine hier gefangen werden, ist Teil eines Forschungsprojektes im Auftrag des tschechischen Landwirtschaftsministeriums. Überraschend war, wer die beiden Tiere befreite: eine Bache – ein erwachsenes weibliches Wildschwein.

Woher wissen wir das? Ein Forschungsteam um Michaela Masilkova und Hynek Burda hatte große Kastenfallen aus Stahldrahtgeflecht aufgestellt und sie mit Maiskolben beködert. Sie wurden mit Kameras überwacht, die alle zwei Minuten ein Foto schossen, sobald sich in der Falle oder der unmittelbaren Nähe etwas bewegte. Gegen 23 Uhr tauchten zwei junge Wildschweine auf – ein Frischling, gut an den Streifen zu erkennen, und ein etwas älterer Artgenosse, aber noch nicht ganz ausgewachsen. Einige Minuten später betrat das erste Tier die Falle und machte sich über den Mais her. Etwas später folgte das zweite und löste den Verschluss aus, sodass beide gefangen waren. Die Tiere liefen aufgeregt hin und her, stemmten sich gegen die Wände, versuchten, aus der Falle zu entkommen – ohne Erfolg.

Gegen 1:30 Uhr tauchte dann eine Rotte von acht Wildschweinen auf: eine große Bache mit sieben Halbwüchsigen. Sogleich zeigten mehrere Tiere Interesse an den beiden Holzbalken, die die Falle verriegelten. Sie waren hoch erregt, wie an ihren aufgerichtetem Borstenfell zu erkennen war. Die Bache schien zu verstehen, was ein Entkommen der gefangenen Tiere verhinderte: Sie schlug mit ihrem Schädel gegen den ersten Holzbalken und hatte ihn bereits nach sechs Minuten entfernt. Mit dem zweiten Balken hatte sie größere Schwierigkeiten. Aber etwa eine halbe Stunde nachdem die Rotte an der Falle eingetroffen war, hatte sie auch diesen so weit zur Seite geschoben, dass sich ein Spalt in der Tür öffnete und die gefangenen Tiere entweichen konnten. Der Verlauf dieser spektakulären Befreiungsaktion wurde mit zahlreichen Fotos dokumentiert.

Das Team um Masilkova hatte damit eine der auffälligsten Formen prosozialen Verhaltens im Tierreich belegt: die gezielte Hilfeleistung («targeted helping») für Artgenossen, die sich in einer misslichen Lage befinden. Die Helfenden erkannten offenbar, dass ihre gefangenen Artgenossen in Not waren. Wie ihr gesträubtes Fell nahelegte, teilten sie deren Emotionen und setzten gezielt ihre Fähigkeiten ein, um ihnen zu helfen. Das lässt auf ein gewisses Maß an Empathie, d.h. Einfühlungsvermögen, schließen.

Dass Tiere Artgenossen aus gefährlichen Situationen retten, wurde bisher nur für einige wenige Spezies – meist in anekdotischer Form – beschrieben. So attackierten Buckelwale, Zebramangusten und Vertreter unterschiedlicher Affenarten gezielt gefährliche Fressfeinde, die eigene Gruppenmitglieder bedrohten oder bereits in ihre Gewalt gebracht hatten. Bonobos und Schimpansen befreiten Artgenossen, die sich in Schlingen verfangen hatten. Und Elefanten entfernten Speere und Betäubungspfeile, die im Körper ihrer Artgenossen steckten. Letztlich schritten Affen und Elefanten auch ein, wenn Gruppenmitglieder durch andere Artgenossen bedroht wurden. Die Forschungsgruppe um Masilkova belegte nun: Auch Wildschweine gehören zu den Arten, die gezielt Hilfe leisten, wenn Artgenossen in Not sind.

In der Verhaltensbiologie geht man davon aus, dass diese Eigenschaft in Zusammenhang mit ihrem hoch entwickelten sozialen Leben steht, das in einer Reihe von Untersuchungen in den letzten Jahrzehnten dokumentiert wurde. Den Kern ihrer sozialen

Organisation bilden langfristig stabile Familiengruppen, die aus einem erwachsenen Weibchen und mehreren Generationen ihrer Töchter bestehen, denen sich nur zur Paarungszeit männliche Tiere anschließen. Diese Gruppen sind durch starke soziale Bindungen, soziopositives Verhalten und Kooperation charakterisiert. Die Fähigkeit, den emotionalen Zustand der Gruppenmitglieder zu erkennen, darauf zu reagieren und gegebenenfalls zu helfen, dürfte das soziale Miteinander wesentlich erleichtern.

Inspiriert von den Erkenntnissen über Wildschweine, fragte sich ein Forschungsteam um Liza Moscovice und Jean-Loup Rault: Könnte es sein, dass Hausschweine ähnlich hilfsbereite Wesen sind wie ihre wilden Vorfahren? Erkennen auch sie die Nöte ihrer Artgenossen und helfen sie ihnen bei Stress und Gefahr?

Dieser Frage gingen die Forschenden in einem viel beachteten Experiment nach. Dabei lebten Hausschweine in Gruppen von neun bis zehn Tieren in ihrem Heimatstall. An diesen konnten zwei kleine Boxen angeschlossen werden, die mit einem Gitterfenster und einer Tür versehen waren. Durch die Fenster konnten die Tiere beobachten, was in den Boxen geschah. Die Türen ließen sich von der Stallseite aus öffnen, wenn die Tiere mit ihrer Schnauze einen Riegel nach oben drückten – wofür sie einige Kraft aufwenden mussten. Die Ergebnisse bestätigten zunächst: Schweine sind neugierige Tiere. Wenige Minuten nachdem die Boxen mit dem Stall verbunden wurden, begannen sie, diese zu untersuchen, bissen in den Hebel und lernten schnell durch Versuch und Irrtum, wie die Türen zu öffnen waren. Daraufhin rannten sie in die Box und schnupperten überall herum.

Im eigentlichen Versuch wurde dann stets jeweils ein Schwein von der Gruppe getrennt, für ein paar Minuten allein in einem fremden Raum gehalten – und dann in eine der leeren Boxen gesetzt, die mit verschlossener Tür an das Heimatgehege angekoppelt war. Wie zu erwarten, bedeutete die Trennung von der Gruppe Stress für die Tiere: Die meisten Schweine versuchten aus der Box zu entkommen, knapp die Hälfte von ihnen kreischte und schrie, und ihre Cortisolwerte stiegen um mehr als 50 Prozent an. Die Tiere im Heimatgehege konnten ihre gefangenen Stallgenossen hören und durch das Fenster sehen. Die entscheidende Frage lautete: Würden sie ihnen helfen und sie befreien?

Die Antwort lautete: Ja! In 85 Prozent der 75 durchgeführten Tests befreiten die Schweine ihre gefangenen Artgenossen, und das im Schnitt innerhalb von etwa zwei Minuten. Dabei halfen sie umso schneller, je länger sie in das Fenster geschaut hatten, hinter dem sich ihr eingesperrter Gefährte befand, und je mehr Stresssignale dieser von sich gab. Um sicherzugehen, dass die Schweine die Box tatsächlich wegen des darin gefangenen Tiers öffneten und nicht aus bloßer Erkundungsfreude, hatten die Forschenden während der Versuche stets auch die zweite, leere Box mit verschlossener Tür an das Heimatgehege angeschlossen. Aber wie die Daten zeigen, interessierten sich die Retter hierfür deutlich weniger als für die andere Box, in der ein Artgenosse in Not war.

Das eindrucksvolle Ergebnis des Experiments legt nahe: Hausschweine merken, wenn ihre Sozialpartner in Bedrängnis geraten, und kommen ihnen gezielt zu Hilfe. Das heißt: Auch nach 9000-jähriger Domestikationsgeschichte unterscheiden sie sich in diesem Punkt offenbar nicht von ihren wilden Verwandten.

Es soll allerdings nicht verschwiegen werden, dass auch Kritik an dieser Interpretation der Studie geübt wurde. So könnten die Schweine ihre Artgenossen auch befreit haben, weil sie wieder mit diesen in Kontakt treten wollten – und nicht etwa, weil sie ihnen helfen wollten. Sie hätten also gar nicht selbstlos, sondern eher aus egoistischen Motiven gehandelt. Diese Zweifel lassen sich zugegebenermaßen nicht so leicht ausräumen. Doch vor dem Hintergrund dessen, was heute wissenschaftlich über die komplexen sozialen, emotionalen und kognitiven Fähigkeiten der Hausschweine bekannt ist, können wir festhalten: Dass bei ihren Befreiungsaktionen Empathie und Hilfsbereitschaft eine Rolle gespielt haben, erscheint zumindest sehr plausibel.

So lässt die Untersuchung eines Forschungsteams um Giada Cordoni und Ivan Norscia aus dem Jahr 2023 darauf schließen, dass Schweine ihre Artgenossen mitunter sogar «trösten». Im Rahmen der Studie beobachteten die Forschenden rund hundert Hausschweine, die in einem 13 Hektar großen Außengehege eines italienischen Bauernhofs lebten. Wie die Wildschweine in ihrem natürlichen Habitat führten auch diese Tiere ein hoch entwickeltes und komplexes soziales Leben – und das beinhaltete hin und wieder auch Streitigkeiten. Im Anschluss daran konnten die Forschenden oft ein faszinierendes Verhalten beobachten: So nahmen unbeteiligte Artgenossen überdurchschnittlich häufig Kontakt mit den Kontrahenten auf, indem sie diese beispielsweise mit ihrem Rüssel berührten. Diese Kontaktaufnahmen hatten messbare Auswirkungen, und zwar auf beide Konfliktparteien: Bei den jeweiligen Angreifern sank die Wahrscheinlichkeit, dass sie sich erneut aggressiv verhielten. Und die Empfänger der Aggressionen zeigten weniger Anzeichen von Angst wie beispielsweise Kopfschütteln oder Kauen mit leerem Maul.

Die an den Auseinandersetzungen nicht beteiligten Schweine trugen anscheinend dazu bei, den sozialen Frieden in ihrer Gruppe wiederherzustellen. Dazu gehörte auch, bei angegriffenen Artgenossen mit Rüsselstupsern für eine verbesserte Gemütslage zu sorgen. Es ist durchaus vorstellbar, dass dabei ein gewisses Maß an Mitgefühl eine Rolle spielte. Ein solches empathisches Trösten ist bisher nur für einige wenige Arten mit hoch entwickelten Sozialsystemen beschrieben worden, Schimpansen, Gorillas, Elefanten, Wölfe oder Rabenvögel etwa.

Darüber hinaus belegt eine Reihe weiterer Studien zweifelsfrei, was in den bisher beschriebenen Untersuchungen bloß vermutet werden konnte: Hausschweine sind sehr wohl in der Lage, die Emotionen ihrer Artgenossen zu übernehmen. So untersuchten Sébastien Goumon und Marek Špinka die Reaktion von Ferkeln, die durch ein Drahtgitter beobachteten, wie ein Artgenosse so stark eingepfercht wurde, dass er sich nicht mehr bewegen konnte. Obwohl sie selbst auf sicherem Terrain waren, zeigten die Beobachter sofort Anzeichen von erhöhter Aufmerksamkeit und Stress: Sie starrten auf das Opfer, suchten seine Nähe und initiierten durch das Drahtgitter Rüsselkontakte. Gleichzeitig reduzierten sie deutlich ihre Bewegungsaktivität und erstarrten immer wieder – ein Verhalten, das Furcht und Angst signalisiert. Die Furcht des Opfers übertrug sich also offenbar auf die Beobachter; sie ließen sich von den negativen Emotionen ihres gestressten Artgenossen anstecken – ein Phänomen, das wir bereits im vorigen Kapitel kennengelernt haben.

Dieser Ansteckungseffekt fiel übrigens besonders stark aus, wenn die Tiere zuvor selbst schon einmal auf ähnliche Weise eingepfercht worden waren. Die Forschenden weisen in ihrer Veröffentlichung deutlich auf die Implikationen ihrer Ergebnisse hin: Routineprozeduren in der Landwirtschaft – wie Kastrieren, Kupieren der Schwänze, Kürzen der Zähne oder Immobilisierungen für veterinärmedizinische Zwecke – sind für Schweine häufig mit Schmerzen und Stress verbunden. Wenn sie zu einem späteren Zeitpunkt dabei sind, wenn Stallgenossen die gleichen Behandlungen erfahren, können wir davon ausgehen: Allein das Miterleben der Maßnahmen versetzt sie aufgrund der Gefühlansteckung in Angst und Schrecken.

Übrigens gibt es auch einige wenige Hinweise darauf, dass Schweine einander nicht nur mit negativen Emotionen anstecken können, sondern auch mit positiven. So lieben die Tiere mit Schokolade überzogene Rosinen. Das machten sich Forschende vor einigen Jahren in einer Studie zunutze: Sie versteckten die Leckerei im Stroh und beobachteten, was daraufhin geschah. Wie zu erwarten, versetzte es die Tiere in eine äußerst positive Gefühlslage, wenn sie die Schokorosinen fanden. Bemerkenswert war aber dies: Begegneten sie anschließend ihren Stallgenossen, dann schien sich ihre positive Gefühlslage auf diese Tiere zu übertragen – obwohl diese selbst gar nichts von der Leckerei abbekommen hatten.

Eine karge Umwelt macht pessimistisch

Das reiche emotionale Erleben unserer Hausschweine zeigt sich auch in anderer Hinsicht: So wirkt sich ihre Gefühlslage – wie bei uns Menschen – darauf aus, wie sie die Welt wahrnehmen. Wissenschaftlich wird in diesem Zusammenhang von einer «kognitiven Verzerrung» gesprochen. Was hat es damit auf sich?

Wie wir Menschen die Welt um uns herum beurteilen und bewerten, hängt ganz wesentlich davon ab, wie wir uns fühlen. Wenn beispielsweise glückliche Menschen gefragt werden, was denn wohl die Zukunft bringt, so geben sie in aller Regel optimistische Antworten: Alles wird gut! Im Gegensatz dazu reagieren unglückliche, ängstliche oder depressive Personen auf dieselbe Frage eher pessimistisch, sie befürchten negative Ereignisse: Unfälle, Arbeitslosigkeit, Vereinsamung oder Krankheit. Mehrdeutige Situationen werden ebenfalls ganz unterschiedlich bewertet, je nachdem, in welcher Gefühlslage sich die Person befindet. Sinnbild hierfür ist das berühmte Glas Wasser: für Optimisten ist es halb voll, für Pessimisten halb leer. Generell bestätigt eine Vielzahl von wissenschaftlichen Untersuchungen: Emotionen beeinflussen das Denken des Menschen.

Der britische Verhaltensbiologe Michael Mendl und sein Team fragten sich vor gut 20 Jahren: Können wir solche kognitiven Verzerrungen vielleicht auch bei Tieren feststellen? Und ließen sich damit vielleicht indirekt Rückschlüsse auf ihre Emotionen ziehen?

In der Tat gelang es den Forschenden, diese Fragen mit einem klaren «Ja!» zu beantworten. Sie zeigten in einem bahnbrechenden Versuch mit Ratten, dass Tiere tatsächlich gefragt werden können, ob das Glas halb voll oder halb leer ist, ob sie eher Optimisten oder Pessimisten sind. Diese neue Untersuchungsmethode löste einen wahren Boom in der Forschung zum emotionalen Leben der Tiere aus, der bis heute anhält.

Im Prinzip geht es bei den Untersuchungen zur kognitiven

Verzerrung um Folgendes: Tiere lernen, zwischen zwei Reizen, zum Beispiel Tönen, zu unterscheiden, wobei der eine mit etwas Positivem, zum Beispiel Futter, und der andere mit etwas Negativem verbunden ist, zum Beispiel einer Bestrafung. Die entscheidende Frage ist anschließend: Wie wird das Tier reagieren, wenn ein uneindeutiger, ein ambiger Reiz präsentiert wird, der sich genau zwischen den ursprünglich gelernten Reizen befindet? Wird es sich eher optimistisch verhalten, so, als wenn es etwas Positives erwartet; oder eher pessimistisch, so, als ob es mit etwas Negativem rechnet?

Kommen wir zurück zu den Schweinen. Ein Forschungsteam um Melissa Bateson untersuchte mit genau dieser Methode, wie sich unterschiedliche Haltungsbedingungen auf die Tiere auswirkten. Würden sie beeinflussen, ob die Schweine eher optimistisch oder pessimistisch auf die Welt blickten?

Im Rahmen der Studie gab es zwei unterschiedliche Ställe: Der eine war sehr karg und entsprach den Minimalanforderungen in der Europäischen Union. Hier lebten die Tiere teilweise auf Spaltenböden, jedem Schwein standen nur 1,2 Quadratmeter Fläche zur Verfügung, und als Beschäftigungsmaterial diente ein einziger Holzklotz. Der andere Stall war deutlich komfortabler: Er bot jedem Tier wesentlich mehr Platz und hatte festen Boden ohne Spalten; zudem war stets frisches Stroh vorhanden, und zum Zeitvertreib standen herabhängende Metallketten sowie Holzklötze, Stöcke und Kartons zur Verfügung.

In einem ersten Schritt sollten alle Schweine in einem Testraum lernen, zwei Töne – nennen wir sie A und B – voneinander zu unterscheiden. Wenn sie den A-Ton hörten, sollten sie zu einer Luke laufen und wurden dort mit einem Apfel belohnt. Wenn sie den B-Ton hörten, sollten sie bleiben, wo sie waren. Liefen sie dennoch zur Luke, wedelte eine Person ihnen mit einer Plastiktüte durchs Gesicht – eine milde Form der Bestrafung, die sie gar nicht mochten.

Nach einer gewissen Zeit hatten alle Schweine gelernt: Bei Ton

A loslaufen und die Belohnung abholen; bei Ton B stehen bleiben, sonst folgt eine unangenehme Erfahrung. Die spannende Frage lautete dann: Wie würden die Schweine sich verhalten, wenn ein dritter Ton erklingt, den sie zuvor nie gehört hatten? Würden sie eine Belohnung erwarten und zur Luke hinlaufen? Oder würden sie mit einer Bestrafung rechnen und bleiben, wo sie sind?

Das Ergebnis war eindeutig: Die Schweine aus der angereicherten Haltung reagierten ganz überwiegend optimistisch. In 90 Prozent der Testläufe stutzten sie kurz und rannten dann – nach etwa 10 Sekunden – schnurstracks auf die Luke zu. Im Gegensatz dazu waren die Tiere aus der kargen Haltung eher pessimistisch: In nur 40 Prozent der Durchgänge setzten sie sich in Richtung Luke in Bewegung, und es dauerte zudem etwa zweieinhalbmal so lange, bis sie sich dazu entschieden hatten. In den meisten Fällen erwarteten sie bei dem Ton offenbar eine negative Erfahrung und blieben lieber da, wo sie waren.

In einem nächsten Schritt veränderte das Forschungsteam die Haltungsbedingungen: Die Schweine aus der kargen Haltung wurden in den angereicherten Stall umgesetzt, und die Tiere aus der angereicherten Haltung kamen in den kargen Stall. Dieser Wechsel hatte bereits nach zwei Tagen gravierende Auswirkungen: Die zuvor karg gehaltenen Schweine wurden im angereicherten Stall optimistischer – während die zuvor angereichert gehaltenen Tiere ihren Optimismus im kargen Stall nahezu vollständig verloren.

Im Laufe der beiden vergangenen Jahrzehnte sind Hunderte von Studien zu kognitiven Verzerrungen bei Tieren durchgeführt worden. Dabei besteht Konsens: Faktoren, die positive Emotionen auslösen, führen zu einer eher optimistischen Sicht auf die Welt; Faktoren, die negative Emotionen auslösen, hingegen zu einer eher pessimistischen Sicht. Entsprechend folgerten die Forschenden um Bateson bezogen auf ihre eigene Studie: Wenn eine angereicherte Umwelt bei Schweinen den Optimismus fördert, ruft sie offenbar einen positiven Gemütszustand hervor und trägt wesentlich zum Wohlergehen der Tiere bei. Gleichzeitig widerlegen die Ergebnisse des Teams ein immer wieder geäußertes Vorurteil: «Wenn ein Schwein niemals eine angereicherte Umwelt kennengelernt hat, dann weiß es gar nicht, was es vermisst, und deshalb geht es ihm gut.» Die Daten der Forschenden zeigen aber klar: Eine karge Umwelt beeinflusst das Wohlergehen der Tiere auch dann negativ, wenn sie niemals etwas Besseres erfahren haben.

Kälber profitieren von Streicheleinheiten

Wir haben anhand der bisher besprochenen Forschungsergebnisse gesehen, über welch bemerkenswerte soziale, emotionale und kognitive Fähigkeiten Hausschweine verfügen. Auf ganz ähnliche Befunde sind Forschende in den letzten Jahrzehnten auch bei anderen domestizierten Tieren in der Landwirtschaft gestoßen. Das Bild ist eindeutig: Eine Einstufung der sogenannten «Nutztiere» als abgestumpfte Mängelwesen entbehrt jeder Grundlage.

Das gilt auch für die nach den Schweinen zweithäufigsten Säugetiere in deutschen Landwirtschaftsbetrieben: die Hausrinder. So handelt es sich bei einer Kuhherde keineswegs um eine anonyme Gemeinschaft. Die Tiere kennen ihre unterschiedlichen Artgenossen und verbringen mit einigen von ihnen deutlich mehr Zeit als mit anderen. Ihre präferierten Sozialpartner belecken sie dabei zudem häufig und ausdauernd. Davon profitieren die Tiere nicht nur in Bezug auf ihre Körperpflege. Vielmehr scheint die Berührung mit der Zunge auch einen beruhigenden Effekt zu haben. Im Rahmen einer Studie stellte ein Forschungsteam fest: Die Herzfrequenz von Rindern sinkt deutlich, während sie von Artgenossen beleckt werden. Zudem zeigen Untersuchungen, dass Kühe, die Stress am Melkstand erfahren, einander anschließend verstärkt belecken und ihre Köpfe aneinander reiben.

Tatsächlich richtet die Forschung in den vergangenen Jahren

ein besonderes Augenmerk auf solche prosozialen Verhaltensweisen von Tieren in der Landwirtschaft. Einige besonders auffällige Beispiele dafür hatten wir bereits bei den Schweinen kennengelernt. In den allermeisten Fällen läuft das prosoziale Verhalten allerdings weit weniger spektakulär ab – wie auch das Belecken unter den Rindern. Vermutlich ist das einer der Gründe dafür, warum es von der Forschung lange vernachlässigt wurde. Mittlerweile gibt es sogar Hinweise darauf: Wenn prosoziales Verhalten in Gruppen von Tieren in der Landwirtschaft fehlt, könnte dies auf Defizite in den Haltungsbedingungen hindeuten. So zeigte eine Studie an 35 Milchviehbetrieben: Je häufiger die Tiere aggressiv aneinandergerieten und je mehr Verletzungen sie aufwiesen, desto seltener beleckten sie einander. Ferner trat dieses soziale Lecken auch nicht in Gruppen auf, die ständig neu zusammengewürfelt wurden oder in die alle paar Tage neue Tiere integriert wurden.

Bemerkenswerterweise fördert prosoziales Verhalten das Wohlergehen von Tieren nicht nur, wenn es von Artgenossen kommt. So konnte ein Forschungsteam um Stephanie Lürzel und Susanne Waiblinger eindrucksvoll zeigen: Auch sanfte Berührungen durch Menschen können sich positiv auf Rinder auswirken. Im Rahmen der Untersuchung führten die Forschenden ein Experiment mit insgesamt 104 Kälbern von Holstein-Rindern auf einem landwirtschaftlichen Betrieb in Ostdeutschland durch. Wie im Zuge der Milchgewinnung üblich, wuchsen diese getrennt von ihren Müttern auf, zunächst einzeln, dann in Gruppen. Auch sonst griffen die Forschenden kaum in die Haltungsbedingungen ein – mit einer entscheidenden Ausnahme: Sie streichelten die Hälfte der Kälber in den ersten zwei Lebenswochen jeden Tag drei Minuten lang am Hals und redeten dabei sanft auf sie ein.

Verhaltensbeobachtungen deuteten darauf hin, dass die Kälber die soziale Interaktion mit den Menschen durchaus genossen. So streckten sie oft ihre Hälse aus, wenn sie gestreichelt wurden, und zeigten zudem in vielen Fällen Spielverhalten, was auf eine positive Gemütslage hindeutet. Darüber hinaus reagierten die Tiere in einem Alter von zwei bis drei Wochen deutlich weniger ängstlich auf Personen, die sich ihnen annäherten.

Wirklich verblüffend war allerdings, was die Forschenden in Bezug auf die körperliche Entwicklung der Kälber feststellten: Die gestreichelten Tiere nahmen täglich bis zu 7 Prozent mehr an Gewicht zu und waren entsprechend mit 90 Tagen deutlich schwerer als ihre nicht gestreichelten Altersgenossen. Dieses Ergebnis unterstreicht, wie enorm Rinder von sanften Berührungen zu Beginn ihres Lebens profitieren können. Es ist allerdings auch in anderer Hinsicht bemerkenswert. Denn Untersuchungen zufolge geben weibliche Kälber, die rascher wachsen, im späteren Leben mehr Milch. In einer Pressemitteilung ihrer Universität erklärte Stephanie Lürzel, was das in Bezug auf den in ihrer Studie gefundenen Effekt bedeutet: etwa 50 Kilogramm mehr Milch pro Kuh und Jahr. Eine Kernbotschaft ihrer Untersuchung lautet deshalb: Maßnahmen, die das Wohlergehen von Tieren in der Landwirtschaft fördern, können sich durchaus auch ökonomisch auszahlen.

Auch die kognitiven Fähigkeiten von Rindern haben Wissenschaftlerinnen und Wissenschaftler in den vergangenen Jahren unter die Lupe genommen. So hat sich ein Team um Marjorie Coulon und Bertrand Deputte gefragt, ob die Tiere ihre Artgenossen allein anhand von Fotos ihrer Köpfe unterscheiden können. Dazu führten die Forschenden einen Versuch mit jungen weiblichen Kühen – sogenannten Färsen – durch. Diesen präsentierten sie zunächst immer wieder dieselben zwei Fotos, auf denen jeweils die Kopfregion eines bestimmten Artgenossen abgebildet war, nennen wir diese Kuh A und Kuh B. Näherte sich eine Färse dem Bild von Kuh A, erhielt sie eine Futterbelohnung; näherte sie sich stattdessen dem Bild von Kuh B, ging sie leer aus. Dabei tauschte das Team zwischen den Durchgängen immer wieder die Positionen der beiden Bilder, damit sich die Färsen ausschließlich an den Abbildungen selbst orientieren konnten. Die Tiere lernten diese Aufgabe rasch: Schon bald gingen sie zielsicher auf das Foto von Kuh A zu.

Nachdem die Färsen diesen Schritt absolviert hatten und entsprechend mit dem Ablauf des Versuchs vertraut waren, wurde es komplizierter: Nun kamen Fotos weiterer Kühe hinzu, die von Ablauf zu Ablauf wechselten; dabei waren die Köpfe der Tiere teils frontal, teils schräg von vorne und teils schräg von hinten zu sehen. Wieder war stets jeweils eins der beiden porträtierten Individuen mit einer Belohnung verbunden, das andere hingegen nicht. Und auch bei dieser höheren Zahl unterschiedlicher Fotos lernten die Färsen schnell, auf welche davon sie zugehen sollten und welche sie links liegen lassen konnten. Das gelang ihnen sowohl bei Abbildungen von Tieren, die sie kannten, als auch bei Abbildungen von Tieren, die ihnen fremd waren.

Rinder können also Porträts von Artgenossen unterscheiden und lernen, sich nur Fotos bestimmter Individuen anzunähern. Doch bedeutet das wirklich, dass sie die Bilder als Repräsentationen echter Tiere wahrnehmen? Oder sehen sie darin vielleicht einfach abstrakte Farbflächen? Tatsächlich weisen Beobachtungen der Forschenden auf Ersteres hin. So unterschied sich die Ohrenhaltung der Färsen abhängig vom Motiv der Fotos: Handelte es sich um die Abbildung eines vertrauten Artgenossen, richteten die Tiere ihre Ohren häufiger nach vorne als nach hinten. Handelte es sich hingegen um einen fremden Artgenossen, war es genau umgekehrt. Zudem nahm das Team die spontane Reaktion auf die Fotos in einem Experiment mit weiteren Färsen gezielt in den Blick. Dabei gaben sie den Tieren jeweils einzeln Zugang zu einer Arena, in der sie sowohl ein Porträt eines vertrauten Sozialpartners als auch ein Porträt eines fremden Artgenossen angebracht hatten. Es zeigte sich: Die Färsen blickten deutlich länger auf das Bild des ihnen bekannten Tiers und erkundeten es intensiver, indem sie daran rochen oder leckten.

Zum Abschluss unseres Abschnitts über die Rinder sei noch ein vergleichsweise kurioser Nachweis für ihre oftmals unterschätzte Lernfähigkeit erwähnt, den Forschende des Instituts für Nutztierbiologie in Dummerstorf vor einigen Jahren erbrachten: Das Team brachte Kälbern bei, ihr kleines Geschäft in einem Toilettenbereich zu verrichten. Das ist insofern bemerkenswert, als Rinder dies für gewöhnlich stets dort erledigen, wo sie sich gerade aufhalten. Doch mithilfe von Futterbelohnungen und milden Bestrafungen in Form von Wasserspritzern wurden die Kälber «stubenrein»: Sie liefen zu einer kleinen Kammer, betraten diese, indem sie ein Gatter öffneten, und begannen erst dann zu urinieren.

So beeindruckend dies klingt, mag man sich dennoch die Frage stellen: Warum das alles überhaupt? Warum sollen Rinder ihre Blase nicht dort entleeren, wo sie sich gerade aufhalten? Tatsächlich steckte hinter der Untersuchung der Forschenden ein ernster Gedanke. Denn wenn Rinder in Ställen einen Toilettenbereich für ihr kleines Geschäft aufsuchen würden, ließe sich ihr Urin dort auffangen. Das würde nicht nur die Hygiene verbessern – sondern könnte auch die Bildung von klimaschädlichen Treibhausgasen verringern.

Hühnerlogik

Im bisherigen Teil des Kapitels haben wir Schweine und Rinder betrachtet, die biologisch betrachtet zur Klasse der Säugetiere gehören. Im übrigen Teil des Kapitels soll es um eine domestizierte Tierart gehen, die in der Landwirtschaft ebenfalls eine bedeutende Rolle spielt, die jedoch *kein* Säugetier ist: das Haushuhn.

Hühner gehören zur Klasse der Vögel – eine Gruppe, deren Vertretern man in Bezug auf ihre kognitiven Fähigkeiten lange Zeit nicht besonders viel zugetraut hat. So bezeichnet man im Englischen eine Person, deren intellektuelle Fähigkeiten man infrage stellt, mitunter auch als «birdbrain», also als «Vogelgehirn». Doch in den letzten Jahrzehnten ist immer deutlicher geworden, wie massiv man die Tiere unterschätzt hat. Heute ist klar: Was ihre Intelligenz angeht, brauchen sich die Vögel nicht hinter den

Säugetieren zu verstecken. Und auch Haushühner demonstrierten in Studien aus den vergangenen Jahren immer wieder erstaunliche kognitive Leistungen. Ein Beispiel dafür wollen wir uns nun etwas genauer anschauen.

Stellen Sie sich vor, Sie spielen gegen einen Mann namens Max Tischtennis. Er ist Ihnen klar überlegen, und entsprechend deutlich verlieren Sie die Partie. Anschließend sehen Sie, wie eine Frau namens Petra den Max herausfordert und haushoch gegen ihn gewinnt. Nach dem Ende der Partie kommt Petra auf Sie zu und möchte auch gegen Sie spielen. Wie würden Sie wohl Ihre Chancen einschätzen? Die Antwort auf diese Frage dürfte lauten: äußerst gering. Sie haben zwar noch nie selbst gegen Petra gespielt, aber Sie haben gesehen, dass Petra besser spielt als Max – und ihm waren Sie unterlegen. Daraus können Sie ableiten: Petra würde mit hoher Wahrscheinlichkeit auch Sie schlagen.

Diese Art des Schließens (wenn A > B und B > C, dann gilt auch A > C) bezeichnet man als «transitive Inferenz». Wie im obigen Beispiel zu sehen, kann sie sich im sozialen Kontext als äußerst nützlich erweisen: Sie erlaubt es, Informationen über die Fähigkeiten anderer zu gewinnen, selbst wenn man mit diesen noch nie direkt interagiert hat.

Vor diesem Hintergrund untersuchte ein Forschungsteam bereits 1996 in einer Studie, ob möglicherweise auch Hühner dazu in der Lage sind, ihre Artgenossen mithilfe der transitiven Inferenz einzuschätzen. Wie genau lief das ab?

Die Versuchsanordnung ähnelte unserem Beispiel mit Max und Petra – nur ging es bei den Tieren nicht um Tischtennis-Partien, sondern um Auseinandersetzungen zur Klärung der sozialen Hierarchie. Konkret beobachteten dabei Hühner eine Begegnung zwischen einem bekannten Tier, das ihnen gegenüber dominant war, und einem unbekannten Artgenossen. Dabei gab es zwei Möglichkeiten: Entweder das fremde Huhn besiegte das dominante Huhn, oder es wurde vom dominanten Huhn besiegt. Anschließend durften die Beobachter-Hühner dann selbst mit dem fremden Artgenossen interagieren. Die Frage hinter dem Experiment: Wie würden sie sich nun verhalten?

Das Ergebnis hing stark davon ab, welche Situation die Beobachter-Hühner zuvor gesehen hatten: War das unbekannte Huhn als Sieger aus der Auseinandersetzung mit dem dominanten Huhn hervorgegangen, griffen sie dieses niemals an und akzeptierten rasch seine überlegene Stellung; hatte das unbekannte Huhn jedoch gegen das dominante Huhn verloren, starteten die Beobachter in der Hälfte der Fälle eine Attacke und erlangten entsprechend häufig die dominante Position.

Der Ausgang dieses Versuchs entspricht somit den Erwartungen aus unserem Tischtennis-Beispiel und ließe sich dadurch erklären, dass die Hühner auf die Fähigkeit zu transitiver Inferenz zurückgriffen: Wenn sie sahen, wie ein fremdes Huhn ein ihnen überlegenes besiegte, forderten sie dieses nicht heraus – als wüssten sie, dass ihre Siegeschancen in diesem Fall äußerst schlecht stünden. Ging das fremde Huhn jedoch als Verlierer vom Platz, dann versuchten sie ihr Glück.

Wie die Forschenden in ihrer Studie einräumen, hätten die Ergebnisse des Experiments allerdings auch anders zustande gekommen sein können. Doch in der Tat haben Forschende in den fast drei Jahrzehnten seit diesem ersten Experiment in anderen Untersuchungen recht eindeutige Belege für die Fähigkeit zur transitiven Inferenz bei Hühnern gefunden. Eine besonders eindrucksvolle Studie veröffentlichten Forschende um Rachel Degrande und Ludovic Calandreau im Jahr 2024. Dabei ging es nicht wie im obigen Fall um die soziale Hierarchie. Stattdessen galt es für die Vögel, künstliche Beziehungen zwischen einer Reihe von Symbolen zu beurteilen, die sich in Form und Farbe unterschieden. Was hat man sich darunter vorzustellen?

Der grundlegende Ablauf, der sich im Rahmen der Untersuchung stets wiederholte: Das Team präsentierte einem Huhn zwei Symbole, zum Beispiel ein gelbes Quadrat und ein blaues Dreieck. Wenn das Huhn auf das eine Symbol pickte, erhielt es eine Futterbelohnung; pickte es hingegen auf das andere Symbol, ging es leer aus.

Insgesamt gab es sechs verschiedene Symbole A–F, denen die Forschenden eine lineare Hierarchie zuwiesen. Dabei galt A > B > C > D > E > F, wobei das «>»-Zeichen als «ist dominant über» gelesen werden kann. In einer anfänglichen Trainingsphase sahen die Hühner ausschließlich Paare aus in dieser Hierarchie benachbarten Symbolen und mussten die Dominanzbeziehungen zwischen diesen lernen: Handelte es sich um A und B, mussten sie auf A picken, um eine Belohnung zu erhalten (A > B), handelte es sich um B und C, mussten sie auf B picken, um eine Belohnung zu erhalten (B > C) – und so weiter.

Diese Lernaufgabe war schon für sich genommen äußerst komplex. Doch tatsächlich meisterten sie vier von sechs Hühnern, die an der Trainingsphase teilnahmen, mit Bravour. Für diese Tiere ging es dann weiter mit der Testphase: Jetzt präsentierten die Forschenden den Vögeln immer wieder auch Paare von Symbolen, die in der Hierarchie nicht benachbart waren. Konkret handelte es sich dabei um die Kombinationen B und D, C und E sowie B und E. Diese Symbole hatten die Hühner zuvor nie gemeinsam gesehen. Entsprechend konnten sie keine direkten Informationen über ihre jeweilige Dominanzbeziehung sammeln. Zudem hatten die Tiere jedes der Symbole in den vorherigen Paarungen mal als dominant und mal als unterlegen erlebt. Auf welches Symbol sollten sie also picken?

Lösen ließ sich diese Aufgabe mit der Fähigkeit zur transitiven Inferenz. Nehmen wir das Paar B und D: Wenn man, wie die Hühner, weiß, dass B dominant über C ist und dass C dominant über D ist, kann man daraus schließen: B ist dominant über D. Mit derselben Logik lassen sich auch die Dominanzverhältnisse zwischen C und E sowie zwischen B und E ermitteln. Und wirklich pickten die Hühner keineswegs wahllos, wenn sie die neuen Symbolpaare erblickten: Alle vier Tiere entschieden sich überdurchschnittlich oft korrekt und wählten das jeweils dominante Symbol. Dabei lag das Huhn Dion, das am besten abschnitt, in stolzen 94,4 Prozent der Fälle richtig – und selbst das schlechteste Huhn namens Daenerys erreichte einen Wert von immerhin 72,2 Prozent. Die Tiere konnten die Dominanzbeziehungen zwischen den Symbolen also offenbar tatsächlich aus ihren Erfahrungen mit den in der Hierarchie benachbarten Symbolpaaren ableiten.

Mitfühlende Hennen

Nicht nur die kognitiven Fähigkeiten von Haushühnern haben Forschende in den letzten Jahren genauer unter die Lupe genommen, sondern auch die emotionalen. So hat ein Team um Joanne Edgar und Christine Nicol in einer Reihe von Studien untersucht, wie die Vögel darauf reagieren, wenn ihre Artgenossen sich in einer unangenehmen Situation befinden.

In einem ersten Schritt fragten sich die Forschenden: Lassen sich Mütter davon anstecken, wenn ihre Küken Stress ausgesetzt sind? Dazu führten sie einen ähnlichen Versuch durch, wie wir ihn bereits im Abschnitt über die Schweine kennengelernt haben. Sie setzten Hennen und ihre Küken für 20 Minuten in jeweils eins von zwei benachbarten Abteilen einer Versuchsapparatur, wobei eine Plexiglasscheibe den Tieren Sichtkontakt erlaubte. Für zehn Minuten passierte zunächst einmal nichts, dann begann das Team, die Küken einem milden Stressor auszusetzen: Sie verabreichten ihnen alle 30 Sekunden einen Luftstoß aus einem Druckgasbehälter.

Obwohl die Hennen nichts von den Luftstößen abbekamen, zeigten sie deutliche Anzeichen von Stress: Ihre Herzfrequenz beschleunigte sich, sie standen häufiger aufrecht, gaben mehr Laute von sich und pflegten seltener ihr Gefieder. Eine ganz ähnliche Reaktion zeigten sie in einem anderen Durchgang des Versuchs, als die Forschenden die Luftstöße nicht auf die Küken richteten, sondern auf die Mütter selbst. Das legt nahe: Hennen lassen sich von den negativen Emotionen ihrer Küken anstecken und reagieren so, als wären sie dem Stressor selbst ausgesetzt.

In einer Folgestudie nahmen die Forschenden dann die Reaktion der Küken auf die Luftstöße selbst genauer in den Blick. Was sie vor allem interessierte: Macht es für die Tiere einen Unterschied, ob sie einer unangenehmen Situation allein ausgesetzt sind oder ob ihre Mutter anwesend ist? Dazu versetzten sie den Küken erneut Luftstöße aus einem Druckgasbehälter, wobei ihre Mütter in manchen Durchläufen anwesend waren, in anderen hingegen nicht.

Der Ausgang des Versuchs ergab ein klares Bild: Die Küken reagierten deutlich weniger aufgeregt auf die Sprühstöße, wenn sich ihre Mutter in der Nähe befand. Die Hennen waren also offenbar in der Lage, den Stress ihres Nachwuchses abzupuffern. Dabei stießen die Forschenden noch auf ein bemerkenswertes Detail: Nicht alle Mütter waren gleich gute Puffer für ihre Küken. Besonders effektiv waren diejenigen Individuen, deren Herzfrequenz sich am wenigsten beschleunigte, wenn ihr Nachwuchs den Luftstößen ausgesetzt war. Es scheint also nicht nur die bloße Anwesenheit der Hennen eine Rolle für die beruhigende Wirkung auf die Küken zu spielen, sondern auch ihr jeweiliger Gemütszustand.

Zu guter Letzt wollten die Forschenden dann noch wissen: Lassen sich bei Hühnern nur die Mütter vom Stress ihrer Küken anstecken? Oder existiert dieses Phänomen auch zwischen gleichaltrigen Tieren?

Dazu führte das Team ein Experiment mit mehreren Gruppen neun Wochen alter Hühner durch, die vom Schlüpfen an gemeinsam aufgewachsen waren. Eine zentrale Rolle spielte dabei wieder die Apparatur mit den zwei Abteilen, von der wir bereits gehört haben. Die Forschenden setzten jeweils zwei Hühner einer Gruppe in das Zuschauerabteil und drei andere Hühner in das Hauptabteil. Nach zehn Minuten begannen sie damit, den Tieren im Hauptabteil Sprühstöße zu versetzen. Wie erwartet reagierten diese äußerst aufgebracht: Sie erstarrten immer wieder und verbrachten wesentlich weniger Zeit damit, sich zu putzen oder am Boden zu picken. Zudem verringerte sich die Temperatur ihrer Augen, wie die Forschenden mit Wärmebildkameras feststellten – eine physiologische Reaktion, die ebenfalls auf ein erhöhtes Maß an Stress hinweist. Und was war mit den Hühnern im Zuschauerabteil? Tatsächlich stellten die Forschenden bei ihnen dieselben Veränderungen fest, obwohl sie keinem einzigen Sprühstoß ausgesetzt waren. Die Frage, die sich das Team gestellt hatte, wurde durch den Versuch also eindeutig positiv beantwortet: Hühner können sich auch vom Stress gleichaltriger Artgenossen anstecken lassen.

Fazit

Wildschweine sind empathische Tiere mit ausgeprägt prosozialem Verhalten. Aber auch Hausschweine verfügen nach 9000 Jahren Domestikation noch immer über dieselben erstaunlichen Fähigkeiten wie ihre Stammform: Sie fühlen mit ihren Artgenossen mit, verstehen – zumindest teilweise – deren Nöte und setzen ihre Fähigkeiten ein, um gezielt zu helfen. Hausschweine haben ein reiches emotionales Erleben, und sie können Optimisten oder Pessimisten sein. Die Bedingungen, unter denen wir sie halten, bestimmen maßgeblich, ob ihre Emotionen eher positiv oder negativ sind.

Auch Rinder leben in ihrer Herde keineswegs in einer anonymen Gemeinschaft, sondern bilden freundschaftliche Beziehungen zu bestimmten Individuen aus. Präferierten Sozialpartnern gegenüber zeigen sie prosoziale Verhaltensweisen wie intensives Belecken, was auf diese eine beruhigende Wirkung hat. Bemerkenswerterweise wirkt sich auch regelmäßiges Streicheln bei Kälbern positiv auf ihr Wohlergehen aus – und fördert sogar ihr Wachstum. Letztlich sind Rinder erstaunlich lernfähig und können beispielsweise darauf trainiert werden, zum Urinieren einen abgetrennten Bereich ihres Stalls aufzusuchen.

Hühner verfügen ebenfalls über beachtliche kognitive Fähigkeiten. Sie meistern nicht nur anspruchsvolle Lernaufgaben, sondern können sogar in gewissem Maße schlussfolgern. Zudem besitzen auch sie ein differenziertes Gefühlsleben. Wenn sie beobachten, dass ihre Küken oder vertraute Artgenossen eine negative Erfahrung machen, zeigen sie deutliche Anzeichen von Stress. Offenbar lassen sie sich von negativen Gemütslagen ihrer Artgenossen anstecken.

Untersuchungen an diesen drei Arten zeigen: Die Domestikation hat Tiere in der Landwirtschaft nicht zu dummen, emotional abgestumpften und sozial inkompetenten Wesen gemacht. Vielmehr verfügen sie über hoch entwickelte kognitive Fähigkeiten und ein komplexes Sozialverhalten – Eigenschaften, die ihnen dabei helfen, sich flexibel an ihre Umwelt anzupassen.

KAPITEL 14

Extreme Haltung und fragwürdige Zuchtziele

Vom Leiden der domestizierten Tiere im Anthropozän

Durch den Domestikationsprozess wurden ursprünglich wilde Tiere genetisch an das Leben in einer vom Menschen geformten Umwelt angepasst. Gleichzeitig verfügen die heutigen Haustiere wie ihre Vorfahren über vielfältige Möglichkeiten, um sich individuell und flexibel auf unterschiedliche Situationen und Haltungsbedingungen einzustellen. Insofern lässt sich konstatieren: Domestizierte Tiere sind prinzipiell gut für das Leben in Menschenhand ausgerüstet. Aus dieser biologischen Erkenntnis wird allerdings häufig ein fataler Schluss gezogen – und zwar, dass Haustiere mit allen beliebigen Haltungen und Arten des Umgangs zurechtkämen. Doch die Wissenschaft zeigt unzweifelhaft: Das ist keineswegs der Fall! Ganz gleich, ob Hund, Katze, Meerschweinchen, Rind, Schwein, Pferd oder Huhn: Auch bei domestizierten Tieren gibt es Grenzen der Anpassungsmöglichkeiten.

Was sind die Folgen, wenn diese Grenzen überschritten werden? Bei den Wildtieren haben wir uns diesbezüglich vor allem mit Konsequenzen wie dem Rückgang von Populationen und dem Aussterben von Arten befasst. Bei domestizierten Tieren spielen diese Prozesse hingegen kaum eine Rolle – schließlich wird die Größe des Bestands meist direkt vom Menschen kontrolliert. Dafür kommt einem anderen Aspekt eine besondere Bedeutung zu: dem Leid der Individuen. Denn da wir für gewöhnlich von der Zeugung bis zum Tod den gesamten Lebensrahmen für diese Tiere vorgeben, hängt ihr Wohl und Wehe ganz unmittelbar von unserem Handeln ab.

Fühlende Wesen wie wir

Wenn wir sagen, ein Hund, ein Meerschweinchen oder ein Huhn leidet, gehen wir davon aus: Es handelt sich um ein fühlendes Wesen. Dieser Aussage würden wohl die meisten Menschen intuitiv zustimmen. Doch was gibt es eigentlich für wissenschaftliche Hinweise darauf, dass diese Einschätzung zutrifft?

Eines der wichtigsten Argumente ist dies: Der Teil des Gehirns, der beim Menschen für die Generierung und Verarbeitung von Emotionen zuständig ist, das limbische System, umfasst stammesgeschichtlich alte Strukturen, die sich bei allen Wirbeltieren in nahezu identischer Form wiederfinden. Ganz besonders gilt das für die Säugetiere. Um basale Emotionen wie Angst, Furcht, aber auch Freude hervorzurufen, werden bei ihnen und uns die gleichen Nervenbahnen aktiviert; es sind die gleichen Botenstoffe, mit denen die Nervenzellen untereinander kommunizieren, und es sind die gleichen Gene, die an- oder abgeschaltet werden, um emotionale Zustände zu regulieren.

Diese verblüffende Übereinstimmung bis in kleinste Details lässt sich gut anhand einer der bestuntersuchten Emotionen verdeutlichen: der Furcht. Im Falle einer konkreten Bedrohung, wenn beispielsweise ein Mensch eine Schlange erblickt oder wenn eine Maus auf eine Katze trifft, wird eine Kaskade von Reaktionen ausgelöst, die sich zwischen den verschiedenen Arten in nichts unterscheidet: Das Herz beginnt zu rasen, die Atmung wird tiefer, Stresshormone werden ausgeschüttet, alle Aufmerksamkeit wird auf die Gefahr gerichtet. Parallel dazu werden auf der Ebene des Gehirns dieselben Areale aktiviert, darunter die Amygdala, und selbst auf der Ebene der Nervenzellen, Synapsen, Botenstoffe und Gene laufen dieselben Vorgänge ab. Bei so viel Gemeinsamkeit erscheint es nur logisch, anzunehmen, dass Mensch und Maus in einer solch bedrohlichen Situationen auch dasselbe empfinden: Furcht.

Ähnliches gilt für die Angst, wie die Wirkung bestimmter Medikamente zeigt: Sie beeinflussen die Angstschaltkreise im Gehirn von Menschen und anderen Säugetieren auf die gleiche Art und Weise und führen zu ähnlichen Veränderungen im Verhalten. So werden Menschen, die Anxiolytika – das heißt angstlösende Substanzen – einnehmen, risikobereiter und mutiger. Werden die Medikamente Mäusen, Ratten, Hunden, Katzen, Pferden oder Schweinen verabreicht, haben sie dieselbe Wirkung.

Tiere teilen mit uns aber nicht nur basale Emotionen wie Furcht, Angst oder Freude; sie verfügen auch über komplexere Gefühlsregungen. Wenn etwas Positives, das erwartet wird, nicht eintrifft, reagieren sie mit Frustration und in der Folge häufig mit Aggression. Wie wir bereits für Schweine gesehen haben, können Tiere optimistisch oder pessimistisch sein. Hunde können eifersüchtig sein und sich ungerecht behandelt fühlen. Solche Gefühlslagen verweisen auf einen Sinn für Fairness. Und wenn Tiere einen engen Bindungspartner verlieren, ganz gleich, ob Artgenosse oder Mensch, zeigen sie häufig Anzeichen von Trauer.

Zusammengefasst besteht aus wissenschaftlicher Perspektive deshalb kein Zweifel mehr: Nicht nur Menschen, sondern auch viele Tiere haben ein differenziertes emotionales Erleben. Wie wir kennen sie positive und negative Emotionen, erfahren Freude und Leid. Das gilt nicht nur für unsere besten Freunde wie Hunde oder Katzen, sondern auch für landwirtschaftlich genutzte Tiere wie Schweine oder Hühner.

Gefühle als Werkzeuge der Anpassung

In welchem Zusammenhang steht nun aber die Gefühlswelt eines Tiers mit dem Erfolg oder Nichterfolg der Anpassung? Tatsächlich geht man heute davon aus, dass Empfindungen wie Hunger und Schmerz sowie Emotionen wie Furcht oder Freude im Zuge der Evolution entstanden sind, weil sie Tieren die Anpassung erleichtern: Hat ein Tier länger nichts gefressen, empfindet es Hunger und macht sich auf die Suche nach Nahrung. Sticht sich ein Tier an den Stacheln einer Distel, empfindet es Schmerz und wird sich von dieser Pflanze künftig fernhalten. Riecht ein Tier einen Fressfeind, empfindet es Furcht und ergreift umgehend die Flucht. Entdeckt ein Tier eine besonders ergiebige Nahrungsquelle, empfindet es Freude und wird diesem Ort zukünftig häufiger einen Besuch abstatten.

Wir können Gefühle also auf gewisse Weise als Werkzeuge der Anpassung verstehen. Vereinfacht ausgedrückt, signalisieren dabei negative Gefühle Bedrohungen für die Überlebenschancen oder den Fortpflanzungserfolg eines Individuums, positive Gefühle hingegen Chancen. Gelingt es einem Tier, sich anzupassen und Bedrohungen auszuweichen oder Chancen zu nutzen, dann führt das zu einer Verringerung negativer bzw. zu einer Intensivierung positiver Gefühle. Gelingt ihm die Anpassung jedoch nicht, dann geschieht das Gegenteil: Es kommt zu einer massiven Verstärkung negativer bzw. zum Ausbleiben positiver Gefühle – oder anders ausgedrückt: zu Leid.

Das Problem für die meisten domestizierten Tiere ist: Sie haben kaum Einfluss auf ihre Lebensumstände wie ihren Aufenthaltsort, ihre Nahrung oder ihre Sozialpartner. Ein Rind im Stall hat keine andere Möglichkeit, als auf dem dortigen Boden zu stehen, selbst wenn dies zu Verletzungen führt. Ein Meerschweinchen in einem Käfig, das nicht rechtzeitig gefüttert wurde, kann sich nicht selbst auf Nahrungssuche begeben. Ein Huhn, das immer wieder von seinen Artgenossen attackiert wird, hat aufgrund der Enge seiner Behausung womöglich gar nicht die Option, sich von diesen fernzuhalten. Kurz gesagt: Wir bringen Haustiere mitunter in Situationen, für die sie nicht geschaffen sind, und schränken dabei ihre Anpassungsmöglichkeiten massiv ein – mit entsprechend dramatischen Folgen für ihr Wohlergehen.

Hinzu kommt ein weiterer Punkt: Maßnahmen wie künstliche Befruchtung und Embryonentransfer erlauben dem Menschen heute eine besonders effektive künstliche Selektion. Im Ergebnis können wir domestizierte Tiere besonders leicht auf bestimmte Merkmale hin züchten, etwa eine hohe Produktivität bei Tieren in der Landwirtschaft oder ein für uns Menschen attraktives Aussehen bei Heimtieren. Solche Merkmale gehen allerdings oft mit gesundheitlichen Einschränkungen einher, die in Wildtier-Populationen kaum auftreten würden. Solche Überzüchtungen können zur Folge haben, dass domestizierte Tiere anhaltendem Leid ausgesetzt sind, dem sie nichts entgegensetzen können, weshalb in diesem Zusammenhang häufig von «Qualzuchten» die Rede ist.

Was ist ein gutes Leben?

Vor dem Hintergrund der beschriebenen Erkenntnisse ist in den vergangenen Jahrzehnten in der Wissenschaft intensiv diskutiert worden, wie ein «gutes Leben» für domestizierte Tiere aussieht. Lange lag der Fokus dabei sehr darauf, Erfahrungen, die mit negativen Empfindungen oder Emotionen verbunden sind, so weit wie möglich zu minimieren. So sollte der Bedarf von Tieren selbstverständlich gedeckt sein: Sie sollten genügend zu fressen und zu trinken haben und nicht fehlernährt werden. Zudem sollten Schäden vermieden werden: Sie sollten frei von Schmerzen, Verletzungen und Krankheiten sein. Und letztlich sollten sie so leben können, dass Angst, Furcht, Panik, Frustration, Hilflosigkeit oder Depression möglichst vermieden werden.

Heutige Ansätze gehen jedoch einen wesentlichen Schritt weiter: Wenn wir wollen, dass es Tieren wirklich gut geht, müssen wir nicht nur negative Erfahrungen minimieren – wir müssen ihnen auch die Möglichkeit geben, positive Erfahrungen zu machen. Dazu bedarf es einer Umwelt, die den Tieren jeweils ein Gefühl von Behaglichkeit, Vertrauen und Kontrolle vermittelt, die ihr Interesse weckt und ihnen erlaubt, Freude zu empfinden. Das ist beispielsweise in großzügigen, weiträumigen Lebenswelten der Fall, in denen sie ihrem Bewegungsdrang nachkommen können und genügend Anregungen für ihr Erkundungs- und Neugierverhalten finden. So belegen Studien für unterschiedlichste Tiere den Segen abwechslungsreicher und angereicherter Umwelten (sogenannter «enriched environments»): Hier sind die Tiere gesünder und weniger gestresst, sie sind erkundungsfreudiger und weniger ängstlich, sie spielen mehr und zeigen weniger Verhaltensstörungen wie Bewegungsstereotypien. Aber auch der freundschaftliche Kontakt zu Sozialpartnern – seien es Artgenossen oder Menschen – stellt für soziale Tiere eine unverzichtbare Quelle positiver Emotionen dar.

Woher wissen wir, wie es domestizierten Tieren geht?

Woher wissen wir, unter welchen Bedingungen sich Tiere gut fühlen und unter welchen schlecht? Was sie ganz konkret benötigen, um ein gutes Leben zu führen? Hier müssen wir uns keineswegs nur auf unser Bauchgefühl verlassen. Genau zu diesen Fragen ist in den letzten Jahrzehnten in der Verhaltensbiologie intensiv geforscht worden. Deshalb gibt es heute naturwissenschaftliche Methoden, die verlässliche Aussagen über das Wohlergehen von Tieren erlauben.

Wohlergehen wird dabei als ein veränderbarer Zustand verstanden, der von «ausgezeichnet» bis «stark beeinträchtigt» reichen kann. Eine wissenschaftliche Einschätzung des Wohlergehens bezieht die physische Gesundheit, bestimmte physiologische Werte und auch das Verhalten der Tiere mit ein. Zur physischen Gesundheit gehört das Fehlen von körperlichen Schäden, Schmerzen, Verletzungen und Krankheiten. Bei den physiologischen Werten spielt unter anderem die Bestimmung von Stresshormonen eine wichtige Rolle. Wie wir im Kapitel über die Haus- und Wildmeerschweinchen bereits gesehen haben, sind solche Werte ein wichtiges Indiz für den Belastungsgrad eines Tieres. Häufig erfasste physiologische Parameter sind ferner die Herzschlagrate sowie Messwerte, die etwas über die Güte des Immunsystems aussagen. Letztlich wird auch immer häufiger eine Untersuchung des Mikrobioms, das heißt der Mikroorganismen, einbezogen, die den Organismus bevölkern.

Dem Verhalten kommt in Bezug auf die sogenannte «Wohlergehensdiagnostik» eine besondere Rolle zu. Denn es erlaubt uns, auf vielfältigen Wegen Rückschlüsse auf den emotionalen Zustand und die Bedürfnisse von Tieren zu ziehen. Wenn ein Tier, ganz gleich, ob Hund, Katze, Rind oder Schwein, nicht genügend frisst oder trinkt, obwohl Wasser und Nahrung ausreichend zur Verfügung stehen, so ist dies ein genauso verlässlicher Indikator für ein beeinträchtigtes Wohlergehen wie die physiologischen Messgrößen. Wenn Tiere ihre Körperpflege vernachlässigen, sich nicht mehr putzen und belecken, wenn sie initiativlos sind und apathisch in einer Ecke hocken, dann deutet das auf schwerste Beeinträchtigungen hin. Stallungen, Gehege und Käfige, in denen solche Merkmale regelmäßig auftreten, sind ganz sicher nicht tiergerecht. Unter belastenden Bedingungen entwickeln Tiere zudem häufig Verhaltensstörungen. Oftmals handelt es sich um Bewegungsstereotypien, die durch die ständige, gleichförmige Wiederholung einer Verhaltensweise charakterisiert sind.

Eine genaue Beobachtung des Verhaltens lässt aber nicht nur Schlüsse auf ein beeinträchtigtes Wohlergehen zu – sie kann auch anzeigen, dass es Tieren gut geht. So können wir davon ausgehen, dass Säugetiere, die spielen, positive Emotionen empfinden. Eine gewisse Berühmtheit haben in diesem Zusammenhang Untersuchungen an domestizierten Ratten erlangt: Wenn sie miteinander spielen oder wenn sie vom Menschen gekitzelt werden, geben sie Laute von sich, die Freude ausdrücken – und sehr viel Gemeinsamkeiten mit dem menschlichen Lachen haben.

Neben solchen Beobachtungen spontanen Verhaltens können wir Tiere mit sogenannten Präferenztests selbst fragen, was sie mögen und was sie ablehnen. Wird domestizierten Mäusen beispielsweise die Wahl zwischen einer strukturell angereicherten und einer eher öden Haltung gegeben, so wählen sie eindeutig die erste. Auf ähnliche Weise wurde auch schon ermittelt, welchen Bodenbelag Ferkel und Hühner bevorzugen, welche Liegematten Rinder haben möchten oder welche Temperatur Schweine in ihren Ställen schätzen.

Nun lässt eine gewisse Vorliebe für eine Sache nicht immer darauf schließen, welche Bedeutung sie tatsächlich für das Wohlergehen eines Individuums hat. Doch auch diese Frage lässt sich durch geschickte Versuche beantworten – indem man untersucht, wie viel Arbeit Tiere zu leisten bereit sind, um eine bevorzugte Ressource zu erlangen. Wenig erstaunlich, investieren Tiere sehr viel Zeit, Arbeit und Energie, um an Nahrung zu gelangen. Interessanterweise arbeiten einzeln gehaltene Schweine aber für den Sozialkontakt mit einem Artgenossen fast genauso hart wie für den Zugang zu Futter. Und selbst für ein wenig Abwechslung – eine Tür öffnet sich, und das Tier kann nach draußen schauen – strengen sie sich auf vergleichbare Weise an. Sozialkontakte und Abwechslungen sind offenbar kein Luxus, sondern Notwendigkeiten für das Wohlergehen dieser Tiere. Eine ähnliche Bedeutung hat Untersuchungen zufolge auch der Zugang zu Nestboxen für Legehennen.

Neben Präferenztests haben sich in den letzten Jahren in der Wohlergehensforschung zudem Verfahren etabliert, die auf der wechselseitigen Beeinflussung von Kognition und Emotion beruhen. Ein Beispiel dafür haben wir bereits anhand der optimistischen und pessimistischen Schweine im vorigen Kapitel kennengelernt. Mittels solcher Untersuchungen zu kognitiven Verzerrungen können wir Tiere befragen, wie bestimmte Erfahrungen und Haltungsbedingungen ihren Blick auf die Welt beeinflussen. Faktoren, die zu einer eher optimistischen Sicht führen, weisen auf positive Emotionen hin und dürften entsprechend zu einer Steigerung der Lebensqualität beitragen – bei Faktoren, die zu einer eher pessimistischen Sicht führen, ist es umgekehrt.

Kurz gesagt, ist von der Forschung in den vergangenen zwei Jahrzehnten ein Werkzeugkasten mit geeigneten Methoden entwickelt worden, deren kombinierter Einsatz es heute ermöglicht, fundierte Aussagen über das Wohlergehen und die Bedürfnisse domestizierter Tiere zu treffen. Ob es ihnen gut geht oder schlecht, liegt nicht im Auge des Betrachters, sondern kann mithilfe validierter naturwissenschaftlicher Methoden verlässlich und reproduzierbar festgestellt werden. Dabei lässt sich in Bezug auf einen großen Teil der domestizierten Tiere auf der Erde festhalten: Die Bedingungen, unter denen sie leben müssen, sind weit entfernt von dem, was wir als Voraussetzungen für ein «gutes Leben» charakterisiert haben – sie sind stattdessen mit massivem Leid verbunden. In den folgenden beiden Abschnitten wollen wir uns das an konkreten Beispielen ansehen.

Tierleid in der Landwirtschaft

Schauen wir zunächst auf das Schicksal der domestizierten Tiere in der Landwirtschaft und nehmen dabei die Arten in den Blick, mit denen wir uns im vorangegangenen Kapitel eingehend befasst haben: Schweine, Rinder und Hühner. Ihre Zahl hat aufgrund der stetig steigenden Nachfrage nach Fleisch, Milch und Eiern in den letzten zwei Jahrzehnten drastisch zugenommen. So wurden 2022 weltweit etwa 1 Milliarde Schweine, 1,6 Milliarden Rinder und 26,6 Milliarden Hühner gehalten.

Ein Großteil dieser sogenannten «Nutztiere» lebt unter fabrikähnlichen Bedingungen in der Intensivhaltung. Dabei herrschen von Land zu Land unterschiedliche Mindeststandards; doch selbst in Regionen, in denen das Wohlergehen von Tieren zuletzt mehr Berücksichtigung gefunden hat, sind diese noch erschreckend niedrig. Im Folgenden wollen wir uns auf die Situation in Deutschland konzentrieren und einen Eindruck davon vermitteln, unter welchen Bedingungen Schweine, Rinder und Hühner bei uns für gewöhnlich leben.

Im Mai 2025 wurden in Deutschland 20,9 Millionen Schweine für die Zucht und Mast gehalten. Die ganz große Mehrheit von ihnen lebt in geschlossenen Stallsystemen ohne Außenbereich. Jungtiere werden für gewöhnlich im Alter von drei bis vier Wochen von ihren Müttern getrennt und wachsen in speziellen Ferkelställen heran. Anschließend kommen sie in den Maststall. Während der Mast werden die Tiere üblicherweise in Gruppen von 12 bis 45 Tieren in abgeteilten Buchten gehalten. Dabei müssen einem 50 bis 110 Kilogramm schweren Mastschwein laut den gesetzlichen Vorgaben mindestens 0,75 Quadratmeter zur Verfügung stehen. Das entspricht – zur Veranschaulichung – etwa zwei Tieren in einer typischen Toilettenkabine einer Autobahnraststätte. In der ökologischen Haltung haben die Tiere etwas mehr Platz: mindestens 1,3 Quadratmeter und zusätzlich ein weiterer Quadratmeter im Freien. Allerdings lebte 2023 nur etwa ein Prozent aller Schweine in Deutschland unter diesen Bedingungen.

Neben dem Platzmangel und der hohen Besatzdichte ist die Haltung auf Spaltenböden ein weiteres Problem für die Tiere. Hierbei wechseln sich harte Betonstege, die als Auftrittsfläche dienen, mit Spalten ab, durch die Kot und Harn in darunter liegende Abflusskanäle gelangen. Laut dem Bundesministerium für Ernährung und Landwirtschaft waren Spaltenböden 2021 mit 96 Prozent der Haltungsplätze die mit Abstand dominierende Form der Bodengestaltung in den landwirtschaftlichen Betrieben in Deutschland. Dabei wird zwischen Voll- und Teilspaltenböden unterschieden; Vollspaltenböden wurden mit 79 Prozent am häufigsten genutzt. Eine Einstreu ist in dieser Haltung übrigens nicht vorgesehen: Ein Leben auf Vollspaltenböden bedeutet, dass die Tiere permanent auf einem harten, mit Exkrementen verschmierten Untergrund laufen, stehen, liegen, schlafen und fressen. Diese Haltungsform ist mit deutlichen gesundheitlichen Beeinträchtigungen für die Schweine verbunden. Für die Mehrzahl der Tiere werden Entzündungen an den Gelenken beschrieben. Die aus den Exkrementen aufsteigenden Gase, insbesondere Ammoniakdämpfe, reizen zudem die Augen und Atemwege und führen zu weiteren Erkrankungen.

Darüber hinaus ist das gesamte Leben der allermeisten Schweine durch eine sehr reizarme Umwelt geprägt. In den kargen Ställen stehen ihnen zur Beschäftigung in der Regel nur eine Kette mit einem daran befestigten Gegenstand (zum Beispiel ein Holzstück) oder zusätzliches Stroh zur Verfügung. Entsprechend zeigen sich deutliche Verhaltensstörungen: Stereotypien wie ein permanentes Rollen mit der Zunge oder Beißen in die Käfigstangen treten häufig auf, ebenso wie das Beißen in die Schwänze und Ohren anderer Tiere, manchmal bis hin zum Kannibalismus. Die Möglichkeiten, positive Erfahrungen zu machen und natürliches Verhalten auszuleben, etwa ein Nest als Lager zu bauen oder stabile soziale Beziehungen zu Artgenossen aufzubauen, sind stark eingeschränkt oder gar nicht vorhanden.

Zuchtsauen haben einstweilen noch unter einer besonderen Einschränkung zu leiden: Während und nach der fast immer künstlichen Besamung sowie nach der Geburt der Ferkel ist es bislang gängige Praxis, die Tiere mehrere Wochen einzeln in sogenannten Kastenständen zu halten. Hier haben sie tagein, tagaus so wenig Platz, dass sie sich kaum umdrehen oder beim Hinlegen ausstrecken können – und das summiert sich insgesamt auf eine Dauer von mehr als fünf Monaten im Jahr. Eine neue Verordnung sorgt hier für die Tiere zumindest für eine gewisse Verbesserung: Zukünftig dürfen Sauen im Zuge der Besamung überhaupt nicht mehr in Kastenständen gehalten werden und im Kontext der Geburt nur noch für maximal fünf Tage. Indessen gilt für die Umsetzung der neuen Regel eine Übergangsfrist bis 2029 bzw. 2036.

Kommen wir nun zu den Rindern, von denen im Mai 2025 in Deutschland 10,3 Millionen gehalten wurden, um Milch und Fleisch zu erzeugen. Die Bedingungen, unter denen Milchkühe leben, variieren von Betrieb zu Betrieb stark. So gibt es Ställe, in denen die Tiere sich relativ frei bewegen und nach draußen auf die Weide gehen können; Futterplätze, Tränken und mit Einstreu gepolsterte Liegeboxen sind frei zugänglich, und die Tiere entscheiden selbst, wann sie zum Melkroboter gehen.

Es gibt allerdings auch Tiere, die unter wesentlich schlechteren Bedingungen leben. Vor allem im süddeutschen Raum ist die sogenannte Anbindehaltung noch immer weit verbreitet. Bei dieser Haltungsform können sich die Tiere nicht frei bewegen, sondern sind mit Ketten oder festen Halsrahmen fixiert und stehen im Stall auf einer Stelle. Sie können lediglich aufstehen oder sich hinlegen; umdrehen können sie sich nicht. Im Jahr 2020 wurden laut einer Pressemitteilung des Statistischen Bundesamtes 1,1 Millionen Rinder auf diese Weise gehalten – ein Teil von ihnen während des gesamten Jahres.

Berichtet wird in der Mitteilung auch, dass – unabhängig von der Haltungsform – in Deutschland nur weniger als ein Drittel aller Rinder lang- oder kurzfristig auf Weiden grast. Zu denjenigen, denen das vergönnt ist, gehören die wenigen Tiere in der sogenannten Mutterkuhhaltung. Es handelt sich um eine Haltungsform, in der das Kalb nach der Geburt bei der Mutter bleibt. Diese Kühe dienen nicht der Milchproduktion, sondern ziehen ihre Kälber auf, die dann an Mastbetriebe verkauft werden. Im Gegensatz dazu haben Kühe, die für die Milchproduktion eingesetzt werden, keinerlei Kontakt zu ihren Kälbern: Nach der künstlichen Besamung und der gut neunmonatigen Tragezeit wird das Kalb gleich nach der Geburt von der Mutter getrennt.

Rinder, die für die Fleischproduktion gemästet werden, leben anders als Milchkühe in der Regel in kleinen Gruppen in engen Buchten. Hier ist der Raum für die Tiere sehr beengt. So berichtete der Westfälisch-Lippische Landwirtschaftsverband 2021, dass jedem Tier in den meisten konventionellen Bullenmastbetrieben in der Praxis nur etwa 2,7 Quadratmeter zur Verfügung stehen. Am Ende der Mast beträgt das Gewicht der Bullen häufig 600 Kilogramm und mehr. Für fünf solcher Kolosse steht dann oftmals nicht einmal die Fläche eines Pkw-Parkplatzes zur Verfügung.

Wie Schweine werden auch Rinder zudem häufig in Ställen gehalten, deren Böden teilweise oder komplett aus Betonspalten bestehen. Auch bei ihnen führt der harte und rutschige Untergrund entsprechend häufig zu Verletzungen der Extremitäten und Klauen. Ein weiteres Problem sind die Transporte, die sich über Tage und Tausende von Kilometern erstrecken können. Dabei werden die Tiere sowohl innerhalb Deutschlands als auch in andere Länder in und außerhalb der Europäischen Union verfrachtet. Männliche Kälber werden – oft nach einer sehr frühen Trennung von ihrer Mutter – häufig an Mastbetriebe in andere Länder verkauft. Wenn sie dort genug Fleisch angesetzt haben, kann ein weiterer Transport folgen, auch in Nicht-EU-Länder, wo sie geschlachtet werden.

Innerhalb der Europäischen Union soll eine Verordnung den Schutz und das Wohlergehen von Wirbeltieren während des Transports sicherstellen. Sie gesteht ausgewachsenen Rindern von etwa 550 Kilogramm Körpergewicht allerdings nur die extrem beengte Fläche von jeweils 1,3 bis 1,6 Quadratmetern zu. Der Transport darf bislang unter gewissen Voraussetzungen bis zu 29 Stunden am Stück dauern; erst dann muss eine 24-stündige Pause eingelegt werden. Dabei sind die Tiere oft mehrere Tage unterwegs. Die Temperaturen dürfen währenddessen bis auf Werte von 5 °C abfallen und auf bis zu 30 °C ansteigen, wobei Abweichungen von bis zu 5 °C nach unten oder oben toleriert werden.

Solche Transporte – die nicht nur Rinder, sondern auch

Schweine, Schafe oder Ziegen betreffen – sind aufgrund ihrer langen Dauer, des unzureichenden Platzangebots, der hohen Ladedichte, der extremen Witterungsbedingungen und der häufig ungenügenden Luftversorgung mit extremem Stress und großem Leid für die Tiere verbunden. Letztlich ist auch zu beachten: Die Gesetzgebung in den sogenannten Drittländern außerhalb der EU, in die die Tiere exportiert werden, macht in Sachen Tierschutz häufig noch wesentlich geringere oder auch gar keine Vorgaben.

Betrachten wir abschließend die Hühner: Mehr als 150 Millionen Individuen dienten 2023 in Deutschland als Masthühner zur Produktion von Fleisch oder als Legehennen zur Erzeugung von Eiern. Nahezu alle Masthühner leben in der Bodenhaltung. Dabei befinden sich in der Regel mehrere Tausend Tiere in einem geschlossenen Stall ohne Zugang zu einem Außenbereich. Die Besatzdichte berechnet sich nach dem Gewicht der Tiere: Pro Quadratmeter sind 35 bis 39 Kilogramm Lebendgewicht erlaubt.

Auch für die Legehennen ist die Bodenhaltung mit 60 Prozent die häufigste Haltungsform, seit die konventionelle Käfighaltung bei uns verboten wurde. Gesetzlich erlaubt sind bis zu 6000 Tiere; pro Quadratmeter dürfen neun Individuen gehalten werden. Das heißt: Jedem Huhn steht weniger als ein DIN-A3-Blatt an Platz zur Verfügung. Sind mehrere Ebenen vorhanden, dürfen sogar 18 Hühner pro Quadratmeter Stallgrundfläche gehalten werden.

Unter den Bedingungen der beengten Bodenhaltung treten massive Verhaltensstörungen auf. So kommt es regelmäßig zum sogenannten «Federpicken». Durch intensives Bepicken und das Herausziehen von Federn können die Tiere das Gefieder ihrer Artgenossen erheblich schädigen. Die Folge sind kahle und blutige Stellen bis hin zur völligen Federlosigkeit; Verletzungen, die bis zum Tod der Hennen führen können.

Ein weiteres gravierendes Problem sind Knochenbrüche und -deformationen, die vor allem das Brustbein betreffen. Sie gehen auf die Kollision der Tiere mit Artgenossen oder mit Sitzstangen unter den beengten Haltungsbedingungen zurück, aber auch auf grobe Handhabung durch den Menschen. Ein Forschungsteam um Ida Thøfner und Jens Peter Christensen veröffentlichte dazu 2021 eine umfangreiche Studie mit erschreckenden Ergebnissen. Die Forschenden untersuchten die Brustbeine von 4794 Legehennen aus 40 Haltungen am Ende der Legezeit. Sie fanden bei 86 Prozent aller Tiere Knochenbrüche. In manchen Haltungen wies jedes Tier diese Verletzung auf, im besten Fall «nur» jedes zweite. Bei vielen Hennen war das Brustbein nicht nur einmal, sondern mehrfach gebrochen. In einer anderen Untersuchung fanden Forschende sogar bei 97 Prozent aller Tiere gebrochene Brustbeine.

In der Freiland- und der ökologischen Haltung, in denen gegenwärtig etwa 23 bzw. 14 Prozent der Legehennen in Deutschland leben, haben die Tiere zwar etwas mehr Platz als in der Bodenhaltung; sie können sich tagsüber in einem Außenbereich aufhalten, in dem jedem Tier mindestens vier Quadratmeter Fläche zur Verfügung stehen. Im Innenbereich leben in der Freilandhaltung – wie in der Bodenhaltung – jedoch ebenfalls bis zu 6000 Hennen auf engstem Raum und in der ökologischen Haltung immerhin noch bis zu 3000 Tiere. Dabei müssen sich bis zu neun bzw. sechs Tiere einen Quadratmeter teilen.

Der erweiterte Platz und der Zugang zu einem Außenbereich in der Freiland- und insbesondere ökologischen Haltung sind zwar vorteilhafter für die Tiere als die Bodenhaltung. Wissenschaftliche Studien zeigen jedoch: Auch in diesen Haltungen treten noch massive Verhaltensstörungen wie das Federpicken auf – und auch gebrochene Brustbeine sind hier an der Tagesordnung.

Zur hohen Zahl der Frakturen bei Legehennen trägt übrigens neben der beengten Haltung wahrscheinlich ein weiterer Faktor bei. So vermuten Forschende, dass die Zucht auf eine hohe Legeleistung von bis zu 300 Eiern pro Jahr zu einem geringeren Kalziumgehalt in den Knochen führt und sie damit brüchiger macht. Konsequenzen solcher Überzüchtung zeigen sich auch bei anderen landwirtschaftlich genutzten Tieren, die sich unter anderem in einer erhöhten Anfälligkeit für Gelenkprobleme oder Entzündungen äußern.

Diese knappe Übersicht über das Schicksal von Schweinen, Rindern und Hühnern in der deutschen Landwirtschaft verdeutlicht, was die hohe Nachfrage nach günstigen Produkten für viele domestizierte Tiere bedeutet: ein von großem Leid geprägtes Leben, auf dessen Bedingungen sie selbst so gut wie keinen Einfluss nehmen können. Wichtig ist, sich die Dimensionen immer wieder klar vor Augen zu führen: Es geht hier nicht etwa um Einzelfälle – sondern weltweit um viele Milliarden von Individuen.

Atemnot als Preis für die Niedlichkeit

Befassen wir uns abschließend mit den domestizierten Tieren, die nicht in Ställen, sondern für gewöhnlich in Privathaushalten leben. 2023 wurden allein in Deutschland Schätzungen zufolge über 30 Millionen Katzen, Hunde, Kleintiere und Vögel gehalten. Den Großteil davon machten Katzen mit 15,7 Millionen und Hunde mit 10,5 Millionen aus.

Auch unter diesen Tieren gibt es solche, die unter extrem restriktiven Haltungsbedingungen oder Vernachlässigung leiden. Man denke nur an Hunde, die ihr Dasein in einem dunklen Verschlag fristen müssen, Katzenwelpen, die in einem Pappkarton ausgesetzt werden, oder Meerschweinchen, die einzeln in winzigen Käfigen leben. In diesen Fällen ist eine Einschränkung des Wohlergehens ebenso offensichtlich wie in der industriellen Tierhaltung, weshalb wir hier nicht näher darauf eingehen wollen. Doch darüber hinaus kommt es selbst dann, wenn Menschen ihre Haustiere lieben und als Sozialpartner schätzen, durchaus zu Leid – und das oftmals, ohne dass es den verantwortlichen Personen überhaupt bewusst ist. Auf dieses Problem hat in den vergangenen Jahren die breite Öffentlichkeit im deutschsprachigen Raum insbesondere der Tierpathologe Achim Gruber aufmerksam gemacht.

Ein Problem, das sich zunehmend beobachten lässt, ist die übermäßige Vermenschlichung von Haustieren. In einem Übersichtsartikel aus dem Jahr 2021 haben Forschende um Daniel Mota-Rojas und Ismael Hernández-Ávalos die negativen Folgen zusammengefasst, die sich daraus für das Wohlergehen von Hunden und Katzen ergeben können. Sie zeigen sich zum Beispiel dann, wenn Halterinnen oder Halter ihren Tieren aus ästhetischen Gründen Kleidung anziehen und so die Regulation ihrer Körpertemperatur beeinträchtigen – mit einer gefährlichen Überhitzung als möglicher Konsequenz. Oder wenn sie Kosmetika wie Färbe- oder Duftmittel bei ihnen anwenden, die giftig sind oder Allergien auslösen können. Manche Menschen tragen ihre Tiere auch über weite Strecken oder schieben sie wie kleine Kinder in speziellen Wagen, was ihre Bewegungsfreiheit einschränkt und unter anderem zu Muskelabbau und Gelenkproblemen führen kann. Hinzu kommt, dass Hunde und Katzen häufig zu großzügig und ungesund gefüttert werden. Die Konsequenz ist nicht selten beträchtliches Übergewicht; mögliche Folgen sind Diabetes, Herz-Kreislauf-Erkrankungen und Arthrose. Das Tragische ist hier: Viele Halterinnen und Halter haben sicherlich die besten Absichten und wollen, dass es ihren Tieren gut geht. Doch wegen mangelndem Wissen über deren Bedürfnisse sorgen sie letztlich dafür, dass sie unnötig leiden. Wenn ein Hund täglich nur mit Herrchen oder Frauchen auf dem Sofa sitzt, Fernsehen schaut und Chips zu fressen bekommt, ist das sicher kein tiergerechter Lifestyle. Und es ist übrigens auch keine gute Idee, Buddy und Balu – wie Kinder – mit Schokolade zu belohnen, denn bereits wenige Stückchen mit hohem Kakaogehalt können für kleine Hunde tödlich sein.

Ein weiteres erhebliches Problem liegt in der Rassezucht, die seit der Mitte des 19. Jahrhunderts massiv an Bedeutung gewonnen hat. Vielen Menschen ist es wichtig, «reinrassige» Hunde und

Katzen zu besitzen. Um diese zu erzeugen, werden aber immer wieder genetisch sehr ähnliche Individuen miteinander verpaart. Eine solche Inzucht führt zu einem Verlust an genetischer Vielfalt und einem hohen Risiko der Entwicklung von Erbkrankheiten. Darüber hinaus haben fragwürdige Zuchtziele, das heißt die starke Selektion auf extreme, vom Menschen erwünschte körperliche Merkmale, oftmals beträchtliche gesundheitliche Einschränkungen zur Folge.

Forschende um Lisa Collins haben das Ausmaß dieses Phänomens in zwei Übersichtsstudien zusammengefasst. Sie konzentrierten sich auf die 50 beliebtesten Rassehunde in Großbritannien vom Labrador Retriever über den Boxer bis zum Irish Setter. Das erschreckende Ergebnis: Bei diesen Rassen traten insgesamt ganze 396 erbliche Erkrankungen auf. Die meisten davon, 77, betrafen den Deutschen Schäferhund, gefolgt vom Boxer mit 63 sowie dem Golden Retriever und dem Zwergpudel mit jeweils 58.

312 der 396 Erkrankungen hingen nicht mit einem konkreten Zuchtziel zusammen, sondern waren Begleiterscheinungen der intensiven Rassezucht. Unter diesen fand sich beispielsweise eine erhöhte Anfälligkeit für Hirntumore, Leberentzündungen, Entwicklungsstörungen oder Stoffwechselerkrankungen. Die übrigen 84 gesundheitlichen Einschränkungen hingen entweder direkt mit einem bestimmten Rassemerkmal zusammen oder wurden durch dieses verschlimmert. Was muss man sich darunter vorstellen?

Blicken wir auf einen der beliebtesten Hunde in Deutschland, den Dackel. Charakteristisch für diese Rasse ist die Kombination aus kurzen Beinen und langem Rücken. Die genetische Veranlagung für dieses markante körperliche Merkmal hat jedoch eine «Nebenwirkung»: Sie macht die Hunde wesentlich anfälliger für schmerzhafte Bandscheibenvorfälle, die zu Lähmungen führen können, auch bekannt als Dackellähme. Und der Dackel ist keineswegs die einzige Rasse, die von diesem Problem betroffen ist. Auch andere kurzbeinige Hunde zeigen eine erhöhte Anfälligkeit für Erkrankungen der Wirbelsäule, darunter der Basset, der Corgi oder die Französische Bulldogge. Letztere ist zudem stark auf ein anderes ästhetisches Merkmal hin gezüchtet worden, das sich beispielsweise auch beim Mops findet: ein rundes Gesicht mit einer extrem kurzen Schnauze, einer hohen Stirn und großen Augen.

Auch diese Merkmalskombination geht für die Tiere mit gesundheitlichen Einschränkungen einher. So leiden sie – unter anderem bedingt durch verengte Nasenlöcher und ein verlängertes Gaumensegel – häufig unter chronischen Atembeschwerden, die bei hoher Belastung oder starker Hitze sogar ihren Tod zur Folge haben können. Zudem sind sie anfällig für eine ganze Reihe von Augenerkrankungen wie Lideinstülpungen oder Hornhautgeschwüre. Nichtsdestotrotz erfreuen sich gerade solche «brachycephalen», also kurzköpfigen, Hunde wie die Französische Bulldogge und der Mops enormer Beliebtheit.

Ein entscheidender Grund dafür dürfte sein, dass ihre Gesichter in besonderem Maße dem sogenannten Kindchenschema entsprechen, wie es sich in gleicher Weise auch bei menschlichen Babys findet. Wesen mit solchen Merkmalen empfinden wir als süß und möchten uns um sie kümmern. Der Preis, den die Tiere für unsere Vorliebe für dieses Aussehen zahlen, ist allerdings sehr hoch. Das gilt übrigens nicht nur für Hunde: Manche Katzen, wie die besonders kurzköpfige Perser-Katze vom Typ «Peke Face», leiden unter ähnlich dramatischen Konsequenzen der starken Zucht auf das Kindchenschema. Und auch die Schottische Faltohrkatze, die nach vorne umgeknickte Ohren trägt, stufen viele Menschen als besonders süß ein. Dieses Merkmal wird allerdings durch eine Mutation hervorgerufen, die gleichzeitig zu schweren Gelenkerkrankungen führen kann.

Es gibt zahllose weitere Beispiele dafür, wie die Zucht auf extreme Merkmale mit erheblichen Beeinträchtigungen verbunden ist. Werden Hunde darauf gezüchtet, immer größer und schwerer zu werden, dann sind schmerzhafte Gelenkentzündungen und kaputte Hüften die Folge. Darunter leiden nahezu alle großen Hunderassen wie Bernhardiner, Deutscher Schäferhund oder Golden Retriever. Auch die Zucht auf besondere Fellfarben kann negative Konsequenzen für die Gesundheit haben. So geht die beliebte Aufhellung des Fells in Richtung «silver», «blue» oder «champagner» bei vielen Hunderassen mit Haarausfall oder Hautproblemen einher. Dalmatiner mit ihrem markant getupften Fell haben ein hohes Risiko, an Taubheit zu leiden – welches sich noch mal erhöht, wenn sie blaue Augen besitzen. Und auch ein Großteil der weißen, blauäugigen Katzen ist taub. Zusammengefasst besteht heute kein Zweifel daran, dass die starke Selektion auf ein bestimmtes Erscheinungsbild für viele Tiere erhebliches Leid bedeutet.

Fazit

Domestizierte Tiere sind prinzipiell gut an das Leben in menschlicher Obhut angepasst. Doch das bedeutet nicht, dass es ihnen unter allen Umständen gut geht. So sorgen wir durch extreme Haltungsbedingungen und fragwürdige Zuchtziele dafür, dass eine unvorstellbar große Zahl von domestizierten Tieren leidet. *Dass* Wirbeltiere Emotionen haben und deshalb auch leiden können, ist heute eine allgemein akzeptierte Erkenntnis. Eines der wichtigen Argumente hierfür lautet: Die Hirnstrukturen und Mechanismen, die beim Menschen für die Erzeugung von Emotionen verantwortlich sind, finden sich bei allen Wirbeltieren in sehr ähnlicher Form.

Vor diesem Hintergrund haben Forschende in den letzten Jahrzehnten Konzepte entwickelt, wie ein gutes Leben für domestizierte Tiere aussehen sollte. Einigkeit besteht darin, dass Erfahrungen, die mit negativen Emotionen verbunden sind, für jedes einzelne Tier so weit wie möglich minimiert und positive Erfahrungen – entsprechend den artspezifischen Bedürfnissen – ermöglicht werden müssen. Dazu steht mittlerweile eine ganze

Palette von Methoden bereit, die es erlauben, wissenschaftlich fundierte Aussagen über das Wohlergehen von Tieren zu treffen. Mit ihrer Hilfe kann verlässlich diagnostiziert werden, unter welchen Bedingungen es Tieren gut geht und unter welchen Bedingungen schlecht.

Heute ist klar: Viele domestizierte Tiere sind im Anthropozän weit davon entfernt, ein gutes Leben zu führen – ganz im Gegenteil. So werden in der industriellen landwirtschaftlichen Tierhaltung weltweit Milliarden von Tieren unter extremen Bedingungen gehalten: in geschlossenen, reizarmen Umwelten, bei minimalem Platzangebot und viel zu hohen Besatzdichten. Hinzu kommen Faktoren wie ein ungeeigneter Untergrund sowie tagelange Transporte. Stress, Verletzungen und Verhaltensstörungen sind die unausweichliche Folge.

Auch Tiere, die wir eher als Sozialpartner betrachten, Katzen und Hunde etwa, sind unnötigem Leid ausgesetzt – selbst dann, wenn Menschen sie lieben und nur das Beste für sie wollen. So führt eine zu starke Vermenschlichung von Heimtieren oft trotz bester Absichten zu einer Beeinträchtigung ihres Wohlergehens. Und viele Tiere leiden unter teils massiven gesundheitlichen Einschränkungen, die auf Inzucht oder die Selektion auf extreme körperliche Merkmale zurückgehen – also letztlich auf den menschlichen Wunsch nach «reinrassigen» Tieren und das Festhalten an bedenklichen Zuchtstandards.

Ganz gleich, ob Schwein, Rind, Huhn, Hund oder Katze: Allzu häufig werden die Grenzen ihrer Anpassungsmöglichkeiten im Anthropozän überschritten – und die Tiere leiden.

Was nun?

Tierwelt am Limit – ein Resümee

Wir haben uns in diesem Buch ausführlich mit den vielfältigen Anpassungsstrategien der Tiere befasst – und mit den Gründen dafür, warum sie im Anthropozän immer öfter scheitern. Als Folge erleben wir derzeit zwei Krisen: Die eine bezieht sich auf die bedrohte Artenvielfalt der Wildtiere und die andere auf das Leiden der domestizierten Tiere. In diesem abschließenden Kapitel wollen wir ein Resümee ziehen und fragen: Was gilt es zu tun angesichts einer Tierwelt am Limit?

Vielfalt in Gefahr

Schauen wir zunächst auf die wild lebenden Tiere. Mit Beginn der industriellen Revolution ist der Einfluss des Menschen auf die Natur massiv gewachsen – und das zuletzt auf dramatische Weise. So hat in den 1950er-Jahren ein Prozess eingesetzt, der in der Wissenschaft auch als Große Beschleunigung (englisch: «Great Acceleration») bezeichnet wird: Die Bevölkerungszahl ist regelrecht explodiert, die Urbanisierung hat rasant zugenommen, und der Energieverbrauch sowie die Treibhausgasemissionen sind in exorbitante Höhen gestiegen.

Was bedeuten diese Entwicklungen für Wildtiere? Wie wir gesehen haben, verfügen sie über eine Reihe erstaunlicher Strategien, um auf sich wandelnde Verhältnisse zu reagieren – und das trifft prinzipiell auch auf die Umweltveränderungen im Anthropozän zu. Wir haben Beispiele dafür kennengelernt, wie sich Tiere an verschmutzte Gewässer oder an den Verkehrslärm in unseren Städten anpassen; wie sie mit eingeschleppten Arten zurechtkommen und selbst dem Super-Prädator Mensch in gewissem Rahmen etwas entgegensetzen; und wie sie Antworten auf die Herausforderungen der menschengemachten Klimaerwärmung finden. Für manche Tiere hält das Leben im Anthropozän sogar gewisse Chancen bereit: wenn zum Beispiel der städtische Müll als Nahrungsquelle erschlossen wird oder invasive Arten sich als neue Beute erweisen.

Was wir aber ebenfalls gesehen haben, ist: Längst nicht allen Tieren gelingt die Anpassung an die gegenwärtigen Herausforderungen – und die Verlierer sind gegenüber den Gewinnern eindeutig in der Überzahl. Als Folge schrumpfen die Bestände vieler Arten dramatisch, ein großer Teil von ihnen ist gefährdet, und manche haben wir bereits für immer verloren. Vieles deutet darauf hin, dass wir am Beginn eines Massenaussterbens stehen könnten, wie es das im Verlauf der langen Geschichte des Lebens auf der Erde bislang erst wenige Male gegeben hat.

Dabei haben wir uns zwar auf das Schicksal der Tiere konzentriert; doch auch die Anpassungsmöglichkeiten anderer Lebewesen, wie Pflanzen oder Pilze, stoßen im Anthropozän auf vergleichbare Weise an ihre Grenzen – zumal alle Organismen durch ein Netz aus ökologischen Beziehungen unauflöslich miteinander verbunden sind. Insofern können wir festhalten: Nicht nur die Wildtiere stecken derzeit in der Krise, sondern das wilde Leben auf der Erde insgesamt.

Machen wir uns einmal klar, worüber wir dabei überhaupt sprechen. Etwa 1,4 Millionen Tierarten, 330 000 Pflanzenarten und 140 000 Pilzarten sind derzeit weltweit wissenschaftlich beschrieben. Hinzu kommen Bakterien und andere Mikroorganismen sowie Millionen Arten von Lebewesen, die bislang noch gar nicht erfasst wurden. Diese unvorstellbare Vielfalt, die sich im Verlauf von vielen Millionen Jahren entwickelt hat, wird gegenwärtig von einer einzigen Spezies bedroht: dem Menschen. Mit jeder Art, die ausstirbt, vernichten wir unwiederbringlich einen Teil des weitverzweigten Stammbaums des Lebens.

Nun könnte man fragen, warum uns das kümmern sollte. Wenn man die Ansicht teilt, dass jeder Spezies auf der Erde ein eigener Wert zukommt, bedarf es keiner weiteren Erklärung, warum ein Fortschreiten des von uns verursachten Artensterbens höchst problematisch wäre. Doch selbst wenn man hier anderer Meinung ist, gibt es gute Gründe, die aktuellen Entwicklungen mit größter Sorge zu betrachten – und zwar aus ganz egoistischen Motiven. Denn auch wir Menschen sind Teil des Netzwerks des Lebens, und unser Schicksal ist eng mit dem der übrigen Organismen auf der Erde verknüpft.

Wir sind auf eine ganze Reihe sogenannter Ökosystemleistungen angewiesen (englisch: «ecosystem services»). Die Natur stellt uns beispielsweise Nahrung, Baumaterialien und andere Rohstoffe zur Verfügung. Darüber hinaus dienen viele Arten als Bestäuber für unsere Pflanzen, sie verbreiten Samen, oder sie halten Organismen in Schach, die Krankheiten übertragen oder unser Getreide schädigen. Und nicht zuletzt spielen intakte Ökosysteme auch eine bedeutende Rolle für die Regulation der Luft- und Wasserqualität sowie für das Speichern von Kohlenstoffdioxid – ein Thema, dem in Anbetracht der Klimaerwärmung besondere Bedeutung zukommt. Vor diesem Hintergrund wird deutlich, warum nicht nur die Gefahr eines möglichen Massenaussterbens im Anthropozän ein bedrohliches Szenario ist, sondern schon das massive Schrumpfen der Bestände. Denn dies allein kann bereits zu einer gravierenden Schwächung von Ökosystemleistungen führen. Tatsächlich zeigt ein Bericht des Weltbiodiversitätsrats (IPBES) aus dem Jahr 2019: In den vergangenen fünf Jahrzehnten haben die Beiträge der Natur zum menschlichen Wohl bereits auf dramatische Weise abgenommen.

In Bezug auf die Konsequenzen unseres Umgangs mit der Umwelt lässt sich daher festhalten: Wenn wir nichts unternehmen, um das Schwinden der natürlichen Vielfalt auf der Erde zu bremsen, schaden wir damit uns selbst – mit kaum abschätzbaren Folgen für unsere Zukunft.

Allerdings gilt es in diesem Zusammenhang auch zu erwähnen: Verschiedene Natur- und Artenschutzmaßnahmen, die in den vergangenen Jahren umgesetzt wurden, haben dazu geführt, dass sich die Bestände mancher zuvor stark dezimierter Arten mittlerweile erholen und dass Tiere Gebiete zurückerobern, in denen sie einst heimisch waren. Die Zahl der Biber und Seeadler ist in Deutschland in den vergangenen Jahren beispielsweise deutlich gestiegen, und der Wolf ist nach langer Abwesenheit wieder in weiten Teilen des Landes zu finden. Und so manch weitere Art wäre ohne Schutzmaßnahmen wohl bereits vollständig von der Erde verschwunden. So kommen Forschende in einer Studie aus dem Jahr 2020 zu dem Schluss: Seit dem Inkrafttreten des internationalen Abkommens «Convention on Biological Diversity» im Jahr 1993 wurden zwischen 21 und 32 Vogelarten und zwischen 7 und 16 Säugetierarten vor dem Aussterben bewahrt, darunter beispielsweise der Kalifornische Kondor und der Iberische Luchs.

Dass wir diesen Aspekt an dieser Stelle hervorheben, hat einen Grund. Was die Zukunft der Vielfalt des Lebens auf unserem Planeten anbelangt, sind wir keineswegs zum Zuschauen verdammt. Vielmehr haben wir Möglichkeiten, dem gegenwärtigen negativen Trend entgegenzuwirken. Wie sehen diese konkret aus?

Der offensichtlichste Weg besteht darin, die direkten Treiber der Biodiversitätskrise zu bekämpfen, das heißt: den Verlust von Naturräumen, die Umweltverschmutzung, das Verschleppen von Arten, die übermäßige Nutzung natürlicher Ressourcen und die Produktion von Treibhausgasen. Der letzte Aspekt ist dabei von besonderer Bedeutung, weil der Klimawandel nicht nur zum Biodiversitätsverlust beiträgt, sondern für uns Menschen selbst eine unmittelbare Bedrohung darstellt. Konkrete Maßnahmen sind zum Beispiel die Ausweitung und Einrichtung von Schutzgebieten, Jagd- und Fischereiverbote, Kontrollen zur Verhinderung der Einfuhr potenziell invasiver Arten oder die Abkehr von der Stromerzeugung aus fossilen Brennstoffen.

Darüber hinaus gibt es die Möglichkeit, die Auswirkungen bereits erfolgter Eingriffe in die Natur abzuschwächen. Dazu zählen die Renaturierung von zerstörten Habitaten, die Reinigung der Umwelt von Schadstoffen oder die Bekämpfung gebietsfremder Arten.

Und letztlich können wir auch bestimmten bedrohten Arten oder Populationen durch gezielte Schutzmaßnahmen helfen, zum Beispiel durch die Errichtung von künstlichen Nisthilfen und Quartieren oder die Nachzucht und Auswilderung von Individuen.

Völlig klar ist dabei: Nur die Bekämpfung der direkten Treiber der Biodiversitätskrise ist wirklich nachhaltig. Es führt kein Weg daran vorbei, unseren Umgang mit der Natur radikal zu verändern, wenn wir die natürliche Vielfalt auf unserem Planeten erhalten wollen.

Ihr Leid, unsere Verantwortung

Blicken wir nun auf die domestizierten Tiere in menschlicher Obhut. Sie sehen sich im Anthropozän ganz anderen Herausforderungen gegenüber als die Wildtiere. Ihre Zahl und Masse sind im Zuge der Großen Beschleunigung ins Unermessliche gewachsen. Das gilt vor allem für die Tiere in der Landwirtschaft wie Schweine, Rinder oder Hühner. Aber auch die Zahlen im Heimtierbereich, insbesondere der Hunde und Katzen, sind extrem gestiegen. Das wesentliche Problem von Milliarden dieser Tiere ist dies: Sie leiden massiv unter den Bedingungen, unter denen wir sie halten, und unter den fragwürdigen Zuchtzielen, auf die hin wir sie verändern.

Man mag einwenden, dass domestizierte Tiere über Jahrtausende darauf hin gezüchtet wurden, sich an den Menschen und die von ihm vorgegebenen Bedingungen anzupassen. Deshalb sollten sie auch mit den Bedingungen und der Zucht im Anthropozän zurechtkommen. Wie wir gesehen haben, sind Haustiere durch die Domestikation grundsätzlich gut für das Leben in menschlicher Obhut ausgerüstet und können zum Beispiel in weit höherer Zahl und auf engerem Raum leben als ihre wilden Vorfahren. Darüber hinaus bietet unsere Fürsorge in gewisser Hinsicht auch Vorteile. So steht den meisten domestizierten Tieren stets ausreichend Nahrung und Wasser zur Verfügung, und sie werden bei Erkrankungen medizinisch versorgt – anders als ihre wilden Verwandten. Ein gutes Leben in Menschenhand ist für domestizierte Tiere also sehr wohl möglich. Doch die Wirklichkeit sieht in vielen Fällen dramatisch anders aus.

So werden im Rahmen der industriellen Landwirtschaft unzählige Schweine, Rinder, Hühner und andere Arten in geschlossenen, reizarmen Umwelten gehalten, bei minimalem Platzangebot und viel zu hohen Besatzdichten. Diese restriktiven Haltungsbedingungen sind für sie mit erheblichem Leid verbunden – welches noch durch gravierende gesundheitliche Probleme verstärkt wird, die auf die intensive Zucht auf eine überhöhte Produktivität zurückzuführen sind.

Unser Umgang mit den Tieren in der Intensivhaltung steht in krassem Kontrast zu unserem Verhältnis zu einer anderen Gruppe von domestizierten Tieren: den Hunden, Katzen und anderen Heimtieren, die wir eher als Sozialpartner betrachten, mit denen wir unser Leben und häufig auch unsere Wohnung teilen. Doch selbst diese starke Zuneigung schützt die Tiere nicht automatisch davor, dass sie unseretwegen leiden: weil wir sie vernachlässigen, vermenschlichen oder auf ästhetische Merkmale hin züchten, die mit teils schweren körperlichen Einschränkungen verbunden sind.

Zwar hat es in den letzten Jahren bereits einige Entwicklungen gegeben, die immerhin zu leichten Verbesserungen geführt haben: So wurden EU-weite Mindeststandards für die Haltung und den Transport von Tieren in der Landwirtschaft eingeführt; die einst üblichen Legebatterien für Hennen gehören bei uns seit einigen Jahren der Vergangenheit an, und die Unterbringung von Sauen im Kastenstand wird nach einer Übergangsfrist nur noch für wenige Tage möglich sein. Und auch in Bezug auf die Zuchtziele setzt sowohl bei den Tieren in der Landwirtschaft als auch im Heimtierbereich ganz allmählich ein gewisses Umdenken ein. Doch diese Maßnahmen reichen bei Weitem nicht aus, um das Leiden der domestizierten Tiere zu beenden.

Zusammengefasst lässt sich ganz allgemein in Bezug auf das Schicksal der domestizierten Tiere im Anthropozän festhalten: Ein gutes Leben in menschlicher Obhut ist für sie keineswegs die Regel – und das gilt sowohl global als auch mit Blick auf die Situation in Deutschland.

Diese Erkenntnis steht in fundamentalem Widerspruch zum breiten Konsens in unserer Gesellschaft, dass Tiere als fühlende, das heißt empfindungs- und leidensfähige Wesen moralisch zu berücksichtigen sind. Diese Haltung findet sich auch im deutschen Tierschutzgesetz wieder und spiegelt sich in der Aufnahme des Tierschutzes als Staatsziel im Grundgesetz. Manche vertreten sogar die Position, dass wir Tiere überhaupt nicht für unsere Zwecke nutzen dürfen. Doch selbst diejenigen, die diese Sicht nicht teilen, würden wohl in großer Mehrheit der Aussage zustimmen: *Wenn* wir Tiere halten und nutzen, dann müssen wir zumindest sicherstellen, dass es ihnen gut geht.

Wir sind also in Bezug auf unseren Umgang mit den domestizierten Tieren noch weit davon entfernt, unseren eigenen moralischen Ansprüchen gerecht zu werden. Um das zu ändern und das Leid der Tiere zu mindern, müssen wir vor allem an zwei Stellen ansetzen: einerseits an den Zuchtpraktiken und andererseits an den Haltungsbedingungen.

Was gilt es in Bezug auf die Zucht zu tun? Während in der Vergangenheit der Fokus in der industriellen Landwirtschaft fast ausschließlich auf einer möglichst hohen Produktivität lag und in der Heimtierzucht auf bestimmten ästhetischen Charakteristika, sollte es zukünftig wesentlich mehr um das Wohlergehen der Tiere gehen. Das bedeutet zum Beispiel, auf eine höhere genetische Vielfalt zu achten, vorhandene Erbkrankheiten aus den Zuchtpopulationen zu eliminieren und nicht mehr auf Merkmale hin zu züchten, die nachweislich mit gesundheitlichen Beeinträchtigungen verbunden sind.

In Bezug auf die Haltungsbedingungen gilt es sicherzustellen, dass nicht nur negative Erfahrungen minimiert werden, sondern auch positive Erfahrungen gemacht werden können. Das heißt zum Beispiel: Es geht nicht nur darum, dass die Tiere ihrer Art entsprechend ernährt werden und frei von Hunger, Durst oder Schmerzen sind. Sondern sie müssen auch über ausreichend Raum und Strukturen in ihrer Umwelt verfügen, um sich frei bewegen und Verhaltensweisen ausführen zu können, für die sie eine hohe Motivation besitzen. Für soziale Tiere muss es die Möglichkeit geben, mit Artgenossen zu interagieren und stabile soziale Beziehungen und Dominanzverhältnisse auszubilden. Der Umgang mit Menschen sollte möglichst positiv verlaufen und nicht mit Stress verbunden sein.

Führt man sich diese Aspekte vor Augen, besteht kein Zweifel, dass fundamentale Veränderungen in Bezug auf die Haltungsbedingungen insbesondere bei den landwirtschaftlich genutzten Tieren nötig sind. Denn obwohl es auch im Heimtierbereich durchaus Probleme gibt: Es lässt sich kaum leugnen, dass wir Hunden, Katzen und Co. in vielen Fällen ein unvergleichlich besseres Leben bieten als Schweinen, Rindern oder Hühnern in der Intensivhaltung.

Wie konnte es überhaupt dazu kommen, dass heute Milliarden von Tieren unter den extremen Bedingungen der industriellen Landwirtschaft gehalten werden? Es waren vor allem ökonomische Gründe, aus denen ab den 1950er-Jahren zunächst in den Industriestaaten und dann weltweit die sogenannte «Massentierhaltung» eingeführt wurde. Diese Umstellung bedeutete eine enorme Effizienzmaximierung und erlaubte die Produktion billiger Nahrungsmittel.

Der Tiermediziner und Philosoph Jörg Luy weist in diesem Zusammenhang auf eine interessante Verbindung zwischen den neuen «Produktionsbedingungen» und dem extrem reduktionistischen Tierbild in jener Zeit hin. So klammerten die europäischen klassischen Ethologen das Denken und Fühlen der Tiere damals aus ihren Untersuchungen aus und vertraten die Auffassung, es könnten dazu keine wissenschaftlichen Aussagen gemacht werden. Und viele amerikanische Behavioristen leugneten sogar völlig deren Existenz. Tiere wurden überwiegend als seelenlose Reflexautomaten angesehen, die in den Fällen von Schwein, Rind, Huhn und den anderen Tieren in der Landwirtschaft auch noch als durch den Domestikationsprozess degenerierte Wesen betrachtet wurden. Dieses von der damaligen Sicht der Wissenschaft gedeckte Tierbild trug nicht gerade dazu bei, die Auswirkungen der Intensivhaltung auf die Tiere kritisch zu hinterfragen.

In den letzten Jahrzehnten haben die Erkenntnisse der Verhaltensbiologie unser wissenschaftliches Bild vom Tier allerdings fundamental verändert. Heute wissen wir: Wirbeltiere, insbesondere Säugetiere und Vögel, sind lernende, zum Teil denkende und sich selbst erkennende Wesen. Sie bedürfen der Sozialisation, verfügen über ein differenziertes Sozialverhalten und bilden unverwechselbare Tierpersönlichkeiten aus. Sie können Emotionen wie Furcht, Angst, aber auch Freude empfinden, mitfühlend sein, helfen und trösten. Und wie die neuere Forschung immer deutlicher zeigt, trifft dies auch auf die domestizierten Tiere in der Landwirtschaft zu: Schweine, Rinder oder Hühner unterscheiden sich in dieser Hinsicht nicht kategorisch von Hunden oder Katzen. Wenn diese wissenschaftliche Erkenntnis fest in den Köpfen der Menschen verankert wäre, dann würde es vermutlich eine höhere

Bereitschaft geben, sich für bessere Lebensbedingungen der Tiere in der Landwirtschaft einzusetzen.

Damit sie künftig ein gutes Leben führen können, braucht es allerdings nicht weniger als einen grundlegenden Wandel in der Art unseres Umgangs mit ihnen – von ihrer Geburt bis zu ihrem Tod. Es ist nicht vorstellbar, dass wir diesen Wandel schaffen können, ohne parallel auch einen weiteren Schritt umzusetzen: eine drastische Verringerung des Konsums von Fleisch und anderen Lebensmitteln tierischen Ursprungs und damit eine wesentliche Reduktion der Tierzahlen. Dies würde es uns erheblich erleichtern, den dann noch gehaltenen Individuen ein Leben zu bieten, das ihren Bedürfnissen wirklich gerecht wird. Darüber hinaus wäre diese Entwicklung auch in anderer Hinsicht von Vorteil. Denn die unzähligen Tiere in der Landwirtschaft produzieren beträchtliche Mengen an Treibhausgasen, und für ihre Ernährung müssen Unmengen an Futterpflanzen angebaut werden, was die Zerstörung von Naturräumen befeuert. Würden wir ihre Zahl reduzieren, käme dies letztlich also auch dem Kampf gegen die Klimaerwärmung und die Biodiversitätskrise zugute.

Angesichts des aktuellen Forschungsstands ist offensichtlich: Wenn wir die Lage der Wild- und Haustiere im Anthropozän nachhaltig und umfassend zum Positiven wenden wollen, stehen wir vor gewaltigen Herausforderungen. Wir müssen unseren zerstörerischen Einfluss auf die Natur minimieren, die Treibhausgasemissionen drastisch senken und die Lebensbedingungen für die domestizierten Tiere – insbesondere in der Landwirtschaft – grundlegend verbessern. Und das alles vor dem Hintergrund einer wachsenden Weltbevölkerung, deren Bedarf an Ressourcen steigt, und angesichts weiterer Herkulesaufgaben wie dem anhaltenden Kampf gegen Armut, Hunger und soziale Ungleichheit. Zielkonflikte, im Großen wie im Kleinen, sind dabei unvermeidbar.

Um diese Herausforderungen zu bewältigen, werden wir nicht nur die Erkenntnisse der Natur- und Ingenieurwissenschaften brauchen, sondern auch die vieler weiterer wissenschaftlicher Disziplinen wie Ökonomie, Pädagogik, Philosophie, Politologie, Psychologie, Rechtswissenschaft oder Soziologie. Zudem ist eine internationale Zusammenarbeit unabdingbar. Dies ist insbesondere bei der Bekämpfung der Erderwärmung offensichtlich oder im Fall des Schutzes von wandernden Tierarten, die auf ihren Reisen Landesgrenzen überqueren. Doch es gilt auch für viele weitere Bereiche – denn als Folge der Globalisierung und des weltweiten Handels haben unsere lokal getroffenen Entscheidungen oftmals Folgen in weit entfernten Regionen der Erde.

Wissenschaft ist keine Meinung

Zum Schluss ist uns wichtig, einen Punkt von fundamentaler Bedeutung zu betonen: Wissenschaftliche Erkenntnisse sind keine Meinungen, keine Vermutungen, keine Bauchgefühle, keine persönlichen, politischen oder religiösen Überzeugungen. Sie entstehen aus ergebnisoffener, unbeeinflusster Forschung. Sie sind nachvollziehbar und überprüfbar und werden im Austausch mit anderen Forschenden permanent hinterfragt, getestet und diskutiert. Wissenschaft ist ausschließlich der Wahrheit verpflichtet. Deshalb sind ihre Ergebnisse eine verlässliche Quelle der Information und Orientierung.

Es ist also keine *Meinung*, wenn wir in diesem Buch feststellen, wie schlecht es um die wilden und die domestizierten Tiere steht, sondern eine Tatsache, die auf den Ergebnissen einer Vielzahl von wissenschaftlichen Untersuchungen basiert. Ebenso sind die Ursachen und Konsequenzen, die wir aufzeigen, nicht bloße Spekulationen, sondern das Resultat jahrzehntelanger Forschung von zahllosen Wissenschaftlerinnen und Wissenschaftlern.

Und nicht nur für die Diagnose der Krisen ist die Wissenschaft unersetzlich, sondern auch für ihre Bekämpfung. Denn zum einen brauchen wir wissenschaftliche Daten und Erkenntnisse, um konkrete Probleme überhaupt erst verlässlich zu erkennen und zu beschreiben; zum anderen können wir nur auf der Basis dieser Daten und Erkenntnisse effektive Strategien zu ihrer Lösung entwickeln.

Was die Wildtiere angeht, so benötigen wir wissenschaftliche Methoden, um verlässlich aufzuzeigen, in welchem Ausmaß Bestände schwinden und welche Arten besonders gefährdet sind. Nur mit ihrer Hilfe können wir erkennen, welche Faktoren im Einzelnen dafür verantwortlich sind, und nur auf dieser Basis können erfolgversprechende Gegenmaßnahmen entwickelt werden. Vergleichbares gilt für die domestizierten Tiere in menschlicher Obhut: Nur mithilfe wissenschaftlicher Methoden können wir die Bedürfnisse und Ansprüche der verschiedenen Arten seriös ermitteln und objektiv erfassen, welche Auswirkungen spezifische Haltungsbedingungen und Zuchtziele auf ihr Wohlergehen haben. Und nur auf dieser Basis lassen sich vorurteilsfreie Konzepte entwickeln, wie ein gutes Leben für domestizierte Tiere aussehen kann.

Angesichts der gegenwärtigen Biodiversitäts- und Tierwohlkrise ist es deshalb entscheidend, dass aktuelle wissenschaftliche Erkenntnisse möglichst rasch breiten Eingang in die Gesellschaft finden. Denn nur dies ermöglicht evidenzbasierte, rationale Entscheidungen, die nicht bloß auf Bauchgefühl und Meinungen basieren, sondern vielmehr auf dem zum jeweiligen Zeitpunkt bestmöglichen Wissen. Das gilt sowohl für die Ebene der Gesetzgebung als auch für jede einzelne Person: Nur auf der Grundlage des aktuellen Forschungsstandes lässt sich ein objektives Bild vom Ausmaß der Krisen und von den Konsequenzen des eigenen Handelns gewinnen.

Der Transfer des Wissens kann dabei über klassische Kanäle wie Sachbücher, Wissenschaftsmagazine, TV- oder Radiosendungen erfolgen. Oder über neuere Medien wie Online-Plattformen, soziale Medien oder Podcasts. Ganz gleich, auf welchem Weg die Inhalte vermittelt werden und auf welche Zielgruppe sie zugeschnitten sind: Sie müssen in jedem Fall wissenschaftlich korrekt sein.

Es ist zudem wichtig, immer wieder auch die Vorgehensweise der Wissenschaft zu erläutern und zu erklären, wie Forschende arbeiten und mit welchen Methoden sie zu Ergebnissen kommen. Es darf auch nicht verschwiegen werden, wenn offene Fragen bezüglich bestimmter Aussagen bestehen – und dass wissenschaftliche Erkenntnisse mitunter durch zukünftige Forschung modifiziert werden müssen. Ein besseres Verständnis für wissenschaftliche Prozesse würde das Vertrauen der Bevölkerung in die Forschungsergebnisse stärken und es ihr erleichtern, zwischen Fakten und Fake News zu unterscheiden.

Wünschenswert wäre auch, dass Menschen über Bildungs- und Erziehungsprozesse schon möglichst früh im Leben mit dem aktuellen naturwissenschaftlichen Erkenntnisstand in Berührung kommen. So könnten durch ein naturwissenschaftliches, ökologisches Narrativ bereits die Kleinsten ein anderes Verhältnis zu Tieren und der Natur entwickeln. Sie könnten aufwachsen mit dem Wissen, dass auch sie Teil des «Tree of Life» und mit allen anderen Lebewesen schicksalhaft verbunden sind. Kinder einer Generation, die so aufwachsen, würden als Erwachsene wahrscheinlich verantwortlichere Entscheidungen treffen, als wir sie gegenwärtig erleben.

Gerade in Bezug auf diesen letzten Punkt ist es aber auch wichtig, sich klarzumachen: Die Wissenschaft kann uns zwar dabei helfen, die Welt und unseren Platz darin besser zu verstehen; sie kann uns auf gegenwärtige Probleme, drohende Gefahren und mögliche Chancen aufmerksam machen; sie kann uns Handlungsoptionen aufzeigen und voraussagen, welche Folgen diese jeweils haben werden. Doch aus wissenschaftlichen Erkenntnissen lässt sich keineswegs automatisch ableiten, was wir tun *müssen*. Dass wir als Folge unseres Einflusses auf die Natur einen Rückgang der Tierbestände und ein umfangreiches Artensterben bei den Wildtieren erleben, ist eine wissenschaftliche Erkenntnis, ebenso die Tatsache, dass unzählige domestizierte Tiere unter den vom Menschen bereitgestellten Bedingungen leiden. Welche Konsequenzen wir daraus konkret für unser Handeln ziehen, müssen wir aber letztlich als Individuen und als Gesellschaft entscheiden – unter Abwägung unterschiedlicher Interessen und auf der Grundlage unserer Werte und moralischen Überzeugungen.

Ob wir Fleisch essen, uns vegetarisch oder vegan ernähren, wie häufig wir fliegen, mit dem Auto fahren oder mit dem Zug, sind Entscheidungen, die auf individueller Ebene getroffen werden müssen. Und wie viel Bedeutung wir als Gesellschaft dem Klima-, Natur- und Tierschutz zugestehen, ist eine Frage, die ebenfalls nicht von der Wissenschaft beantwortet werden kann, sondern im öffentlichen Diskurs ausgehandelt und in demokratisch gewählten Parlamenten entschieden werden muss.

Was jedoch in keinem Fall sein darf: dass die besorgniserregenden Befunde der Wissenschaft ignoriert oder geleugnet werden, um politische Entscheidungen oder die eigene Lebensweise zu rechtfertigen – ein Muster, das sich derzeit leider zunehmend beobachten lässt.

Wir sollten uns immer wieder vor Augen führen: Es ist noch nicht zu spät, um umzusteuern und unseren Umgang mit den wilden und den domestizierten Tieren zu korrigieren; aber wir haben keine Zeit mehr zu verlieren. Die Entscheidungen, die wir heute treffen, bestimmen, wie die Welt in zehn, zwanzig oder fünfzig Jahren aussehen wird – und von ihnen hängt ab, wie viele Arten letztlich aussterben werden und wie viele Individuen noch unseretwegen leiden.

Literatur

Einführung

Anthropozän. Aus Politik und Zeitgeschichte. *APuZ*, 75. Jahrgang 14–15, S. 1–47, 2025.

Crutzen, P. J. (2002): Geology of mankind. *Nature* 415(6867): 23.

Crutzen, P. J. & Stoermer, E. F. (2000): The «Anthropocene». *IGBP Newsletter* 41:17–18.

Gesellschaft Deutscher Chemiker. Der Menschenplanet – Aufbruch ins Anthropozän. www.gdch.de, S. 1–24, 2015.

Lewis, S. L. & Maslin, M. A. (2015): Defining the Anthropocene, *Nature* 519(7542): 171–180.

Waters, C. N.; Zalasiewsiewicz, J.; Summerhayes, C.; Barnowsky, A. D.; Poirier, C.; Galuszka, A.; (...) & Wolfe, A. P. (2016): The Anthropocene is functionally and stratigraphically distinct from the Holocene. *Science* 351(6269): 137.

Kapitel 1

Baudelaire, C.: Les Fleurs du Mal, Die Blumen des Bösen. *Fischer*, Hamburg, 1971 (Original 1857).

Cook, L. M. (2003): The rise and fall of the Carbonaria form of the peppered moth. *Quarterly Review of Biology* 78(4): 399–417.

Cook, L. M.; Grant, B. S.; Saccheri, I. J.; Mallet, J. (2012): Selective bird predation on the peppered moth: the last experiment of Michael Majerus. *Biology Letters* 8(4): 609–612.

Darwin, C.: Die Entstehung der Arten. Neudruck *Reclam*, Stuttgart, 1981 (Original 1859).

Dehnhardt, G.; Mauck, B.; Hanke, W. & Bleckmann, H. (2001): Hydrodynamic trail-following in harbor seals (*Phoca vitulina*). *Science* 293(5527): 102–104.

Donihue, C. M.; Herrel, A.; Fabre, A. C.; Kamath, A.; Geneva, A. J.; Schoener, T. W.; Kolbe, J. J. & Losos, J. B. (2018): Hurricane-induced selection on the morphology of an island lizard. *Nature* 560:88–91.

Donihue, C. M.; Kowaleski, A. M.; Losos, J. B.; Algar, A. C.; Baeckens, S.; Buchkowski, R. W. et al. (2020): Hurricane effects on Neotropical lizards span geographic and phylogenetic scales. *PNAS* 117(19): 10429–10434.

Huey, R. B. & Grant, P. R. (2020): Lizards, toepads, and the ghost of hurricanes past. *PNAS* 117(21): 11194–11196.

Kettlewell, H. D. W. (1959): Darwin's missing evidence. *Scientific American* 200:48–53.

Purves, W. K.; Sadava, D.; Orians, G. H. & Heller, H. C.: Sensorische Systeme. In: Markl, J. (Hrsg.): Biologie. 9. Aufl., *Spektrum Akademischer Verlag, Springer,* Heidelberg, 2011.

Sachser, N.: Der Mensch im Tier. Kapitel 7, *Rowohlt,* Reinbek, 2018.

Van't Hof, A. E.; Edmonds, N.; Dalíková, M.; Marec, F. & Saccheri, I. J. (2011): Industrial melanism in British peppered moths has a singular and recent mutational origin. *Science* 332(6032): 958–960.

Van't Hof, A. E.; Campagne, P.; Rigden, D. J.; Yung, C. J.; Lingley, J.; Quail, M. A. et al. (2016): The industrial melanism mutation in British peppered moths is a transposable element. *Nature* 534:102–105.

Kapitel 2

Bridges, A. D.; Royka, A.; Wilson, T.; Lockwood, C.; Richter, J.; Juusola, M. & Chittka, L. (2024): Bumblebees socially learn behaviour too complex to innovate alone. *Nature* 627:572–578.

Candolin, U. & Wong, B. B. M. (Eds.): Behavioural responses to a changing world: Mechanisms and consequences. *Oxford University Press,* 2012.

Dantzer, B.; Newman, A. E.; Boonstra, R.; Palme, R; Boutin, S; Humphries, M. M. & McAdam, A. G. (2013): Density triggers maternal hormones that increase adaptive offspring growth in a wild mammal. *Science* 340(6137): 1215–1217.

Fischer, S.; Bohn, L.; Oberhummer, E.; Nyman, C. & Taborsky, B. (2017): Divergence of developmental trajectories is triggered interactively by early social and ecological experience in a cooperative breeder. *PNAS* 114(44): E9300-E9307.

Green, E. (1989): A diet-induced developmental polymorphism in a caterpillar. *Science* 243(4891): 643–646.

Leca, J. B.; Gunst, N.; Gardiner, M. & Wandia, I. N. (2021): Acquisition of object-robbing and object/food-bartering behaviours: a culturally maintained token economy in free-ranging long-tailed macaques. *Philosophical Transactions of the Royal Society B* 376(1819): 20190677.

Pigliucci, M. (2005): Evolution of phenotypic plasticity: where are we going now? *Trends in Ecology & Evolution* 20(9): 481–486.

Sharda, S.; Zuest, T.; Erb, M. & Taborsky, B. (2021): Predator-induced maternal effects determine adaptive antipredator behaviors via egg composition. *PNAS* 118(37): e2017063118.

Sih, A. (2013): Understanding variation in behavioural responses to human-induced rapid environmental change: a conceptual overview. *Animal Behaviour* 85(5): 1077–1088.

Stamps, J. A. (2016): Individual differences in behavioural plasticities. *Biological Reviews* 91(2): 534–567.

Van Leeuwen E. J. C.; DeTroy, S. E.; Haun, D. B. M. & Call, J. (2024): Chimpanzees use social information to acquire a skill they fail to innovate. *Nature Human Behaviour* 8:891–902.

West-Eberhard, M. J. (1998): Phenotypic plasticity and the origins of diversity. *Annual Review of Ecology and Systematics* 20:249–278.

Kapitel 3

Bearhop, S.; Fiedler, W.; Furness, R. W.; Votier, S. C.; Waldron, S.; Newton, J.; Bowen, G. J.; Berthold, P. & Farnsworth, K. (2005): Assortative mating as a mechanism for rapid evolution of a migratory divide. *Science* 310(5747): 502–504.

Berthold, P.; Helbig, A. J.; Mohr, G. & Querner, U. (1992): Rapid microevolution of migratory behaviour in a wild bird species. *Nature* 360:668–670.

Bosse, M.; Spurgin, L. G.; Laine, V. N.; Cole, E. F.; Firth, J. A.; Gienapp, P.; Gosler, A. G.; McMahon, K.; Poissant, J.; Verhagen, I.; Groenen, M. A. M.; van Oers, K.; Sheldon, B. C; Visser, M. E. & Slate, J. (2017): Recent natural selection causes adaptive evolution of an avian polygenic trait. *Science* 358(6361): 365–368.

Brumm, H. (2004): The impact of environmental noise on song amplitude in a territorial bird. *Journal of Animal Ecology* 73(3): 434–440.

Derryberry, E. P.; Phillips, J. N.; Derryberry, G. E.; Blum, M. J. & Luther, D. (2020): Singing in a silent spring: Birds respond to a half-century soundscape reversion during the COVID-19 shutdown. *Science* 370(6516): 575–579.

Hacker, F.; Smith, K. & Graham, P. (2023): Inter-species stimulus enhancement: herring gulls (*Larus argentatus*) mimic human food choice during foraging. *Biology Letters* 19(5): 20230035.

Klump, B. C.; Major, R. E.; Farine, D. R.; Martin, J. M. & Aplin, L. M. (2022): Is bin-opening in cockatoos leading to an innovation arms race with humans? *Current Biology* 32(17): R910-R911.

Klump, B. C.; Martin, J. M.; Wild, S.; Hörsch, J. K.; Major, R. E. & Aplin, L. M. (2021): Innovation and geographic spread of a complex foraging culture in an urban parrot. *Science* 373(6553): 456–460.

Nacci, D. E.; Champlin, D. & Jayaraman, S. (2010): Adaptation of the estuarine fish *Fundulus heteroclitus* (Atlantic killifish) to polychlorinated biphenyls (PCBs). *Estuaries and Coasts* 33:853–864.

Orros, M. E. & Fellowes, M. D. E. (2015): Wild bird feeding in an urban area: intensity, economics and numbers of individuals supported. *Acta Ornithologica* 50:43–58.

Oziolor, E. M.; Reid, N. M.; Yair, S.; Lee, K. M.; Guberman VerPloeg, S.; Bruns, P. C.; Shaw, J. R.; Whitehead, A. & Matson, C. W. (2019): Adaptive introgression enables evolutionary rescue from extreme environmental pollution. *Science* 364(6439): 455–457.

Plaza, P. I. & Lambertucci, S. A. (2017): How are garbage dumps impacting vertebrate demography, health, and conservation? *Global Ecology and Conservation* 12:9–20.

Plummer, K. E.; Siriwardena, G. M.; Conway, G. J.; Risely, K. & Toms, M. P. (2015): Is supplementary feeding in gardens a driver of evolutionary change in a migratory bird species? *Global Change Biology* 21(12): 4353–4363.

Reid, N. M.; Proestou, D. A.; Clark, B. W.; Warren, W. C.; Colbourne, J. K.; Shaw, J. R. et al. (2016): The genomic landscape of rapid repeated evolutionary adaptation to toxic pollution in wild fish. *Science* (6317): 1305–1308.

Reynolds, S. J.; Galbraith, J. A.; Smith, J. A. & Jones, D. N. (2017): Garden bird feeding: Insights and prospects from a north-south comparison of this global urban phenomenon. *Frontiers in Ecology and Evolution* 5:24.

Rolshausen, G.; Segelbacher, G.; Hobson, K. A. & Schaefer, H. M. (2009): Contemporary evolution of reproductive isolation and phenotypic divergence in sympatry along a migratory divide. *Current Biology* 19(24): 2097–2101.

Sih, A.; Ferrari, M. C. O. & Harris, D. J. (2011): Evolution and behavioural responses to human-induced rapid environmental change. *Evolutionary Applications* 4(2): 367–387.

Spelt, A.; Soutar, O.; Williamson, C.; Memmott, J.; Shamoun-Baranes, J.; Rock, P. & Windsor, S. (2021): Urban gulls adapt foraging schedule to human-activity patterns. *Ibis* 163:274–282.

Watson, J. E. M.; Shanahan, D. F.; Di Marco, M.; Allen, J.; Laurance, W. F.; Sanderson, E. W.; Mackey, B. & Venter, O. (2016): Catastrophic declines in wilderness areas undermine global environment targets. *Current Biology* 26(21): 2929–2934.

Whitehead, A.; Clark, B. W.; Reid, N. M.; Hahn, M. E. & Nacci, D. (2017): When evolution is the solution to pollution: Key principles, and lessons from rapid repeated adaptation of killifish (*Fundulus heteroclitus*) populations. *Evolutionary Applications* 10(8): 762–783.

Winchell, K. M.; Campbell-Staton, S. C.; Losos, J. B.; Revell, L. J.; Verrelli, B. C. & Geneva, A. J. (2023): Genome-wide parallelism underlies contemporary adaptation in urban lizards. *PNAS* 120(3): e2216789120.

Winchell, K. M.; Reynolds, R. G.; Prado-Irwin, S. R.; Puente-Rolón, A. R. & Revell, L. J. (2016): Phenotypic shifts in urban areas in the tropical lizard *Anolis cristatellus*. *Evolution* 70(5): 1009–1022.

Kapitel 4

Cattau, C. E.; Fletcher, R. J. Jr; Kimball, R. T.; Miller, C. W. & Kitchens, W. M. (2018): Rapid morphological change of a top predator with the invasion of a novel prey. *Nature Ecology & Evolution* 2:108–115.

Cattau, C. E.; Fletcher, R. J. Jr.; Reichert, B. E. & Kitchens, W. M. (2016): Counteracting effects of a non-native prey on the demography of a native predator culminate in positive population growth. *Ecological Applications* 26(7): 1952–1968.

Pascoal, S.; Cezard, T.; Eik-Nes, A.; Gharbi, K.; Majewska, J.; Payne, E.; Ritchie, M. G.; Zuk, M. & Bailey, N. W. (2014): Rapid convergent evolution in wild crickets. *Current Biology* 24(12): 1369–1374.

Pascoal, S.; Risse, J. E.; Zhang, X.; Blaxter, M.; Cezard, T.; Challis, R. J. et al. (2019): Field cricket genome reveals the footprint of recent, abrupt adaptation in the wild. *Evolution Letters* 4(1): 19–33.

Phillips, B. L. & Shine, R. (2006): Allometry and selection in a novel predator-prey system: Australian snakes and the invading cane toad. *Oikos* 112(1): 122–130.

Phillips, B. L. & Shine, R. (2006): An invasive species induces rapid adaptive change in a native predator: cane toads and black snakes in Australia. *Proceedings of the Royal Society B* 273(1593): 1545–1550.

Phillips, B. L. & Shine, R. (2004): Adapting to an invasive species: Toxic cane toads induce morphological change in Australian snakes. *PNAS* 101(49): 17150–17155.

Roy, H. E.; Pauchard, A.; Stoett, P. J.; Renard Truong, T.; Meyerson, L. A.; Bacher, S. et al. (2024): Curbing the major and growing threats from invasive alien species is urgent and achievable. *Nature Ecology & Evolution* 8:1216–1223.

Schneider, W. T.; Rutz, C. & Bailey, N. W. (2024): Behavioural plasticity compensates for adaptive loss of cricket song. *Ecology Letters* 27(3): e14404.

Schneider, W. T.; Rutz, C.; Hedwig, B. & Bailey, N. W. (2018): Vestigial singing behaviour persists after the evolutionary loss of song in crickets. *Biology Letters* 14(2): 20170654.

Shine, R. (2010): The ecological impact of invasive cane toads (*Bufo marinus*) in Australia. *The Quaterly Review of Biology* 85(3): 253–291.

Tinghitella, R. M. & Zuk, M. (2009): Asymmetric mating preferences accommodated the rapid evolutionary loss of a sexual signal. *Evolution* 63(8): 2087–2098.

Tinghitella, R. M.; Zuk, M.; Beveridge, M. & Simmons, L. W. (2011): Island hopping introduces Polynesian field crickets to novel environments, genetic bottlenecks and rapid evolution. *Journal of Evolutionary Biology* 24(6): 1199–1211.

Ward-Fear, G.; Rangers, B.; Bruny, M.; Everitt, C. & Shine, R. (2024): Teacher toads: Buffering apex predators from toxic invaders in a remote tropical landscape. *Conservation Letters* 17(3): e13012.

Wikle, A. W.; Broder, E. D.; Gallagher, J. H.; Dominguez, J; Carlson, M.; Vu, Q.; Tinghitella, R. M. & Lee, N. (2025): Neural and behavioral evolution in an eavesdropper with a rapidly evolving host. *Current Biology* 35(5): 1074–1084.

Wikle, A. W.; Broder, E. D.; Gallagher, J. H.; Tinghitella, R. M. (2023): A rapidly evolving cricket produces percussive vibrations: how, who, when, and why. *Behavioral Ecology* 34(4): 631–641.

Zhang, X.; Rayner, J. G.; Blaxter, M. & Bailey, N. W. (2021): Rapid parallel adaptation despite gene flow in silent crickets. *Nature Communications* 12(1): 50.

Zuk, M.; Rotenberry, J. T. & Tinghitella, R. M. (2006): Silent night: adaptive disappearance of a sexual signal in a parasitized population of field crickets. *Biology Letters* 2(4): 521–524.

Kapitel 5

Bates, L. A.; Sayialel, K. N.; Njiraini, N. W.; Moss, C. J.; Poole, J. H. & Byrne, R. W. (2007): Elephants classify human ethnic groups by odor and garment color. *Current Biology* 17(22): 1938–1942.

Campbell-Staton, S. C.; Arnold, B. J.; Gonçalves, D.; Granli, P.; Poole, J.; Long, R. A. & Pringle, R. M. (2021): Ivory poaching and the rapid evolution of tusklessness in African elephants. *Science* 374(6566): 483–487.

Coltman, D. W.; O'Donoghue, P.; Jorgenson, J. T.; Hogg, J. T.; Strobeck, C. & Festa-Bianchet, M. (2003): Undesirable evolutionary consequences of trophy hunting. *Nature* 426(6967): 655–658.

Conover, D. O. & Munch, S. B. (2002): Sustaining fisheries yields over evolutionary time scales. *Science* 297(5578): 94–96.

Cornell, H. N.; Marzluff, J. M. & Pecoraro, S. (2012): Social learning spreads knowledge about dangerous humans among American crows. *Proceedings of the Royal Society B* 279(1728): 499–508.

Darimont, C. T.; Fox, C. H.; Bryan, H. M. & Reimchen, T. E. (2015): The unique ecology of human predators. *Science* 349(6250): 858–860.

Han, K. Y.; Brennan, R. S.; Monk, C. T.; Jentoft, S.; Helmerson, C.; Dierking, J. et al. (2025): Genomic evidence for fisheries-induced evolution in Eastern Baltic cod. *Science Advances* 11(26): eadr9889.

Lone, K.; Loe, L. E.; Meisingset, E. L.; Stamnes, I. & Mysterud, A. (2015): An adaptive behavioural response to hunting: surviving male red deer shift habitat at the onset of the hunting season. *Animal Behaviour* 102:127–138.

Marzluff, J. M.; Walls, J.; Cornell, H. N.; Withey, J. C. & Craig, D. P. (2010): Lasting recognition of threatening people by wild American crows. *Animal Behaviour* 79:699–707.

McComb, K.; Shannon, G.; Sayialel, K. N. & Moss, C. (2014): Elephants can determine ethnicity, gender, and age from acoustic cues in human voices. *PNAS* 111(14): 5433–5438.

Mood, A. & Brooke, P. (2024): Estimating global numbers of fishes caught from the wild annually from 2000 to 2019. *Animal Welfare* 33: e6.

Pigeon, G.; Festa-Bianchet, M.; Coltman, D. W. & Pelletier, F. (2016): Intense selective hunting leads to artificial evolution in horn size. *Evolutionary Applications* 9(4): 521–30.

Sharpe, D. M. & Hendry, A. P. (2009): Life history change in commercially exploited fish stocks: an analysis of trends across studies. *Evolutionary Applications* 2(3): 260–275.

Therkildsen, N. O.; Wilder, A. P.; Conover, D. O.; Munch, S. B.; Baumann, H. & Palumbi, S. R. (2019): Contrasting genomic shifts underlie parallel phenotypic evolution in response to fishing. *Science* 365(6452): 487–490.

Zanette, L. Y.; Frizzelle, N. R.; Clinchy, M.; Peel, M. J. S.; Keller, C. B.; Huebner, S. E. & Packer, C. (2023): Fear of the human «super predator» pervades the South African savanna. *Current Biology* 33(21): 4689–4696.

Kapitel 6

Bonnet, T.; Morrissey, M. B.; Morris, A.; Morris, S.; Clutton-Brock, T. H.; Pemberton, J. M. & Kruuk, L. E. B. (2019): The role of selection and evolution in changing parturition date in a red deer population. *PLoS Biology* 17(11): e3000493.

Charmantier, A.; McCleery, R. H.; Cole, L. R.; Perrins, C.; Kruuk, L. E. B. & Sheldon, B. C. (2008): Adaptive phenotypic plasticity in response to climate change in a wild bird population. *Science* 320(5877): 800–803.

Chen, I. C.; Hill, J. K.; Ohlemüller, R.; Roy, D. B. & Thomas, C. D. (2011): Rapid range shifts of species associated with high levels of climate warming. *Science* 333(6045): 1024–1026.

de Zoeten, T. & Pulido, F. (2020): How migratory populations become resident. *Proceedings of the Royal Society B* 287(1923): 20193011.

Freeman, B. G. & Class Freeman, A. M. (2014): Rapid upslope shifts in New Guinean birds illustrate strong distributional responses of tropical montane species to global warming. *PNAS* 111(12): 4490–4494.

Geerts, A. N.; Vanoverbeke, J.; Vanschoenwinkel, B.; Van Doorslaer, W.; Feuchtmayr, H.; Atkinson, D.; Moss, B.; Davidson, T. A.; Sayer, C. D. & De Meester, L. (2015): Rapid evolution of thermal tolerance in the water flea *Daphnia*. *Nature Climate Change* 5:665–668.

Jonzén, N.; Lindén, A.; Ergon, T.; Knudsen, E.; Vik, J. O.; Rubolini, D. et al. (2006): Rapid advance of spring arrival dates in long-distance migratory birds. *Science* 312(5782): 1959–1961.

Ozgul, A.; Childs, D. Z.; Oli, M. K.; Armitage, K. B.; Blumstein, D. T.; Olson, L. E.; Tuljapurkar, S. & Coulson, T. (2010): Coupled dynamics of body mass and population growth in response to environmental change. *Nature* 466(7305): 482–485.

Pulido, F. & Berthold, P. (2010): Current selection for lower migratory activity will drive the evolution of residency in a migratory bird population. *PNAS* 107(16): 7341–7346.

Ramakers, J. J. C.; Gienapp, P. & Visser, M. E. (2019): Phenological mismatch drives selection on elevation, but not on slope, of breeding time plasticity in a wild songbird. *Evolution* 73(2): 175–187.

Stiels, D.; Bastian, H.-V.; Bastian, A.; Schidelko, K. & Engler, J. O. (2021): An iconic messenger of climate change? Predicting the range dynamics of the European Bee-eater (*Merops apiaster*). *Journal of Ornithology* 162:631–644.

Visser, M. E.; Perdeck, A. C.; van Balen, J. H. & Both, C. (2009): Climate change leads to decreasing bird migration distances. *Global Change Biology* 15(8): 1859–1865.

Kapitel 7

Aikens, E. O.; Merkle, J. A.; Xu, W. & Sawyer, H. (2025): Escape movements and mortality during extreme weather highlight the critical importance of connectivity. *Current Biology* 35.

Both, C. & Visser, M. E. (2001): Adjustment to climate change is constrained by arrival date in a long-distance migrant bird. *Nature* 411:296–298.

Burrows, M. T.; Schoeman, D. S.; Richardson, A. J.; Molinos, J. G.; Hoffmann, A.; Buckley, L. B. et al. (2014): Geographical limits to species-range shifts are suggested by climate velocity. *Nature* 507:492–495.

Carlson, S. M.; Cunningham, C. J. & Westley, P. A. (2014): Evolutionary rescue in a changing world. *Trends in Ecology & Evolution* 29(9): 521–530.

Cohen, J. M. & Jetz, W. (2025): Geographic redistributions are insufficient to mitigate exposure to climate change in North American birds. *Nature Ecology & Evolution* 9.

Devictor, V.; Julliard, R.; Couvet, D. & Jiguet, F. (2008): Birds are tracking climate warming, but not fast enough. *Proceedings of the Royal Society B* 275(1652): 2743–2748.

DeWitt, T. J.; Sih, A. & Wilson, D. S. (1998): Costs and limits of phenotypic plasticity. *Trends in Ecology & Evolution* 13(2): 77–81.

Frankham, R.; Ballou, J. D.; Ralls, K.; Eldridge, M.; Dudash, M. R.; Fenster, C. B.; Lacy, R. C. & Sunnucks, P.: Genetic management of fragmented animal and plant populations. *Oxford University Press*, 2017.

Freeman, B. G.; Scholer, M. N.; Ruiz-Gutierrez, V. & Fitzpatrick, J. W. (2018): Climate change causes upslope shifts and mountaintop extirpations in a tropical bird community. *PNAS* 115(47): 11982–11987.

Gonzalez, A.; Ronce, O.; Ferriere, R. & Hochberg, M. E. (2013): Evolutionary rescue: an emerging focus at the intersection between ecology and evolution. *Philosophical Transactions of the Royal Society B* 368(1610): 20120404.

Greggor, A. L.; Trimmer, P. C.; Barrett, B. J. & Sih, A. (2019): Challenges of learning to escape evolutionary traps. *Frontiers in Ecology and Evolution* 7:408.

Horváth, G.; Kriska, G.; Malik, P. & Robertson, B. (2009): Polarized light pollution: a new kind of ecological photopollution. *Frontiers in Ecology and the Environment* 7(6): 317–325.

Kamaru, D. N.; Palmer, T. M.; Riginos, C.; Ford, A. T.; Belnap, J.; Chira, R. M. et al. (2024): Disruption of an ant-plant mutualism shapes interactions between lions and their primary prey. *Science* 383(6681): 433–438.

Matthews, L. P.; Fournet, M. E. H.; Gabriele, C.; Klinck, H. & Parks, S. E. (2020): Acoustically advertising male harbour seals in southeast Alaska do not make biologically relevant acoustic adjustments in the presence of vessel noise. *Biology Letters* 16(4): 20190795.

Mayor, S. J.; Guralnick, G. P.; Tingley, M. W.; Otegui, J.; Withey, J. C.; Elmendorf, S. C.; Andrew, M. E.; Leyk, S.; Pearse, I. S. & Schneider, D. C. (2017): Increasing phenological asynchrony between spring green-up and arrival of migratory birds. *Scientific Reports* 7:1902.

Neuwald, J. L. & Templeton, A. R. (2013): Genetic restoration in the eastern collared lizard under prescribed woodland burning. *Molecular Ecology* 22(14): 3666–3679.

Relyea, R. A. & Mills, N. (2001): Predator-induced stress makes the pesticide carbaryl more deadly to gray treefrog tadpoles (*Hyla versicolor*). PNAS 98(5): 2491–2496.

Robertson, B. A.; Rehage, J. S. & Sih, A. (2013): Ecological novelty and the emergence of evolutionary traps. *Trends in Ecology & Evolution* 28(9): 552–560.

Shaw, R. E.; Farquharson, K. A.; Bruford, M. W.; Coates, D. J.; Elliott, C. P.; Mergeay, J. et al. (2025): Global meta-analysis shows action is needed to halt genetic diversity loss. *Nature* 638:704–710.

Sinervo, B.; Méndez-de-la-Cruz, F.; Miles, D. B.; Heulin, B.; Bastiaans, E.; Villagrán-Santa Cruz, M. et al. (2010): Erosion of lizard diversity by climate change and altered thermal niches. *Science* 328(5980): 894–899.

Singer, M. C. & Parmesan, C. (2018): Lethal trap created by adaptive evolutionary response to an exotic resource. *Nature* 557:238–241.

Singer, M. C.; Thomas, C. D. & Parmesan, C. (1993): Rapid human-induced evolution of insect-host associations. *Nature* 366:681–683.

Templeton, A. R.; Brazeal, H. & Neuwald, J. L. (2011): The transition from isolated patches to a metapopulation in the eastern collared lizard in response to prescribed fires. *Ecology* 92(9): 1736–1747.

Visser, M. E.; Noordwijk, A. J.; Tinbergen, J. M. & Lessells, C. M. (1998): Warmer springs lead to mistimed reproduction in great tits (*Parus major*). *Proceedings of the Royal Society B* 265(1408): 1867–1870.

Walker II, W. H.; Meléndez-Fernández, O. H.; Nelson, R. J. & Reiter, R. J. (2019): Global climate change and invariable photoperiods: A mismatch that jeopardizes animal fitness. *Ecology and Evolution* 9(17): 10044–10054.

Kapitel 8

Barnosky, A. D.; Matzke, N.; Tomiya, S.; Wogan, G. O.; Swartz, B.; Quental, T. B. (2011): Has the Earth's sixth mass extinction already arrived? *Nature* 471:51–57.

Ceballos, G.; Ehrlich, P. R.; Barnosky, A. D.; García, A.; Pringle, R. M.; Palmer, T. M. (2015): Accelerated modern human-induced species losses: Entering the sixth mass extinction. *Science Advances* 1(5): e1400253.

Cowie, R. H.; Bouchet, P. & Fontaine, B. (2022): The sixth mass extinction: fact, fiction or speculation? *Biological Reviews* 97(2): 640–663.

Dirzo, R.; Young, H. S.; Galetti, M.; Ceballos, G.; Isaac, N. J. & Collen, B. (2014): Defaunation in the Anthropocene. *Science* 345(6195): 401–406.

Finn, C.; Grattarola, F. & Pincheira-Donoso, D. (2023): More losers than winners: investigating Anthropocene defaunation through the diversity of population trends. *Biological Reviews* 98(5): 1732–1748.

Langhammer, P. F.; Bull, J. W.; Bicknell, J. E.; Oakley, J. L.; Brown, M. H.; Bruford, M. W. et al. (2024): The positive impact of conservation action. *Science* 384(6694): 453–458.

Urban, M. C. (2024): Climate change extinctions. *Science* 386(6726): 1123–1128.

Kapitel 9

Becker, V.: Das Dilemma des Tötens. Mensch und Tier in der Vorgeschichte Europas. In: Sachser, N.; Kästner, N. & Zimmermann T. (Hrsg.): Das unterschätzte Tier, *Rowohlt*, Hamburg, 2022.

Driscoll, C. A.; MacDonald, D. W. & O'Brien, S. J. (2009): From wild animals to domestic pets, an evolutionary view of domestication. *PNAS* 106:9971–9978.

Frantz, L. A.; Bradley, D. G.; Larson, G. & Orlando, L. (2020): Animal domestication in the era of ancient genomics. *Nature Reviews Genetics* 21(8): 449–460.

Frantz, L. A.; Schraiber, J. G.; Madsen, O.; Megens, H. J.; Cagan, A.; Bosse, M. et al. (2015): Evidence of long-term gene flow and selection during domestication from analyses of Eurasian wild and domestic pig genomes. *Nature Genetics* 47(10): 1141–1148.

Gaunitz, C.; Fages, A.; Hanghoj, K.; Albrechtsen, A.; Kahn, N.; Schubert et al. (2018): Ancient genomes revisit the ancestry of domestic and Przwalski's horses. *Science* 360(6384): 111–114.

Greenspoon, L.; Krieger, E.; Sender, R.; Rosenberg, Y.; Bor-On, Y. M.; Moran, U. et al. (2023): The global biomass of wild mammals. *PNAS* 120(19): e2204892120.

Harari, Y. N.: Eine kurze Geschichte der Menschheit: E-Book mit Exklusiv-Interview mit Yuval Noah Harari. *DVA*, 2013.

Larson, G. & Fuller, D. Q. (2014): The evolution of animal domestication.

Annual Review of Ecology, Evolution and Systematics 45:115–136.

Ottoni, C.; Van Neer, W.; De Cupere, B.; Daligault, J.; Gulmaraes, S.; Peters, J. et al. (2017): The palaeogenetics of cat dispersal in the ancient world. *Nature Ecology & Evolution* 1:0139.

Ovodov, N. D.; Crockford, S. J.; Kuzmin, Y. V.; Higham, T. F. G.; Hodgins, G. W. L. & van der Plicht, J. (2011): A 33,000-year-old incipient dog from the Altai Mountains of Siberia: evidence of the earliest domestication disrupted by the Last Glacial Maximum. *PLoS One* 6(7): e22821.

Serpell, J. A. (2021): Commensalism or cross-species adaption? A critical review of theories of wolf domestication. *Frontiers in Veterinary Sciences* 8:662370.

Verdugo, M. P.; Mullin, V. E.; Scheu, A.; Mattiangeli, V.; Daly, K. G.; Maisano Delser, P. et al. (2019): Ancient cattle genomics, origins, and rapid turnover in the Fertile Crescent. *Science* 365(6449): 173–176.

Vigne, J.-D.; Carrère, I.; Briosis, F. & Guilaine, J. (2011): The early process of mammal domestication in the Near East. *Current Anthropology* 52:255–271.

Kapitel 10

Clutton-Brock, J. A.: Natural History of Domesticated Mammals. *Cambridge University Press*, Cambridge, 1989.

Darwin, C.: The Variation of Animals and Plants under Domestication. *John Murray*, London, 1868.

Driscoll, C. A.; MacDonald, D. W. & O'Brien, S. J. (2009): From wild animals to domestic pets, an evolutionary view of domestication. *PNAS* 106:9971–9978.

Ferreira, V. H. B.; Lansade, L.; Calandreau, L.; Cunha, F. & Jensen, P. (2023): Are domesticated animals dumber than their wild relatives? A comprehensive review on the domestication effects on animal cognitive performance. *Neuroscience & Biobehavioral Reviews* 154:105407.

Gleeson, T. & Wilson, L. A. B. (2023): Shared reproductive disruption, not neural crest or tameness, explains the domestication syndrome. *Proceedings of the Royal Society B* 290:20222464.

Hecht, E. E.; Barton, S. A.; Flattery, C. N. R. & Meza, A. M. (2023): The evolutionary neuroscience of domestication. *Trends in Cognitive Sciences* 27(6): 553–567.

Herre, W. & Röhrs, M.: Haustiere – zoologisch gesehen. *Gustav Fischer Verlag*, Stuttgart, New York, 1990.

Jensen, P. (2006): Domestication – from behavior to genes and back again. *Applied Animal Behaviour Sciences* 97:3–15.

Kaminski, J.; Wallera, B. M.; Diogo, R.; Hartstone-Rose, A. & Burrows, A. M. (2019): Evolution of facial muscle anatomy in dogs. *PNAS* 116(29): 14677–14681.

Kruska, D. (2005): On the evolutionary significance of encephalization in some eitherian mammals: effects of adaptive radiation, domestication, and fertilization. *Brain, Behavior and Evolution* 6:73–108.

Lord, K. A.; Larson, G.; Coppinger, R. P. & Karlsson, E. K. (2020): The history of farm foxes undermines the animal domestication syndrome. *Trends in Ecology & Evolution* 35(2): 125–136.

Price, E. O. (1984): Behavioral aspects of animal domestication. *Quarterly Review of Biology* 59(1): 1–32.

Trut, L. N. (1999): Early canid domestication: the farm-fox experiment. *American Scientist* 87:160–169.

Wilkins, A. S.; Wrangham, R. W. & Fitch, W. T. (2014): The «Domestication Syndrome» in mammals: A unified explanation based on neural crest cell behavior and genetics. *Genetics* 197:795–808.

Wilkins, A. S.; Wrangham, R. W. & Fitch, W. T. (2021): The neural crest/domestication syndrome hypothesis, explained: reply to Johnsson, Henriksen, and Wright. *Genetics* 219(1): iyab098.

Kapitel 11

Kaiser, S.; Krüger, C. & Sachser, N.: The guinea pig. In: The UFAW Handbook on the Care and Management of Laboratory and other research animals, *John Wiley & Sons*, Ltd, 2024: 465–483.

Kaiser, S.; Hennessy; M. B. & Sachser, N. (2015): Domestication affects the structure, development and stability of biobehavioural profiles. *Frontiers in Zoology* 12: S19.

Künzl, C. & Sachser, N. (1999): The behavioural endocrinology of domestication: a comparison between the domestic guinea pig (*Cavia aperea f. porcellus*) and its wild ancestor, the cavy (*Cavia aperea*). *Hormones and Behavior* 35:28–37.

Künzl, C.; Kaiser, S.; Meier, E. & Sachser, N. (2003): Is a wild mammal kept and reared in captivity still a wild animal? *Hormones and Behavior* 43:187–196.

McEwen, B. & Wingfield, J. (2003): The concept of allostasis in biology and biomedicine. *Hormones and Behavior* 43:2–15.

Sachser, N. (1998): Of domestic and wild guinea pigs; studies in sociophysiology, domestication, and social evolution. *Naturwissenschaften* 85:207–317.

Sachser, N. & Kaiser, S. (2010): Meerschweinchen als Sozialstrategen. *Spektrum der Wissenschaft*: 56–63.

Von Holst, D. (1998): The concept of stress and its relevance for animal behavior. *Advances in the Study of Behaviour* 17:1–131.

Zipser, B.; Schleking, A.; Kaiser, S. & Sachser, N. (2014): Effects of domestication on biobehavioural profiles: a comparison of domestic guinea pigs and wild cavies from early to late adolescence. *Frontiers in Zoology* 11:1–14.

Kapitel 12

Albuquerque, N.; Guo, K.; Wilkinson, A.; Savalli, C.; Otta, E. & Mills, D. (2016): Dogs recognize dog and human emotions. *Biology Letters* 12:20150883.

Boros, M.; Magyari, L.; Morvai, B.; Hernandez-Perez, R.; Dror, S. & Andics, A. (2024): Neural evidence for referential understanding of object words in dogs. *Current Biology* 34:1750–1754.

Dale, R.; Range, F.; Stott, L.; Kotrschal, K. & Marshall-Pescini, S. (2017): The influence of social relationship on food tolerance in wolves and dogs. *Behavioural Ecology and Sociobiology* 71.

Hare, B. & Tomasello, M. (2005): Human-like social skills in dogs? *Trends in Cognitive Sciences* 9:439–444.

Huber, A.; Barber, A. L. A.; Frargo, T.; Müller, C. & Huber, L. (2017): Investigating emotional contagion in dogs (*Canis familiaris*) to emotional sounds of humans and conspecifics. *Animal Cognition* 20:703–715.

Kaminski, J.; Call, J. & Fischer, J. (2004): Word learning in a domestic dog: Evidence for «fast mapping». *Science* 304:1682–1683.

Kotrschal, K.: Der Wolf und wir. *Brandstätter*, Wien, 2022.

MacLean, E. L. & Hare, B. (2015): Dogs hijack the human bonding pathway. *Science* 348:280–281.

Marshall-Pescini, S.; Schwarz, J. L.; Kostelnik, I.; Viranyi, Z. & Range, F. (2017): Importance of a species' socioecology: Wolves outperform dogs in a conspecific cooperation task. *PNAS* 114:11793–11798.

Müller, C. A.; Schmitt, K.; Barber, A. L. A. & Huber, L. (2015): Dogs can discriminate emotional expressions of human faces. *Current Biology* 25:601–605.

Nagasawa, M.; Mitsui, S.; En, S.; Ohtani, N.; Ohta, M.; Sakuma, Y.; Onaka, T.; Mogi, K. & Kikusui, T. (2015): Oxytocin-gaze positive loop and the coevolution of human-dog bonds. *Science* 348:333–336.

Pilley, J. W. & Reid, A. K. (2011): Border collie comprehends object names as verbal referents. *Behavioural Processes* 86:184–195.

Range, F. & Marshall-Pescini, S.: Wolves and Dogs between Myth and Science. *Springer Nature Switzerland*, Cham, 2022.

Range, F.; Marshall-Pescini, S.; Kratz, C. & Viranyi, S. (2019): Wolves lead and dogs follow, but they both cooperate with humans. *Scientific Reports* 9:3796.

Salomons, H.; Smith, K. C. M.; Callahan-Beckel, M.; Callahan, M.; Levy, K.; Kennedy, B. S. et al. (2021): Cooperative communication with humans evolved to emerge early in domestic dogs. *Current Biology* 31:3137–3144.

Topál, J.; Gergely, G.; Erdöhegyi, A.; Csibra, G. & Miklósi, A. (2009): Differential sensitivity to human communication in dogs, wolfs and human infants. *Science* 325:1269–1272.

Topál, J.; Miklósi, A.; Sümegi, Z. & Kis, A. (2010): Response to Comments on «Differential Sensitivity to Human Communication in Dogs, Wolves, and Human Infants». *Science* 329:142.

Kapitel 13

Baragli, P.; Scopa, C.; Maglieri, V. & Palagi, E. (2021): If horses had toes: demonstrating mirror self recognition at the group level in *Equus caballus. Animal Cognition* 5:1099–1108.

Coulon, M.; Baudoin, C.; Heyman, Y. & Deputte, B. L. (2011): Cattle discriminate between familiar and unfamiliar conspecifics by using only head visual cues. *Animal Cognition* 14(2): 279–90.

Degrande, R.; Amichaud, O.; Piégu, B.; Cornilleau, F.; Jardat, P.; Ferreira, V. H. B.; Colson, V.; Lansade, L. & Calandreau, L. (2024): Transitive reasoning in the adult domestic hen in a six-term series task. *Animal Cognition* 27(1): 77.

Dirksen, N.; Langbein, J.; Schrader, L.; Puppe, B.; Elliffe, D.; Siebert, K.; Röttgen, V. & Matthews, L. (2021): Learned control of urinary reflexes in cattle to help reduce greenhouse gas emissions. *Current Biology* 31(17): R1033-R1034.

Douglas, C.; Bateson, M.; Walsh, C.; Bedue, A. & Edwards, S. A. (2012): Environmental enrichment induces optimistic cognitive biases in pigs. *Applied Animal Behaviour Science* 139:65–73.

Edgar, J. L.; Held, S.; Paul, E.; Pettersson, I.; I'Anson Price, R. & Nicol, C. (2015): Social buffering in a bird. *Animal Behaviour* 105:11–19.

Edgar, J. L.; Lowe, J. C.; Paul, E. S. & Nicol, C. J. (2011): Avian maternal response to chick distress. *Proceedings of the Royal Society B* 278(1721): 3129–3134.

Edgar, J. L. & Nicol, C. J. (2018): Socially-mediated arousal and contagion within domestic chick broods. *Scientific Reports* 8(1): 10509.

Goumon, S. & Spinka, M. (2016): Emotional contagion of distress in youg pigs is potentiated by previous exposure to the same stressor. *Animal Cognition* 19:501–511.

Grimm, D. (2023): What are farm animals thinking? Feature, *Science* 382(6675): 1103–1107.

Gygax, L.; Neisen, G. & Wechsler B. (2010): Socio-spatial relationships in dairy cows. *Ethology* 116:10–23.

Harding, E. J.; Paul, E. S. & Mendl, M. (2004): Cognitive bias and affective state. *Nature* 427:312.

Hogue, M. E.; Beaugrand, J. P. & Laguë, P. C. (1996): Coherent use of information by hens observing their former dominant defeating or being defeated by a stranger. *Behavioural Processes* 38(3): 241–252.

Lagisz, M.; Zidar, J.; Nakagawa, S.; Neville, V.; Sorato, E.; Paul, E. S.; Bateson, M.; Mendl, M. & Lovlie, H. (2020): Optimism, pessimism and judgement bias in animals: A systematic review and meta-analysis. *Neuroscience & Biobehavioral Reviews* 118:3–17.

Laister, S.; Stockinger, B.; Regner, A.-M.; Zenger, K.; Kniereim, U. & Winckler, C. (2011): Social licking in dairy cattle – effects on heart rate in performers and receivers. *Applied Animal Behaviour Science* 130:81–90.

Lürzel, S.; Münsch, C.; Windschnurer, I.; Futschik, A.; Palme, R. & Waiblinger, S. (2015): The influence of gentle interactions on avoidance distance towards humans, weight gain and physiological parameters in group-housed dairy calves. *Applied Animal Behaviour Science* 172:9–16.

Marino L. (2017): Thinking chickens: a review of cognition, emotion, and behavior in the domestic chicken. *Animal Cognition* 20(2): 127–147.

Marino, L. & Allen, K. (2017): The psychology of cows. *Animal Behavior and Cognition* 4:474–498.

Masilkova, M.; Jezek, M.; Silovsky, V.; Faltusova, M.; Rohla, J.; Kusta, T. & Burda, H. (2021): Observation of rescue behavior in wild boar (*Sus scrofa*). *Scientific Reports* 11:16217.

Moscovice, L. R.; Eggert, A.; Manteuffel, C. & Rault, J. L. (2023): Spontaneous helping in pigs is mediated by the helper's social attention and distress signals of individuals in need. *Proceedings of the Royal Society* B: 290(2004): 20230665.

Nawroth, C.; Albuquerque, N.; Savalli, C.; Single M. S. & McElligott, A. G. (2018): Goats prefer positive human emotional facial expressions. *Royal Society Open Science* 5:180491.

Nawroth, C.; Langbein, J.; Coulon, M.; Gabor, V.; Oesterwind, S.; Benz-Schwarzburg, J. & von Borell, E. (2019): Farm animal cognition – linking behavior, welfare and ethics. *Frontiers in Veterinary Science* 6:24.

Nawroth, C.; Martin, Z. M. & McElligott, A. G. (2020): Goats follow human pointing gestures in an object choice task. *Frontiers in Psychology* 11:915.

Rault, J. L. (2019): Be kind to others: prosocial behaviours and their implications for animal welfare. *Applied Animal Behaviour Science* 210:113–123.

Reimert, I.; Fong., S.; Rodenburg, B. & Bolhuis, J. E. (2017): Emotional states and emotional contagion in pigs after exposure to a positive and negative treatment. *Applied Animal Behaviour Science* 193:37–42.

Kapitel 14

Asher, L.; Diesel, G.; Summers, J. F.; McGreevy, P. D. & Collins, L. M. (2009): Inherited defects in pedigree dogs. Part 1: disorders related to breed standards. *The Veterinary Journal* 182(3): 402–411.

Baur, S.; Rufener, C.; Toscano, M. J. & Geissbühler, U. (2020): Radiographic evaluation of keel bone damage in laying hens – morphological and temporal observations in a longitudinal study. *Frontiers in Veterinary Science* 7:129.

Bmle-statistik.de, ein Angebot des Bundesministeriums für Landwirtschaft, Ernährung und Heimat.

Broom, D. M. & Fraser, A. F.: Domestic animal behaviour and welfare. 5th Edition. *CABI*, Wallingford, UK, 2015.

Coria-Avila, G. A.; Pfaus, J. G.; Orihuela, A.; Domínguez-Oliva, A.; José-Pérez, N.; Hernández L. A. & Mota-Rojas, D. (2022): The neurobiology of behavior and its applicability for animal welfare: a review. *Animals* 12(7): 928.

Current Biology (2015), Biology of Fun, 25th Anniversary Special Issue, Issue 1: R1–30.

Fao.org, ein Angebot der Ernährungs- und Landwirtschaftsorganisation der Vereinten Nationen.

Gough, A.; Alison, T. & O'Neill, D.: Breed predispositions to disease in dogs and cats. 3. Ausgabe, *John Wiley & Sons Ltd.*, 2018.

Gruber, A.: Das unterschätzte Leid. Über die schlimmen Folgen unserer blinden Haustierliebe. In: Das unterschätzte Tier. Sachser, N.; Kästner, N. & Zimmermann, T. (Hrsg.), S. 50–67, *Rowohlt*, Hamburg 2022.

Gruber, A.: Geschundene Gefährten. Droemer, München, 2023.

Jung, L. & Knierim, U. (2018): Are practice recommendations for the prevention of feather pecking in laying hens in non-cage systems in line with the results of experimental and epidemiological studies? *Applied Animal Behaviour Science* 200:1–12.

Kaiser, S. & Richter, H.: Don't worry, be happy. Ein verhaltensbiologischer Blick auf das Gefühlsleben der Tiere. In: Das unterschätzte Tier. Sachser, N.; Kästner, N. & Zimmermann, T. (Hrsg.), S. 33–48, *Rowohlt*, Hamburg, 2022.

Landwirtschaft.de, ein Angebot des Bundesinformationszentrums Landwirtschaft.

Mason, G. J.; Cooper, J. & Clarebrough, C. (2001): Frustrations of fur-farmed mink. *Nature* 410(6824): 35–36.

Mellor, D. J. (2016): Updating animal welfare thinking: moving beyond the «five freedoms» towards «a life worth living». *Animals* 6:21.

Mendl, M.; Burmann, O. H. P. & Paul, E. S. (2010): An integrative and functional framework for the study of animal emotion and mood. *Proceedings of the Royal Society B* 277(1696): 2895–2904.

Mota-Rojas, D.; Mariti, C.; Zdeinert, A.; Riggio, G.; Mora-Medina, P.; Del Mar Reyes, A.; Gazzano, A.; Domínguez-Oliva, A.; Lezama-García, K.; José-Pérez, N. & Hernández-Ávalos, I. (2021): Anthropomorphism and its adverse effects on the distress and welfare of companion animals. *Animals* 11(11): 3263.

Panksepp, J. (2011): The basic emotional circuits of mammalian brains: Do animals have affective lives? *Neuroscience and Biobehavioral Reviews* 35:1791–1804.

Panksepp, J. & Burgdorf, J. (2003): «Laughing» rats and the evolutionary antecedents of human joy? *Physiology & Behavior* 79:533–547.

Paul, E. S.; Sher, S.; Tamietto, M.; Winkielman, P. & Mendl, M. T. (2020): Towards a comparative science of emotion: Affect and consciousness in humans and animals. *Neuroscience and Biobehavioral Reviews* 108:749–770.

Sachser, N.: Der Mensch im Tier. Warum Tiere uns im Denken, Fühlen und Verhalten oft so ähnlich sind. Kapitel 3. *Rowohlt*, Hamburg, 2018.

Schmidt, M. J.; Farke, D.; Staszyk, C.; Lang, A.; Büttner, K.; PLendl, J. & Kampschulte, M. (2022): Closure times of neurocranial structures and synchondroses in Persian compared to Domestic Shorthair cats. *Scientific Reports* 12:573.

Summers, J. F.; Diesel, G.; Asher, L.; McGreevy, P. D. & Collins, L. M. (2010): Inherited defects in pedigree dogs. Part 2: Disorders that are not related to breed standards. *The Veterinary Journal* 183(1): 39–45.

Thofner, I. C. N.; Dahl, J. & Christensen, J. P. (2021): Keel bone fractures in Danish laying hens: prevalence and risk factors. *PLoS ONE* 16(8): e0256105.

Resümee

Balmford, A.; Ball, T. S.; Balmford, B.; Bateman, I. J.; Buchanan, G.; Cerullo, G. et al. (2025): Time to fix the biodiversity leak. *Science* 387(6735): 720–722.

www.bfn.de/daten-und-fakten (Website des Bundesamts für Naturschutz).

Bolam, F. C.; Mair, L.; Angelico, M.; Brooks, T. M.; Burgman, M.; Hermes, C. et al. (2021): How many bird and mammal extinctions has recent conservation action prevented? *Conservation Letters* 14: e12762.

Brito, L. F.; Oliveira, H. R.; McConn, B. R.; Schinckel, A. P.; Arrazola, A.; Marchant-Forde, J. N. & Johnson, J. S. (2020): Large-scale phenotyping of livestock welfare in commercial production systems: A new frontier in animal breeding. *Frontiers in Genetics* 11:793.

Budolfson, M.; Fischer, B. & Scovronick, N. (2023): Animal welfare: Methods to improve policy and practice. *Science* 381(6653): 32–34.

Dawkins, M. S. (2023): Farm animal welfare: Beyond «natural» behavior. *Science* 379(6630): 326–328.

Díaz, S.; Settele, J.; Brondízio, E. S.; Ngo, H. T.; Agard, J.; Arneth, A. et al. (2019): Pervasive human-driven decline of life on Earth points to the need for transformative change. *Science* 366(6471): eaax3100.

Dirzo, R.; Ceballos, G. & Ehrlich, P. R. (2022): Circling the drain: the extinction crisis and the future of humanity. *Philosophical Transactions of the Royal Society B* 377(1857): 20210378.

Farstad, W. (2018): Ethics in animal breeding. *Reproduction in Domestic Animals* 53:4–13.

Fraser, D. (2008): Toward a global perspective on farm animal welfare. *Applied Animal Behaviour Science* 113(4): 330–339.

Langhammer, P. F.; Bull, J. W.; Bicknell, J. E.; Oakley, J. L.; Brown, M. H.; Bruford, M. W. et al. (2024): The positive impact of conservation action. *Science* 384(6694): 453–458.

Luy, J.: Von der Theorie zur Praxis – und zurück. Die industrielle Tierhaltung als Nebenwirkung einer wissenschaftlichen Fehleinschätzung. In: Das unterschätzte Tier. Sachser, N.; Kästner, N. & Zimmermann, T. (Hrsg.), S. 84–99, *Rowohlt*, Hamburg, 2022.

Molnár, M. (2022): Transforming intensive animal production: Challenges and opportunities for farm animal welfare in the European Union. *Animals* 12(16): 2086.

Pereira, H. M.; Martins, I. S.; Rosa, I. M. D.; Kim, H.; Leadley, P. & Popp A. (2024): Global trends and scenarios for terrestrial biodiversity and ecosystem services from 1900 to 2050. *Science* 384(6694): 458–465.

Peters, A.: Tiere sind keine Sachen mehr – was jetzt? Covid-19 zeigt erneut: Die Welt braucht ein allgemeines Tierrecht. In: Das unterschätzte Tier. Sachser, N.; Kästner, N. & Zimmermann, T. (Hrsg.), S. 184–202, *Rowohlt*, Hamburg 2022.

Quante, M.: Was können wir wissen, was sollen wir tun? Alltägliche und wissenschaftliche Perspektiven im Dialog. In: Das unterschätzte Tier. Sachser, N.; Kästner, N. & Zimmermann, T. (Hrsg.), S. 203–218, *Rowohlt*, Hamburg, 2022.

Rault, J.-L.; Sandøe, P.; Quixi, S. & Leopoldo, S. (2022): Positive animal welfare: Bridging the gap or raising inequalities worldwide? *Frontiers in Animal Science* 3:825379.

Sachser, N.: Much like us. What science reveals about the thoughts, feelings, and behaviour of animals. *Cambridge University Press*, 2022.

Seddon, P. J.; Griffiths, C. J.; Soorae, P. S. & Armstrong, D. P. (2014): Reversing defaunation: restoring species in a changing world. *Science* 345(6195): 406–412.

Tilman, D.; Clark, M.; Williams, D. R.; Kimmel, K.; Polasky, S. & Packer, C. (2017): Future threats to biodiversity and pathways to their prevention. *Nature* 546(7656): 73–81.

Wolf, U.: Tierrechte und Menschenpflichten. Das Tier in der menschlichen Moral. In: Das unterschätzte Tier. Sachser, N.; Kästner, N. & Zimmermann, T. (Hrsg.), S. 68–82, *Rowohlt*, Hamburg, 2022.

Norbert Sachser
Der Mensch im Tier

Warum Tiere uns im Denken, Fühlen und Verhalten oft so ähnlich sind

256 Seiten

Säugetiere trauern, und sie tricksen; sie sind einfühlsam, lernen und kommunizieren oft auf hohem Niveau. Sie freuen sich und ärgern sich – mit denselben Reaktionen von Körper und Gehirn wie bei uns Menschen. Tiere haben eine Persönlichkeit. Was unterscheidet uns eigentlich noch von ihnen? Und was können wir von ihnen lernen? Norbert Sachser, einer der weltweit führenden Tierverhaltensforscher, beschreibt und erklärt eine «Revolution im Tierbild». Wir erfahren, wie Hunde Empathie zeigen, Mäuse Alzheimer entkommen, Meerschweinchen sozialen Stress vermeiden und zu welch bemerkenswerten kognitiven und emotionalen Leistungen Menschenaffen, Elefanten oder Delfine fähig sind.

«Können Tiere denken? Und wie gehen wir Menschen mit neuen Erkenntnissen um? Das sind zentrale Fragen, denen Sachser in seinem Buch nachgeht. Unterhaltsam formuliert.»
Der Spiegel